U0159043

智慧输变电技术

变电站智能机器人巡检技术

吴波 于虹 李昊 郭晨鋆 马显龙◎著

西南交通大学出版社
·成都·

图书在版编目（ＣＩＰ）数据

变电站智能机器人巡检技术 / 吴波等著. 一成都：
西南交通大学出版社，2022.9
ISBN 978-7-5643-8826-3

Ⅰ. ①变… Ⅱ. ①吴… Ⅲ. ①机器人 – 应用 – 变电所
– 电力系统运行 – 巡回检测 Ⅳ. ①TM63

中国版本图书馆 CIP 数据核字（2022）第 144533 号

Biandianzhan Zhineng Jiqiren Xunjian Jishu
变电站智能机器人巡检技术

吴波　于虹　李昊　郭晨銎　马显龙　**著**

责任编辑 / 李华宇
封面设计 / 吴　兵

西南交通大学出版社出版发行
（四川省成都市金牛区二环路北一段 111 号西南交通大学创新大厦 21 楼　610031）
发行部电话：028-87600564　028-87600533
网址：http://www.xnjdcbs.com
印刷：四川煤田地质制图印刷厂

成品尺寸　185 mm×240 mm
印张　15.5　字数　274 千
版次　2022 年 9 月第 1 版　　印次　2022 年 9 月第 1 次

书号　ISBN 978-7-5643-8826-3
定价　68.00 元

《变电站智能机器人巡检技术》编委会

主要著者　　吴　波　　于　虹　　李　昊

　　　　　　郭晨鋆　　马显龙

其他著者　　魏　杰　　王　欣　　周　帅

　　　　　　张永刚　　张　杰　　朱　华

　　　　　　张恭源　　陈　益　　周云峰

　　　　　　商经锐　　张　粥　　张　航

　　　　　　杨俊谦　　徐　韬　　周朝荣

　　　　　　金发举　　艾永俊　　普碧才

　　　　　　冯建辉　　陈　刚　　赵正平

　　　　　　徐正国　　孔碧光　　余顺金

前言

  变电站设备数量和种类较多，各个设备环环相扣，需要时常对相关设备进行巡视检查，一旦有隐患没有及时排除，轻则无法正常运行，重则影响周边大面积区域的正常生产生活，甚至造成人身伤害。目前巡检主要依靠人工完成，流程复杂严谨，但仍不时有由于巡检不到位引起的重大事故发生。究其原因，事故大多是由相关人员疏忽大意导致，即使巡检流程完善严谨，仍避免不了人工带来的漏洞，甚至由于巡检流程环节较多，使得巡检人员的责任难以界定。智能巡检作业机器人作为新型巡检作业手段，可以代替人工对设备进行巡检作业，起到增效作用，保障了工作人员人身安全，具有广阔的应用前景。

  本书由云南电网有限责任公司电力科学研究院吴波、于虹、李昊、郭晨鋆、马显龙等合著。全书详细介绍了变电站智能巡检机器人相关知识，着重阐述了变电站巡检机器人上应用的各种技术。本书的内容可使读者系统全面地了解智能巡检机器人，为从事巡检机器人方向相关研究的工作人员提供方法上的参考和借鉴。

  本书共分 9 章：第 1 章简单介绍了变电站智能巡检机器人的需求和发展；第 2~8 章介绍了智能巡检机器人相关技术，主要介绍了变电站智能巡检机器人导航技术、环境感知技术、路径规划技术、图像采集识别技术、红外测温技术、声音识别技术和局部放电检测技术这 7 个巡检机器人主要技术的基础知识、技术原理以及常用算法；第 9 章对变电站智能机器人巡检技术进行了展望，简单介绍了未来技术发展方向。

  由于作者的水平和经验有限，书中难免正在不足之处，敬请广大专家、读者批评指正。

作 者

2022 年 5 月

目录

CONTENTS

第1章 变电站智能巡检概述

1.1 变电站相关介绍

1.1.1 概 述

变电站，是改变电压的场所。它是电力系统的重要组成部分，承担着对电压和电流进行变换、控制电力的流向、接收电能及分配电能的任务。为了把发电厂发出来的电能输送到较远的地方，必须把电压升高，变为高压电，到用户附近再按需要把电压降低，这种升降电压的工作靠变电站来完成。按规模大小不同，小的变电站称为变电所。变电所一般是电压等级在 110 kV 以下的降压变电站，变电站则包括各种电压等级的升压和降压变电站。变电站的主要设备是开关和变压器。

1.1.2 变电站相关设备

1. 变压器

变压器（见图 1-1）是利用电磁感应原理对变压器两侧交流电压进行变换的电气设备，是变电站的主要设备之一。为了大幅降低远距离传输时在输电线路上的电能损耗，发电机发出的电能需要升高电压后再进行远距离传输，而在输电线路的负荷端，高压电只有降低等级后才能便于电力用户使用。电力系统中的电压每改变一次都需要使用变压器。根据升压和降压的不同作用，变压器分为升压变压器和降压变压器，除此之外，还有联络变压器、隔离变压器和调压变压器等。例如，将几个邻近电网之间建立起一定的联系，便于在特定情况下互送电能，这种变压器称为联络变压器；两个电压相同的电网通过变压器再连接，以减少一个电网的事故对另一个电网的影响，这种变压器称为隔离变压器。

图 1-1 电线杆上的变压器

2. 导 线

导线（见图 1-2）的主要功能是引导电能实现定向传输。导线按其结构可以分为两大类：电线和电缆。电线的结构较为简单，不外包特殊绝缘层。电线中用量最大的为裸导线，在所有输电设备中，裸导线消耗的有色金属最多。电缆外包特殊绝缘层，用量较电线少。但因其占用空间小、受外界干扰少、较为可靠等优点，电缆不仅可以埋在地里，也可以浸在水中，在整个输变电系统中占有特殊地位。

图 1-2 电线杆上的电线

3．开关设备

开关设备（见图 1-3）的主要作用是连接或隔离两个电气系统。高压开关比低压开关重要，是一种电气机械，其功能是完成电路的接通和切断，达到电路转换、控制和保护的目的。高压开关包括断路器、隔离开关、负荷开关、高压熔断器等。断路器在电力系统正常运行情况下用来合上和断开电路；故障时在继电保护装置控制下自动把故障设备和线路断开，同时还具有自动重合闸功能。隔离开关（刀闸）的主要作用是在设备或线路检修时隔离电压，以保证安全。隔离开关只能在线路中基本没有电流时接通或切断电路，它不能断开负荷电流和短路电流，应与断路器配合使用。但它有明显的断开间隙，线路接通断开状态明显，因此需要断开线路检修的地方都需要安装隔离开关。在停电时，应先拉断路器后拉隔离开关；送电时，应先合隔离开关后合断路器。如果误操作，将引起设备损坏和人身伤亡。负荷开关能在正常运行时断开负荷电流，没有断开故障电流的能力，一般与高压熔断丝配合用于 10 kV 及以上电压且不经常操作的变压器或出线上。高压熔断器在电流超过一定值时切断电路。

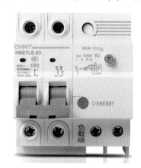

（a）断路器

（b）隔离开关

（c）负荷开关

（d）高压熔断器

图 1-3　开关设备

4．互感器

互感器分为电压互感器和电流互感器（见图1-4），其工作原理与变压器相似，也称为测量变压器。它们把高电压设备和母线的运行电压、大电流（即设备和母线的负荷或短路电流）按规定比例变成测量仪表、继电保护及控制设备的低电压和小电流。在额定运行情况下，电压互感器二次电压为100 V，电流互感器二次电流为5 A或1 A。电流互感器的二次绕组经常与负荷相连近于短路，但绝不能让其开路，否则将因高电压而危及设备和人身安全或使电流互感器烧毁。

（a）电压互感器　　　　　　　　　　（b）电流互感器

图1-4　互感器

5．高压绝缘子

高压绝缘子（见图1-5）是用于支撑或悬挂高电压导体，起对地隔离作用的一种特殊绝缘件。电瓷绝缘子性能稳定，不怕风吹、日晒、雨淋，因此各种高压输变电设备广泛采用高压电瓷绝缘子。

图1-5　高压绝缘子

6．继电保护装置

继电保护装置（见图 1-6）是电力系统重要的安全保护装置。根据互感器和其他测量设备反映的情况，继电保护装置决定切除和投入的电力系统部分。虽然继电保护装置很小，只在低压环境下工作，但其在整个电力系统安全运行中发挥着重要作用。

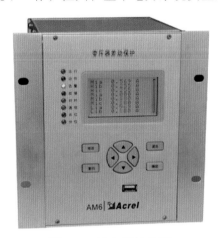

图 1-6　继电保护装置

7．防雷装置

变电站还装有防雷设备，主要有避雷针和避雷器（见图 1-7）。避雷针是为了防止变电站遭受直接雷击，将雷电对其自身放电，把雷电流引入大地的防雷设备。在变电站附近的线路上落雷时，雷电波会沿导线进入变电站，产生过电压。另外，断路器操作等也会引起过电压。避雷器的作用是当过电压超过一定限值时，自动对地放电，从而降低电压，保护设备，放电后又迅速自动灭弧，保证系统正常运行（如氧化锌避雷器）。

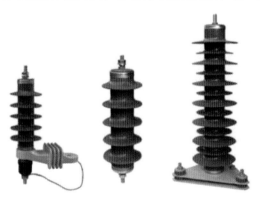

图 1-7　避雷器

1.2 智能巡检技术的发展与应用

巡检就是对相关设备进行巡视检查，及时发现隐患，排除隐患。变电站、输电线路、工厂、建筑、公寓等地点都需要日常巡检维护，特别是变电站和化工厂等环境，设备数量和种类较多，各个设备环环相扣，一旦有隐患没有及时排除，轻则无法正常运行，重则影响周边大面积区域的正常生产生活，甚至造成人身伤害。例如，21 世纪初北美电力系统大停电事故当中，通过引发停电事故的原因分析发现，为变电站变压器绝缘劣化而产生故障，由于未及时巡检维护，最终引发了大规模停电，美国 8 个州和加拿大部分地区都在波及范围内，其因停电而造成的经济损失多达 40 亿美元。

目前巡检主要依靠人工完成，流程复杂、严谨，但仍不时有由于巡检不到位引起的重大事故发生。究其原因，事故大多是因相关人员疏忽大意导致，即使巡检流程完善、严谨，仍避免不了人工带来的漏洞，甚至由于巡检流程环节较多，使得巡检人员将责任相互转嫁。并且变电站故障类型众多，某些故障人工巡检维护较为困难，甚至威胁工作人员人身安全。例如，2009 年，220 kV 某变电站 10 kV 开关柜内部三相短路，产生高温高压气浪，最终冲开柜门，造成 2 名在开关柜外进行现场检查的运行值班员被电弧灼伤。

智能巡检作业机器人作为新型巡检作业手段，可以代替人工对设备进行巡检作业，起到增效作用，同时保障了工作人员人身安全，具有广阔的应用前景。

1.2.1 高精度自主导航定位技术

巡检机器人实现移动自主化、巡检智能化的首要难题是突破现有巡检机器人的导航方式。由于变电站巡检机器人多应用于无人值守或少人值守的现代化变电站，大都采用自主移动及返回的控制方式或全自主运动控制方式，对机器人稳定性和定位导航系统要求较高。

加拿大魁北克水电研究院研制的巡检机器人采用远程遥控的方式来控制机器人，该种方式简单、可操作性强，缺点是需要人工参与全程控制。随着电力技术的发展，变电站建设规范化和标准化程度越来越高，设备位置较为固定，且变电站建成后将长期运行，维护和修改较少，使得固定轨道导航方式可行。因此，早期日本研制的机器人采用轨道式移动控制方式，机器人沿铺设好的地面轨道、距离地面一定高度的轨道以及空中设立的线路轨道等，实现机器人移动及停靠位置的控制。此种方式，控制系统简单、控制精确度高，但是轨道固定、巡视范围有限也给机器人功能扩展带来了限制。磁导航技术需在路面铺设导航磁轨道，利用机器人搭载的磁导航传感器感应轨道位置，实现机器人沿轨道的自主行走。磁导航技术由于需要铺设磁轨道，前期基建工序复杂、建设成本较高；且由于磁轨道暴露在路面，受曝晒、雨淋等影响，易产生损坏、脱落、失磁等问题，通常 1~2 年即需对部分轨道进行更换，维护复杂，维护成本高。由此可见，有轨导航技术使得机器人巡检路线固定单一，不易实现自主避障，不能实现变电站设备的全覆盖，机器人自主巡检能力不强，巡视灵活性急需改善。

无轨导航技术是巡检机器人自主移动、巡检设备识别的前提。国家电网公司电力机器人技术实验室研发人员首先尝试采用 GPS（全球定位系统）等无线信号定位的导航技术，但由于设备区电力设备存在较大电磁干扰，在局部区域存在信号丢失，在变电站内适用性不强。随着传感器技术的不断突破，浙江国自机器人技术股份有限公司基于激光进行定位导航，实现了站内的无轨导航定位。

目前常用的导航控制技术有全球导航卫星系统（Global Navigation Satellite System，GNSS）、惯性导航等。GNSS 导航技术利用 GNSS 卫星，对机器人位置进行定位，但电力设备的电磁扰动信号会产生影响，严重制约了其导航可靠性。惯性导航是无源导航方式，受电磁干扰小，其利用机器人搭载的惯性测量单元（Inertial Measurement Unit，IMU），根据测量加速度、角速度等数据，获取机器人的位姿和速度信息，但惯性导航误差随时间累计，严重制约了其长时可用性。

多源融合导航算法可以实现稳定、高精度的定位导航，具有环境适应性强、施工量少、维护方便、自主性强、任务路径变更灵活等优点。国家电网公司电力机器人技术实验室率先开展了激光/视觉系统的多传感器融合的导航方式，实现了变电站内机器人的自主定位、导航、避障等功能，导航定位精度达到 3 cm，拓展了室外移动机器人的导航方式，解决了机器人的活动范围对既定轨道的依赖性问题。

1.2.2 环境智能感知技术

实现机器人对变电站环境的感知是智能化、自主化巡检的前提，特别是机器人防碰撞的需求，要求机器人能够实现全天候巡检情况下对周边环境的感知。

即时定位与地图构建（Simultaneous Localization and Mapping，SLAM）技术是指搭载环境感知传感器等的运动主体，在未知环境或已知地图中利用传感器对环境的观测信息创建地图或增量式地更新和优化地图。

SLAM 的相关概念最早由 Cheeseman 等于 1986 年的 IEEE（电气与电子工程师协会）机器人与自动化会议提出，旨在将基于估计理论的方法引入机器人的建图问题与定位问题中，并对特征间的相互关系和不确定性进行了详细描述，为 SLAM 技术建立了准确的数学模型。在 SLAM 算法中，要通过在已创建的未知环境地图中进行定位，而未知环境精确地图的建立则依赖于机器人定位算法的准确性，定位与建图相互依赖，高度相关。经过 30 余年的发展，SLAM 及相关技术日渐成为无人驾驶、机器人、室内导航与定位等应用领域的研究热点。

按主要应用的传感器类型，SLAM 技术可以划分为视觉 SLAM 和激光 SLAM。其中，因为激光雷达处理速度快、数据精度高、可以高效响应动态环境下场景变化，主流厂家采用激光 SLAM，获取现场激光点云地图，并利用帧间匹配、回环检测等手段，扫描周围环境信息形成激光点云数据，以第一帧数据为基础，依据后一帧点云数据叠加到前面帧点云数据的原则，进而形成全局地图。

1.2.3 路径最优规划技术

路径规划作为变电站巡检机器人研究的重要问题，主要指通过环境感知，智能规划一条从起点到目标点的路径，且尽量确保该路径最短、最为合理。对于巡检机器人的路径规划，概括其关键问题主要有：

（1）全局路径规划问题：已知全局环境信息，如何通过合理的路线设置，规划可行驶范围、规避静态障碍物。

（2）最短路径搜索问题：针对已规划的路径，如何求解地图中两点间的最短距离。

关于全局路径规划问题：最直接且可靠的方式是人工路径设置，即结合实际环境，人为进行路径的设计，充分考虑静态障碍物的分布范围，设置巡检机器人的可行驶区域。此方法适用于具有比较明显的机器人可行驶路面的地图环境，并且人工设置路径需借助可视化工具。除去人工设置的方法，自由空间法用结构空间的方法对周围环境进行建模，并将巡检机器人视为一个质点，保证其在建模环境中避开障碍物从起始点朝着目标点移动。同时，基于人工智能的研究推进，多种智能路径规划方法也被提出，如蚁群算法、遗传算法、神经网络算法和模糊控制算法等。

关于最短路径搜索问题：根据先验地图环境模型和全局路径信息寻找从起点至目标点的最优路径。A*算法是常用的一种使用代价函数描述地图上两点间路径通过代价，递归搜索通过代价最小的路径的方法。Dijkstra 算法是图论中求取最短路径的经典算法，主要寻找一点至其余各点的最短路径。Floyd 算法是经典的动态规划算法，可以解决有向图中任意两点间的最短路径问题。

1.2.4 图像自主采集技术

变电站巡检机器人在巡检过程中，极其重要的工作就是采集设备仪表图像，如常见的电流表、电压表、气压表、温度表等仪表的示数以及变压器套管等图像。巡检机器人在读取现场仪表示数的过程中，存在较大的难度。大部分现场仪表由于成本和历史的原因都是选择现场指示仪表，并不具有智能仪表的远传功能，只能是巡检机器人通过计算机视觉的方法去读取仪表示数。这些仪表的示数有的是数字式的，有的又是指针式的，而且每个变电站的工况不一样，用的仪表种类不一样，即使是监控同样指标的仪表，也存在不同品牌、不同样式和情况。即使是同一个变电站的同一个监测点，还存在室外不同光照、巡检机器人不同拍摄角度、不同程度的遮挡和模糊等情况，这些都给巡检机器人实现仪表检测和示数识别功能带来了极大的难度。

机器人定位导航精度和云台控制精度都存在一定的误差，在机器人执行巡检任务的过程中，可见光相机调取相机参数、获取设备图像时，会出现设备并未在视场中心，甚至偏差视场，导致获取设备图像失败，由此出现了一种基于设备模板库的视觉伺服控制技术。依据机器人的云台预置位，驱动云台转动，调节相机焦距和倍率，形成自动巡检模式下大视场的设备小图，比对模板库中的设备小图，提取目标图像位置的像素差，计算视场中的水平及垂直角度偏差，控制云台转动，使目标向视场中心偏移，校正因导航和云台控制误差产生的目标点偏离。此校正过程虽然可以纠偏，但增加了巡检时间，降低了巡检效率。如何实现快速地伺服校正成为当前巡检机器人技术提升的重点。

对于仪表检测来说，级联检测器（又称 VJ 级联检测器）是使用范围最为广泛、最为经典的物体检测器之一。近些年深度学习在物体检测领域大放异彩，取得了长足的进步。选择性搜索（Selective Search）的策略是为图像中多物体检测计算出很多的候选区域（Region Proposal），这是后续基于深度学习检测方法的基础。国外 Girshick 等提出了一种基于 RCNN 算法，总体上采取的是选择性搜索结合卷积神经网络的框架。杨光提出了基于卷积神经网络的变电站巡检机器人图像识别技术，进一步提升了表计识别的准确率。李军锋结合深度学习和随机森林的电力设备图像识别技术，将部分电力设备的准确度提升到 89.6%。除此之外，还有一系列的性能良好的深度学习检测算法，应用于物体检测领域。

1.2.5　红外测温技术

变电站的设备巡视工作方法一般就是目测、耳听设备的运行情况，其中又以目测为主，后来使用红外测温装置检测热缺陷的方式检测设备安全。机器人搭载红外热成像仪，可实现对设备红外测温。日本早期研制的巡检机器人就配备了红外热像仪和图像采集装置，代替人工原有的手持红外热像仪检测设备热点，以及利用远程监控的方式代替人工现场观测，降低了劳动强度，保障了人员安全。国家电网公司电力机器人技术实验室在此基础上，研究了基于红外测温的三相对比。

电力巡检机器人搭载红外热成像仪，拍摄设备的红外图像，并自主获取设备的实时温度。变电站设备巡检过程中，机器人利用红外热像仪采集设备红外图像并上传监控后台，监控后台分析设备红外图谱获取设备温度，设备温度超过正常温度时，巡检机器人预警设备缺陷，便于运维人员获得设备缺陷信息，进而保障设备的安全和可靠运行。

红外图像温度识别技术目前已较为成熟，即根据物体的红外辐射强度判断其温度高低，各厂家采用的识别技术基本一致。设备方面通常分为制冷焦平面热像仪和非制冷焦平面热像仪，主流厂家采用非制冷焦平面热像仪，相比于制冷焦平面热像仪，非制冷焦平面热像仪具有体积小、质量轻、功耗低、可靠性高、维护方便、灵敏度高等优点。

1.2.6　声音识别技术

机器人普遍搭载拾音器，能够对设备声音进行采集。国内许多单位对声音识别开展了研究。随着声音信号处理技术的不断发展，清华大学在 1999 年提出了基于声音信号的变压器状态检测方法。国家电网公司电力机器人技术实验室于 2010 年开展基于声信号的分析研究，目前实现了变压器异常的自动检测及环境噪声分析，是变电站巡检机器人代替人工"听"取设备状态的又一突破。李晶利用 LBG 算法得到变压器和高抗设备的码本，将识别准确率提升到 99%。李红玉提出了基于声音谐波特征及矢量量化的变电站设备声音识别方法，以此来识别变压器和高抗设备的声音。但变电站声音识别仍存在较大困难，主要有以下原因：

（1）声音采集困难。变电站场地集中了大量设备，各设备声音、环境声音交叉干扰，难以区分。

（2）没有声音识别标准。变电站设备声音识别没有标准和规范，对采集到的声音提取特征值后，无法从声音样本判断设备是否存在异常。

1.2.7 局部放电检测技术

局部放电检测主要是对高压开关柜的绝缘介质间电气放电情况的检测。主要的局部放电检测方法有光学检测法、超声波检测法、暂态地电波检测法、超高频法。

1. 光学检测法

光学检测法是利用光电倍增器，检测放电过程中产生的光信号，是检测技术中灵敏度最高的方法。但由于玻璃和 SF_6 气体等物质对光子信号吸收能力很强，无法透过开关柜对局部放电情况进行检测。这就决定了这种方法只能采用离线检测方式，无法实现在线监测。

2. 超声波检测法

局部放电激发的超声信号带宽较宽，可在电力柜外用声发射传感器检测到。由于超声波检测法是非侵入式的，所以它对设备内部局部放电产生的电磁场没有影响，受设备外的噪声影响较小。但由于声信号在通过绝缘子和 SF_6 时会产生一定的衰减，导致有部分情况下的局部放电无法被准确检测。

3. 暂态地电波检测法

高压电气设备在发生局部放电时，局部电场的击穿短路导致两端导体内一部分电荷被释放出来，在导体上以电磁波形式传播，形成电流，聚集在外壳屏蔽的内表面，并在屏蔽不连续处形成暂态电压脉冲信号。再将暂态电压脉冲信号通过电容耦合出来，通过降噪放大检测出来。这种方法检测频带可达到 1 ~ 25 MHz，并具备较高的检测灵敏度。

4. 超高频法

检测局部放电产生的电磁波的超高频为 300 MHz ～ 3 GHz。噪声干扰的频率通常在 500 MHz 以下，因此超高频法的抗干扰能力很强。但由于超高频信号距离局部放电源越远衰减越大，要求传感器离局部放电源较近，不适用于开关柜的局部放电检测。

主流厂家基于其丰富的电力高压柜局部放电测量经验，采用超声波＋地电波的测量方式，通过两种方法的互补和对比，拓宽了检测频带，提高了检测灵敏度，并结合时间维度上的趋势分析，实现设备局部放电的精确监测。

1.3 智能巡检研究现状

1.3.1 国外智能巡检研究现状

日本三菱公司和东京电力公司在20世纪80年代就开始联合开发500 kV变电站巡检机器人（见图1-8），该机器人基于路面轨道行驶，使用红外热像仪和图像采集设备，配置辅助灯光和云台，自动获取变电站内实时信息。但是由于技术问题，该巡检机器人仅在2~3所变电站试用，并停止了后续研发。

图1-8 日本500 kV变电站巡检机器人

20世纪80年代末期，日本研制出了地下管道监控机器人，用于监测275 kV地下管网内的温度、湿度、水位、甲烷气体、声音、超声、彩色视频图像等，如图1-9所示。20世纪90年代，日本又研制出了涡轮叶片巡检机器人，配电线路巡检机器人等应用于不同场景的巡检机器人，如图1-10和图1-11所示。

图1-9 日本地下管道巡检机器人

图 1-10 日本涡轮叶片巡检机器人

图 1-11 日本配电线路巡检机器人

美国研发的电力巡检机器人，能够实现电力设备自动红外检测，并使用检测天线定位局部放电位置，如图 1-12 所示。

图 1-12 美国电力巡检机器人

新西兰研制的电力巡检机器人采用 GPS 定位，具备双向语音交互以及激光避障功能，如图 1-13 所示。

图 1-13　新西兰电力机器人

2013 年，加拿大研制出了一种检测及操作机器人，采用全球定位系统（Global Position System，GPS）定位方式，在 735 kV 变电站实现视觉和红外检测，并能远程执行开关分合操作，如图 1-14 所示。

图 1-14　加拿大检测及操作机器人

1.3.2　国内智能巡检研究现状

在国内，国网山东省电力公司电力科学研究院及下属的山东鲁能智能技术有限公司于 1999 年最早开始变电站巡检机器人的研究，在 2002 年成立了国家电网公司电力机器人技术实验室，主要开展电力机器人领域的技术研究。2004 年，第一台功能样机研制成功，后续在国家电网公司多个项目支持下，该实验室研制出了系列化变电站巡检机器人，综合运用非接触检测、机械可靠性设计、多传感器融合的定位导航、视觉伺服云台控制等技术，实现了机器人在变电站室外环境全天候、全区域自主运行，开发了变电站巡检机器人系统软件，实现了设备热缺陷分析预警，开关、断路器开合状态识别，仪表自动读数，设备外观异常和变压器声音异常检测及异常状态报警等功能，在世界上首次实现了机器人在变电站的自主巡检及应用推广，提高了变电站巡检的自动化和智能化水平，如图 1-15 所示。

（a）第一代 　　　（b）第二代 　　　（c）第三代

（d）第四代 　　　（e）第五代

图 1-15　国家电网公司系列变电站巡检机器人

此外，2012 年 2 月，中国科学院沈阳自动化研究所研制出轨道式变电站巡检机器人，实现了冬季下雪、冰挂情况下的变电站巡检，如图 1-16 所示。

2014 年 1 月，浙江国自机器人技术有限公司研制的变电站巡检机器人在瑞安变电站投运，如图 1-17 所示。

2016 年起，南方电网广东电网公司启动变电站巡检机器人样机研制项目，并在全国率先实现了机器人对室外局部放电的精准检测，如图 1-18 所示。

图 1-16　沈阳自动化研究所轨道机器人

图 1-17　国自智能巡检机器人

图 1-18　南方电网首台自主研发的变电站机器人

第2章 高精度自主导航定位技术

2.1 概　述

早期变电站电力巡检机器人主要通过在需要巡检的路径上预先铺好磁轨，并在需要完成巡检任务的停靠点放置 RFID（射频识别技术）标签来对巡检点进行标识。目前，我国已经投入实际使用的由国家电网主导的电力智能巡防机器人也是基于这种思路研制的。从实际应用来看，这种磁轨结合 RFID 的导航方式存在两个主要问题：一是磁轨铺设工程量巨大，而且当巡检机器人进入新的变电站工作时，又需要重新铺设磁轨和 RFID，造成很大的不便；二是巡检路径设置十分不灵活，如果要设置新的巡检路径，就必须在相应的道路上铺设磁轨。

GNSS 具有全球性、全天候、误差有界的特点，但其数据更新频率低，难以满足实时控制的需求，且易受干扰和人为控制，在遮挡环境（如室内、水下、地下、狭窄街道等）不能使用。惯性导航（以下简称"惯导"）具有数据频率高、输出信息全面、抗干扰等优点，但导航误差会随时间累积。

多源融合导航可以结合多个导航传感器，利用各个传感器的优点，弥补各自的不同，针对变电站复杂的电磁环境，可以实现高精度、健壮性自主导航。

2.2 GNSS 技术

2.2.1 GNSS 组成

下面以 GPS 导航为例，介绍卫星导航系统的组成。GPS 作为一种全球性的定位与授时系统，能全天候、任意时刻为 GPS 接收机的用户提供精准、连续、有效的经纬度、高度、三向速度信息及精密的授时服务。只需要所用接收机能同时接收观测到不少于 4 颗 GPS 卫星，整个导航系统便可以正常为用户提供高精度定位服务。

GPS 卫星定位系统包括空间星座部分、地面控制部分和用户接收部分。

1．空间星座部分

在设计的卫星系统中，存在 24 颗在轨运行卫星，将其分为 6 个组别，每 4 颗归为一个工作单位，6 个组合均匀地分布在 6 个等间隔、与赤道倾角为 55° 的绕地环形轨道上。GPS 卫星在距地 20 200 km 空间轨道上环行，绕地一周的周期为 11 h 58 min。GPS 卫星星座分布如图 2-1 所示。

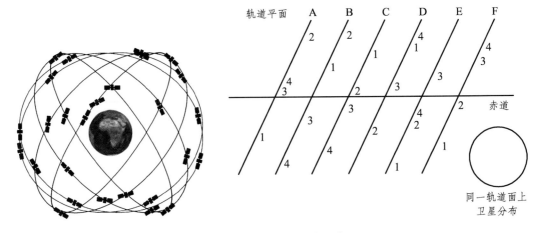

图 2-1 GPS 卫星星座分布

2．地面控制部分

地面控制部分由 1 个主控站、5 个监测站、3 个注入站组成，起监测和控制 GPS 星座工作、编算导航电文、维持系统时间稳定的作用。

主控站：收集各个监测站中卫星观测信息，根据从监控站获取的信息计算出卫星星历与修正时钟偏差等，最后经过注入站传输到卫星中，也可以向 GPS 卫星发送指令控制卫星。

监测站：主要负责收集卫星信号，时刻监测卫星运行状态，将与 GPS 系统相干的数据聚拢，并上传到主控站中。

注入站：主要负责将主控站发来的信息注入卫星。

3．用户接收部分

这一部分主要是指 GPS 接收机及其相关设备，通过观测 GPS 发出的导航电文为用户提供需要的定位授时服务。

2.2.2 GNSS 定位原理

GPS 测距码定位是根据已知卫星坐标，通过测距码中的信息计算出用户与当前所观测到的卫星之间的绝对间距，利用四球面相交法解算出用户所在的位置，因此需要同时利用 4 颗以上卫星测量信息才能进行 GPS 定位，其解算原理也属于无线电定位中的一种。

假设卫星距离用户接收机距离为 ρ ，两者之间的电磁波传输时间为 τ ，电磁波飞行速度为 c ，可得：

$$\rho = c\tau \tag{2-1}$$

GPS 测距是通过在导航电文里插入发送时间戳与接收时间戳来实现单向测距，接收机与卫星之间存在时钟误差、卫星之间的钟差，同时无线电在传输过程中并非按照理论光速传播，因而上述距离并不能作为接收机与卫星星座之间的真实距离，将 ρ 称为伪距。设真实距离为 r ，接收钟差为 δt_j ，卫星钟差为 δt_k ，信号传播误差为 $\delta \rho_\varepsilon$ ，真实距离与伪距之间的关系表示为

$$\rho = r + c\delta t_j - c\delta t_k - \delta \rho_\varepsilon \tag{2-2}$$

实际使用中可以通过导航电文提供的配置参数修正卫星时钟误差 δt_k ，修改模型纠正传输误差 $\delta \rho_\varepsilon$ ，那么伪距计算公式便可以简化为

$$\rho = r + c\delta t_j \tag{2-3}$$

用 $[X_k^i,\ Y_k^i,\ Z_k^i]^{\mathrm{T}}$ 表示第 i 颗卫星的位置坐标，用 $[x,\ y,\ z]^{\mathrm{T}}$ 表示用户的坐标，那么 GPS 卫星到用户的真实距离 r 可以用式（2-4）计算：

$$r = \sqrt{(X_k^i - x)^2 + (Y_k^i - y)^2 + (Z_k^i - z)^2} \tag{2-4}$$

代入伪距计算得

$$\rho = \sqrt{(X_k^i - x)^2 + (Y_k^i - y)^2 + (Z_k^i - z)^2} + c\delta t_j \tag{2-5}$$

式（2-5）中存在用户 3 个位置坐标和接收机时钟误差 4 个未知数，因此需要 4 个伪距观测量来建立方程组求解，这也是为什么前文一直提到定位解算需要 4 颗卫星的原因。定位原理如图 2-2 所示。

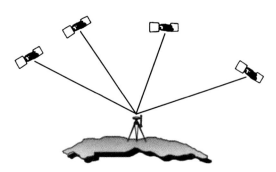

图 2-2　GPS 单点定位原理

2.2.3　GNSS 定位系统误差

GPS 信号在各个传输过程中存在各种干扰问题，其中存在星历误差、时钟误差、传播途径影响、接收机误差等。从误差来源上可以将卫星定位误差分为 4 个部分，即星座存在的误差、信号在传播过程中出现的误差、接收机造成的误差以及外部环境因素等。误差分类与测距精度影响见表 2-1。

表 2-1　GPS 误差分类与测距精度

误差来源		对测距精度的影响/m
星座存在的误差	星历误差	1.5～15.0
	时钟误差	
	相对论效应	
传播过程中出现的误差	电离层延迟	1.5～15.0
	对流层延迟	
	多路径效应	
接收机造成的误差	时钟误差	1.5～5.0
	位置误差	
	天线相位中心误差	
其他误差	地球潮汐	1.0
	负荷潮	

上述误差引起的原因中，星历误差、时钟误差、相对论效应、电离层延迟、对流层延迟、接收机时钟误差、位置偏差都属于系统误差，而多路径效应、天线相位中心

误差等属于偶然误差。应当指出的是，GPS 信号从系统到传输、再到接收，所包含的误差项颇多且机理较为复杂，系统性地对其分析建模非常困难，同时复杂的误差模型会严重影响导航定位系统的实时性计算。

当前针对 GPS 定位系统误差有以下 5 种解决方法。

（1）利用误差修正模型、求差法，选择好的硬件、软件观测条件以消除误差；

（2）利用双频观测、电离层改正模型、同步观测求差等减弱电离层误差；

（3）利用霍普菲尔德、萨斯塔莫宁、克罗布歇公式改正对流层模型；

（4）利用不断修正基站站址、从接收机天线上改良等方法削弱多路径误差；

（5）建立独立的卫星跟踪定轨模型，利用同步观测法等解决星历误差。

2.2.4　差分 GNSS 定位原理

差分 GPS 技术按照工作方式不同可分为单站差分、具有多个基准站的局域差分和广域差分三种类型。单站差分 GPS 系统的结构和算法简单，技术上较为成熟，主要用于小范围的差分定位工作。对于较大范围的区域，应用局域差分技术。对于一个国家或几个国家的广大区域，则应用广域差分技术。

按基准站发送的信息方式不同，差分 GPS 又可分为位置差分、伪距差分、相位平滑伪距差分和载波相位差分。它们的工作原理是相同的，都是基准站发送改正数，用户站接收并对其测量结果进行改正，用以获得精确的定位结果。不同的是，所发送改正数的具体内容不一样，其差分方式的技术难度、定位精度和作用范围也各不相同。

2.2.4.1　差分 GNSS 原理

将差分技术用于 GNSS 就称为差分 GNSS。

差分的工作过程是在用户接收机附近设置一个已知精度坐标的差分基准站，基准站的接收机连续接收导航信号，将测得的位置或距离数据与已知的位置、距离数据进行比较，确定误差，得出准确改正值，然后将这些改正数据通过数据链发播给覆盖区域内的用户，用以改正用户的定位结果。

接收机通过测量从接收机天线到卫星的伪距，来确定接收机的三维位置和时钟误差。伪距的测量精度受到众多误差因素影响，可以分为三部分误差：一是各用户接收机所公有的误差，如卫星钟误差、星历误差；二是传播延迟误差，如电离层误差、对流层误差；三是各用户接收机所固有的误差，如内部噪声、通道延迟、多径效应等。利用差分技术，无法消除第三部分误差，但可以完全消除第一部分误差，大部分消除第二部分误差（主要取决于基准站和流动站之间的距离）。因此，在基准站周围一定范围内的用户，通过接收差分改正量用以改正自己的误差，可以提高定位精度。

设基准站测得到 GPS 卫星 j 的伪距为

$$\rho_b^{j} = \rho_b^{j} + C(\mathrm{d}\tau_b - \mathrm{d}\tau_s^{j}) + \mathrm{d}\rho_b^{j} + \delta\rho_{bion}^{j} + \delta\rho_{btrop}^{j} \qquad (2\text{-}6)$$

式中，ρ_b^{j} 为基准站到第 j 颗卫星的真实距离；$\mathrm{d}\rho_b^{j}$ 是 GPS 卫星星历误差所引起的距离偏差；$\mathrm{d}\tau_b$ 为接收机时钟相对于 GNSS 时间系统的偏差；$\mathrm{d}\tau_s^{j}$ 是第 j 颗卫星时钟相对于 GNSS 时间系统的偏差；$\delta\rho_{bion}^{j}$ 为电离层时延所引起的距离偏差；$\delta\rho_{btrop}^{j}$ 是对流层时延所引起的距离偏差；C 为电磁波的传播速度。

根据基准站的已知坐标和 GNSS 卫星星历，真实距离 ρ_b^{j} 可以通过精确计算得到，而伪距 ρ_b^{j} 是用基准站接收机测得的，则伪距的改正值为

$$\Delta\rho_b^{j} = \rho_b^{j} - \rho_b^{j} = -C(\mathrm{d}\tau_b - \mathrm{d}\tau_s^{j}) - \mathrm{d}\rho_b^{j} - \delta\rho_{bion}^{j} - \delta\rho_{btrop}^{j} \qquad (2\text{-}7)$$

在基准站接收机进行伪距测量的同时，用户接收机也对第 j 颗卫星进行了伪距测量，用户接收机所测得的伪距：

$$\rho_u^{j} = \rho_u^{j} + C(\mathrm{d}\tau_u - \mathrm{d}\tau_s^{j}) + \mathrm{d}\rho_u^{j} + \delta\rho_{uion}^{j} + \delta\rho_{utrop}^{j} \qquad (2\text{-}8)$$

如果基准站将所得的伪距改正值 $\Delta\rho_b^{j}$ 适时地发送给用户，并改正用户接收机所测得的伪距，即

$$\begin{aligned} \rho_u^{j} + \Delta\rho_b^{j} = \rho_u^{j} &+ C(\mathrm{d}\tau_u - \mathrm{d}\tau_b^{j}) + (\mathrm{d}\rho_u^{j} - \mathrm{d}\rho_b^{j}) + \\ &(\delta\rho_{uion}^{j} - \delta\rho_{bion}^{j}) + (\delta\rho_{utrop}^{j} - \delta\rho_{btrop}^{j}) \end{aligned} \qquad (2\text{-}9)$$

当用户离基准站在 1 000 km 以内时有

$$\mathrm{d}\tau_u \approx \mathrm{d}\tau_b^{j}; \ \mathrm{d}\rho_u^{j} \approx d\rho_b^{j}; \ \delta\rho_{utrop}^{j} \approx \delta\rho_{btrop}^{j}$$

式（2-9）变为

$$\rho_u^{j} + \Delta\rho_b^{j} = \rho_u^{j} + C(\mathrm{d}\tau_u - \mathrm{d}\tau_b^{j})$$

$$= [(x^{j} - x_u)^2 + (y^{j} - y_u)^2 + (z^{j} - z_u)^2]^{\frac{1}{2}} + \Delta d_r \qquad (2\text{-}10)$$

式中，Δd_r 为用户站和基准站接收机的时钟之差所引起的距离偏差：

$$\Delta d_r = C(\mathrm{d}t_u - \mathrm{d}\tau_b) \qquad (2\text{-}11)$$

如果基准站和用户站各观测了相同的 4 颗 GNSS 卫星，则可列出 4 个方程式，它们共有 4 个未知数。通过解算这 4 个方程式，可求得用户的位置坐标。距离基准站约 500 km 的用户，由于可以消除或显著削弱星历误差、对流层和电离层时延误差，所以差分 GNSS 可以有效地提高定位精度。

表 2-2 列出了伪距定位的各主要误差源对差分定位解和导航解所作的概略精度比较。表中 C/A 码电离层误差一项为 5～10 m，主要是考虑到太阳活动因素，不同年份可能采用不同的值。C/A 码接收机噪声因采用的接收机而有所不同。近期的和早期的接收机可以有较大的差别，表中相应项也有较大的变动范围。

表 2-2 差分定位与导航精度比较　　　　单位：m

误差源	导航定位		差分定位	
	P 码	C/A 码	P 码	C/A 码
卫星钟钟差	3.0	3.0	—	—
卫星星历误差	4.3	4.3	0.1	0.1
电离层误差	2.3	5.0～10.0	0.4	1.0～2.0
对流层误差	2.0	2.0	0.8	0.8
多路效应	1.2	1.2	1.7	1.7
系统误差合计	6.2	7.6～11.5	1.9	2.1～2.7
接收机噪声	1.6	0.2～7.5	2.3	0.3～10.6
定位精度	19.2	22.8～41.2	12.1	6.4～32.8

从表 2-2 中可以看出:对于 P 码接收机，差分定位可以明显提高解的精度；对于早期的 C/A 码接收机，其接收机噪声比较大，只是在电离层残余误差很大时才使差分定位精度有所提高。这是因为 C/A 码伪距测量误差很大，它们叠加的结果使定位精度明显降低，抵消了一些系统误差被削弱的效果。近期的接收机，其接收机的噪声大大降低，差分定位精度明显提高，且高于 P 码定位精度。应该说明的是，表 2-2 中这种误差的叠加是理论上的概略估计，更准确的数据要通过实验取得。

2.2.4.2　位置差分 GNSS

基准站上的 GNSS 接收机通过观测 4 颗及以上的卫星后可进行三维定位，解算出基准站的坐标。由于存在轨道误差、时钟误差、大气影响、多路径效应、接收机噪声等，解算出的基准站坐标与已知坐标存在误差，即

$$\begin{aligned} \Delta X &= X_0 - X' \\ \Delta Y &= Y_0 - Y' \\ \Delta Z &= Z_0 - Z' \end{aligned} \qquad (2\text{-}12)$$

式中，(X_0, Y_0, Z_0) 为基准站的精确坐标；(X', Y', Z') 为基准站实际坐标；$(\Delta X, \Delta Y, \Delta Z)$ 为坐标改正数。

基准站通过数据链将此改正数发送出去，用户接收后对其解算的用户站坐标进行改正：

$$\begin{aligned} X_u &= X_u' + \Delta X \\ Y_u &= Y_u' + \Delta Y \\ Z_u &= Z_u' + \Delta Z \end{aligned} \qquad (2\text{-}13)$$

式中，(X_u', Y_u', Z_u') 为用户接收机自身观测结果；(X_u, Y_u, Z_u) 为经过改正后的用户坐标。

考虑用户站位置改正值的瞬时变化，则式（2-13）可进一步写成：

$$\begin{aligned} X_u &= X_u' + \Delta X + \frac{\mathrm{d}(\Delta X)}{\mathrm{d}t}(t - t_0) \\ Y_u &= Y_u' + \Delta Y + \frac{\mathrm{d}(\Delta Y)}{\mathrm{d}t}(t - t_0) \\ Z_u &= Z_u' + \Delta Z + \frac{\mathrm{d}(\Delta Z)}{\mathrm{d}t}(t - t_0) \end{aligned} \qquad (2\text{-}14)$$

式中，t_0 为改正值产生的时刻。

这样，位置差分定位有效地削弱了导航定位中系统误差源的影响，如卫星钟误差、卫星星历误差、电离层传播延迟误差等。而影响削弱的效果取决于两个因素：一是对于两个站的观测量，其系统误差是否等值，其差值越大则效果越差；二是所测卫星相对于两个站的几何分布是否相同，相差越大则效果越差。

其中第一项影响，系统性误差等值或相近是本质性的，它限制了差分定位的作用范围，即用户站到基准站的距离。位置差分定位的另一个问题是要求用户站和基准站

解算坐标时采用同一组卫星，这在近距离内可以做到，但距离较长时很难得到保证。

这种差分方式的优点是计算方法简单，适用于各种型号的 GNSS 接收机。

2.2.4.3　伪距差分 GNSS

伪距差分是目前应用最为广泛的一种技术。其基本原理是基准站的接收机测得它到卫星的距离，并将计算得到的真实距离与含有误差的测量值加以比较，利用一个 $a-\beta$ 滤波器将此差值滤波并求出其偏差；然后，将所有的可视卫星的测距误差发播给用户，用户利用该测距误差来改正相应的伪距观测量；最后，用户利用改正后的伪距求解自身的位置坐标，就达到了消去公共误差、提高定位精度的目的。

基准站的 GNSS 接收机首先测量出所有可见卫星的伪距 ρ^i 和收集其星历文件。利用采集的轨道根数计算出各颗卫星的地心坐标 (X^i, Y^i, Z^i)，再由基准站已知坐标 (X_b, Y_b, Z_b)，求出各颗卫星每一时刻到基准站的真实距离 R^i。

$$R^i = \sqrt{(X^i - X_b)^2 + (Y^i - Y_b)^2 + (Z^i - Z_b)^2} \qquad (2\text{-}15)$$

式中，i 表示第 i 颗卫星。

基准站 GNSS 接收机测量的伪距包括各种误差，与真实距离不同，可以求出伪距的改正数：

$$\Delta\rho^i = R^i - \rho^i \qquad (2\text{-}16)$$

伪距改正数的变化率为

$$\Delta\dot{\rho}^i = \frac{\Delta\rho^i}{\Delta t} \qquad (2\text{-}17)$$

基准站将 $\Delta\rho^i$ 和 $\Delta\dot{\rho}^i$ 发播给用户站，用户测得的伪距 ρ_u^i 加上该改正数，便求得经过改正的伪距：

$$\rho_{u(coor)}^i = \rho_u^i + Cd\tau = \sqrt{(X^i - X_u)^2 + (Y^i - Y_u)^2 + (Z^i - Z_u)^2} + Cd\tau \qquad (2\text{-}18)$$

此外，伪距改正数的变化率可以不作为参数由基准站计算。若基准站发播的改正数信息中不包含这一参数，用户可以根据式（2-19）自行计算：

$$\Delta\dot{\rho}^i = \frac{\Delta\rho^i(t_i) - \Delta\rho^i(t_{i-1})}{T} \qquad (2\text{-}19)$$

式中，T 为数据更新的时间间隔。

这种差分是在取得基准站伪距改正数后解算的，在解算过程中只取与基准站共同观测的卫星，这就解决了在位置差分中，因两个站采用不同卫星而产生精度不稳定的问题。它的优点有：基准站提供所有观测卫星的改正数，用户选择任意 4 颗卫星就可完成差分定位；基准站提供 $\Delta\rho^i$ 和 $\Delta\dot{\rho}^i$，这使得用户在未得到改正数的空隙内，也可以进行差分定位；测码伪距改正量的数据长度短，更新率低，对数据链要求不高，就目前数据传输设备而言，很容易满足要求。

伪距差分能将两站公共误差抵消，但是随着用户到基准站的距离的增加，又出现了新的系统误差，这种系统误差是任何差分方法都不能消除的。

2.2.4.4　相位平滑伪距差分 GNSS

载波相位的测量精度比码相位的测量精度高 2 个数量级，因此，如果能获得载波整周模糊度，就可以获得近乎无噪声的伪距观测量。一般情况下，无法获得整周模糊度，但能获得载波多普勒频率计数。考虑到载波多普勒测量的高精度，它反映了载波相位的变化信息，也就是说，它精确地反映了伪距变化。因此，利用这一信息来辅助码伪距观测量可以获得比单独采用码伪距测量更高的精度。这一思想也称为相位平滑伪距测量。

1．载波多普勒平滑伪距

从差分定位的各种误差源来看，差分定位削弱系统性误差的优点在很大程度上由于随机误差的叠加而掩盖，差分效果不是十分明显，提高差分定位精度的关键在于设法降低定位中的随机误差。在 C/A 码定位中最大的随机误差源是接收机噪声，随机误差的量级主要是由 C/A 码的码元宽度所决定的。由于 GNSS 导航是动态过程，卫星也在不断地运动，每一瞬间的伪距值都是不相同的，无法实现重复测量。采用载波多普勒观测量作为辅助，可以实现在动态情况下以大量观测来降低 C/A 码伪距测量中的随机误差。由于载波的频率很高，这种多普勒测量的精度远高于伪距测量，降低伪距测量中随机误差的效果十分明显。

载波的积分多普勒观测 N_d 是距离差的反映，多普勒频移 f_d 是距离变化率的反映：

$$f_d = f_r - f_s = \frac{f}{c}\dot{\rho} \qquad (2\text{-}20)$$

假定在标称时刻 t_0 的伪距观测量为 $\rho(t_0)$，在其前后不长的时间内（例如前后各 0.05 s）

各取 50 个伪距观测值 $\rho(t_i)$，对应的观测时刻 t_i，这些观测值可以通过距离变化率归化到标称时刻 t_0 的伪距观测值为 $\rho(t_0)'$。

$$\rho(t_0)' = \rho(t_i) + \dot\rho(t_i - t_0) \qquad (2-21)$$

可以有许多这样的归化值，将这些归化值（100 个）取平均作为对应 t_0 时刻的伪距观测量，显然可以大幅度提高观测量的精度。也可以采用滤波的方法取得归化观测值。由于载波的多普勒测量精度远较伪距测量的精度高，不同的数学方法对结果而言区别不大，为了简化接收机的机内软件设计，通常更倾向于较简单的数学手段。

不同的接收机可以使用不同的采样率、采样时间和数学处理方法。常把这种利用多普勒辅助观测取得的对应观测值称为伪距平滑值。伪距平滑值与伪距观测值相比，它大大降低了随机误差的影响，通常为 1 m 左右。使用具有这样功能的接收机进行伪距差分定位可以使定位精度取得大幅提高。

2．相位平滑伪距

在相位平滑伪距差分中，虽然相位观测值的整周模糊度 N 是未知的，但如果伪距是经过改正的，并假定可以忽略观测误差，则有如下关系：

$$(N + \varphi)\lambda = \rho \qquad (2-22)$$

式中，ρ 为经改正后的伪距；φ 为观测的相位小数；N 为整周模糊度；λ 为载波波长。

在观测过程中只要不存在周跳，N 将保持不变，接收机自动对相位 φ 连续计数。设接收机对某颗卫星连续跟踪 j 个历元，则有

$$\begin{aligned}
\rho_1 &= (N + \varphi_1)\lambda \\
\rho_2 &= (N + \varphi_2)\lambda \\
&\ \ \vdots \\
\rho_j &= (N + \varphi_j)\lambda
\end{aligned} \qquad (2-23)$$

由式（2-23）可以求得近似整周数 λN_j（距离单位）：

$$\lambda N_j = \frac{1}{j}\sum_{k=1}^{j}(\rho_k - \lambda\varphi_k) \qquad (2-24)$$

可以得到平滑后的伪距：

$$\bar\rho_j = \lambda\varphi_j + \frac{i}{j}\sum_{k=1}^{j}(\rho_k - \lambda\varphi_k) \qquad (2-25)$$

设相位观测误差为 σ_φ，伪距观测误差为 σ_ρ，则

$$\sigma_{\rho j}^2 \approx \sigma_\varphi^2 + \frac{1}{j}(\sigma_\rho^2 + \sigma_\varphi^2) \qquad (2\text{-}26)$$

σ_φ 远小于 σ_ρ，因此

$$\sigma_{\rho j} \approx \sigma_\rho / \sqrt{j} \qquad (2\text{-}27)$$

由此可见，经过相位平滑后的伪距精度提高了 $\sqrt{j}$ 倍，从而使伪距解算精度由原来的 2 ~ 5 m 提高到 0.5 ~ 1.5 m。尽管利用相位平滑伪距可以提高定位精度，但事实上要进一步提高定位精度还需要获取相位观测误差和伪距观测误差的改正数。

在实际应用中，有时需要动态快速定位，因此要实时获取接收机在运动时刻的实时差分解，这时可以采用滤波形式。

假设第 j 历元的伪距平滑值为

$$\overline{\rho}_j = (N_j + \varphi_j)\lambda$$
$$\lambda N_j = \frac{1}{j}\sum_{k=1}^{j}(\rho_k - \lambda\varphi_k) \qquad (2\text{-}28)$$

由此可以得到第 $j+1$ 历元的伪距平滑值为

$$\overline{\rho}_{j+1} = (N_{j+1} + \varphi_{j+1})\lambda = \lambda\varphi_{j+1} + \frac{1}{j}\sum_{k=1}^{j+1}(\rho_k - \lambda\varphi_k)$$

$$= \lambda\varphi_{j+1} + \frac{1}{j+1}\lambda N + \frac{1}{j+1}(\rho_{j+1} - \lambda\varphi_{j+1}) \qquad (2\text{-}29)$$

可以看出，在相位平滑伪距的递推形式中仅需要前一历元解算出的相位整周数 N_j 及当前历元的伪距和相位观测值，即可计算出当前历元的伪距观测值。需要注意的是，它的观测精度随着观测量的增加而提高。

相位平滑差分方法提高了伪距差分精度，而且计算方法简单。但是该方法要求相位观测值不出现大的周跳，否则其精度可能不如单纯的伪距差分。

2.2.4.5　RTK-GNSS

载波相位差分（Real Time Kinematic，RTK）是建立在实时处理两个测站的载波相位观测值的基础上，它能实时提供观测点的三维坐标，可以达到厘米级的高精度。

实现载波相位差分 GNSS 的方法有两种：改正法和差分法。前者类似于伪距差分技术，基准站将求得的载波相位改正量发播给用户站，用户站接收后用以改正其载波相位观测值，然后求解坐标。后者是将基准站采集的载波相位观测值发播给用户站，然后进行组差解算坐标。前者称为准 RTK 技术，后者为真正的 RTK 技术。第一种方法对差分系统数据链的要求不高，用户站的计算量不大；第二种方法对差分系统数据链要求较高，用户站的计算量较大，但其定位精度通常高于前者。目前这两种方法分别应用于不同的领域。

在基准站观测第 i 颗 GPS 卫星，求得伪距为

$$\rho_b^i = R_b^i + C(\mathrm{d}\tau_b - \mathrm{d}\tau_s^i) + \mathrm{d}\rho_b^i + \delta\rho_{bion}^i + \delta\rho_{btrop}^i + \mathrm{d}M_b + v_b \tag{2-30}$$

式中，R_b^i 为基准站到第 i 颗卫星的真实距离；$\mathrm{d}\tau_b$ 为基准站的时钟偏差；$\mathrm{d}\tau_s^i$ 为第 i 颗卫星的时钟偏差；$\mathrm{d}\rho_b^i$ 为第 i 颗卫星的星历误差引起的伪距误差；$\delta\rho_{bion}^i$ 为电离层效应；$\delta\rho_{btrop}^i$ 为对流层效应；$\mathrm{d}M_b$ 为多路径效应；v_b 为接收机噪声。

伪距改正数 $\Delta\rho_b^i$ 为

$$\Delta\rho_b^i = R_b^i - \rho_b^i = -C(\mathrm{d}\tau_b - \mathrm{d}\tau_s^i) - \mathrm{d}\rho_b^i - \delta\rho_{bion}^i - \delta\rho_{btrop}^i - \mathrm{d}M_b - v_b \tag{2-31}$$

同时，用户测得伪距 ρ_u^i 为

$$\rho_u^i = R_u^i + C(\mathrm{d}\tau_u - \mathrm{d}\tau_s^i) + \mathrm{d}\rho_u^i + \delta\rho_{uion}^i + \delta\rho_{utrop}^i + \mathrm{d}M_u + v_u \tag{2-32}$$

用 $\Delta\rho_b^i$ 对用户伪距进行改正，有

$$\Delta\rho_b^i + \rho_u^i = R_u^i + C(\mathrm{d}\tau_u - \mathrm{d}\tau_b) + (\mathrm{d}\rho_u^i - \mathrm{d}\rho_b^i) + (\mathrm{d}\rho_{uion}^i - \mathrm{d}\rho_{bion}^i) +$$
$$(\mathrm{d}\rho_{utrop}^i - \mathrm{d}\rho_{btrop}^i) + (\mathrm{d}M_u - \mathrm{d}M_b) + (v_u - v_b) \tag{2-33}$$

当基准站和用户站相距较近时，则有

$$\mathrm{d}\rho_u^i \approx \mathrm{d}\rho_b^i; \quad \mathrm{d}\rho_{uion}^i = \mathrm{d}\rho_{bion}^i; \quad \mathrm{d}\rho_{utrop}^i = \mathrm{d}\rho_{btrop}^i$$

所以

$$\Delta\rho_b^i + \rho_u^i = R_u^i + C(\mathrm{d}\tau_u - \mathrm{d}\tau_b) + (\mathrm{d}M_u - \mathrm{d}M_b) + (v_u - v_b)$$
$$= \sqrt{(X^i - X_u)^2 + (Y^i - Y_u)^2 + (Z^i - Z_u)^2} + \Delta\mathrm{d}\rho \tag{2-34}$$

如果基准站和用户站同时观测相同的 4 颗卫星，则有 4 个联立方程，由此可求解

出用户站的坐标 (X_u, Y_u, Z_u) 和 $\Delta d\rho$。而 $\Delta d\rho$ 中包含同一观测历元的各项残差：

$$\Delta d\rho = C(d\tau_u - d\tau_b) + (dM_u - dM_b) + (v_u - v_b) \qquad (2\text{-}35)$$

对于载波相位观测量：

$$\rho_u^i = \lambda(N_{u0}^i + N_u^i) + \varphi_u^i \qquad (2\text{-}36)$$

式中，N_{u0}^i 为起始相位模糊度，即相位整周的初始值；N_u^i 为从起始历元开始至观测历元间的相位整周数；φ_u^i 为测量相位的小数部分；λ 为载波波长。

代入基准站和用户站的观测方程式中，并考虑到基准站的载波相位数据由数据链发播给用户站，在用户站上将两者进行差分，最后得到

$$R_b^i + C(N_{u0}^i - N_{b0}^i) + \lambda(N_u^i - N_b^i) + \varphi_u^i - \varphi_b^i$$
$$= \sqrt{(X^i - X_u)^2 + (Y^i - Y_u)^2 + (Z^i - Z_u)^2} + \Delta d\rho \qquad (2\text{-}37)$$

解此方程的一个关键问题是如何求解起始相位模糊度，在静态测量中，最常用的方法有删除法、模糊度函数法、FARA（快速模糊度解算法）和消去法。

RTK（载波相位差分）技术既有十分广阔的应用前景，又有很大的难度。由于它的测量精度高、时间短，所以在快速静态测量、动态测量、准动态测量中得到了广泛应用，能快速高精度建立工程控制网和实际工程作业。但是，这一技术仍然存在着局限性，如基准站信号的传播延时会给实时定位带来误差。另外，高波特率数据传输的可靠性及电台干扰也是影响工作的关键。

此外，伪距与载波相位的联合解算也是目前广泛采用的一种方法。在上面介绍的相位平滑伪距方法中，相位本身没有参加平差，如果伪距与相位同时参加平差，两者需取不同的权值，可以使定位精度进一步提高。

2.3　捷联惯性导航技术

惯性导航以经典力学定律作为计算理论依据，搭载陀螺仪、加速度计两种传感器，来测量载体的实时旋转角速度、加速度信息。惯性导航有着全自主、抗干扰强、隐蔽性好、导航精度高等优点，在变电站复杂电磁环境下也能够正常工作，因此惯性导航从 20 世纪初诞生到今天受到各行各业的重视。惯性导航系统按照物理平台和数学平台

不同分为平台式和捷联式两种惯性导航系统。平台式惯性导航系统因其机电控制系统构造较为复杂，制作成本高，同时易发生故障，所以在实际使用中会很大程度上影响整个导航控制系统的稳定性，而被体积更小、质量更轻、成本更低的捷联惯性导航系统所取代。捷联惯性导航系统中的惯性测量单元与运载体直接固连，通过数字平台上的导航计算机解算惯性器件输出的导航数据，可得到运载体当前的姿态信息、速度信息、位置信息等导航参数。

2.3.1　惯性导航工作原理

2.3.1.1　相关坐标系

1. 惯性坐标系 $O_i x_i y_i z_i$（ i 系）

惯性坐标系是陀螺仪与加速度计输出的参考基准。其原点与地球中心重合，x_i、y_i 轴位于赤道平面内；z_i 轴是指向北极方向的地球自转轴，且 x_i、y_i、z_i 三轴相互正交。

2. 地球坐标系 $O_e x_e y_e z_e$（ e 系）

地球坐标系与地球固连，其原点与地球中心重合，x_e、y_e 轴位于赤道平面内，其中，x_e 轴指向本初子午线；z_e 轴是指向北极方向的地球自转轴，且 x_e、y_e、z_e 三轴相互正交。地球坐标系相对于 i 系以地球自转角速度 ω_e 旋转。

3. 地理坐标系 $O_g x_g y_g z_g$（ g 系）

地理坐标系原点与载体中心重合，x_g、y_g 轴位于水平面内，分别指东向与北向；z_g 轴垂直于当地的地球椭球面指向天。

4. 导航坐标系 $O_n x_n y_n z_n$（ n 系）

导航坐标系是惯性导航系统在解算导航信息时的参考坐标系。一般采用"东-北-天"坐标系作为系统的导航坐标系，即与地理坐标系重合。

5. 载体坐标系 $O_b x_b y_b z_b$（ b 系）

载体坐标系与载体固连，原点与载体中心重合，x_b 轴沿载体横轴指向右；y_b 轴沿载体纵轴指向前；z_b 轴沿载体垂直轴指向上，三轴成右手坐标系。b 系与 g 系之间对应的三轴构成的夹角即为载体的航向角、翻滚角及俯仰角。

6．轨迹坐标系 $O_t x_t y_t z_t$（ t 系）

轨迹坐标系为描述载体运动轨迹的坐标系， x_t 轴水平向右； y_t 轴与轨迹相切指向前进方向； z_t 轴垂直于 x_t 、 y_t 轴组成的平面。

2.3.1.2　捷联惯性导航系统基本理论

捷联惯性导航系统与平台惯性导航系统不同，其不存在真实的物理平台，而是计算机通过对陀螺仪与加速度计输出值进行解算得到的数学平台。图 2-3 所示为捷联惯性导航系统框架。

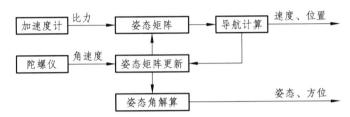

图 2-3　捷联惯性导航系统框架

如图 2-3 所示，陀螺仪测量得到载体相对于惯性系下的三轴角速度，加速度计测量得到载体相对于惯性系下的三轴加速度。系统在得到载体角速度与加速度信息后，对其进行解算，更新姿态矩阵，将载体在惯性系下的运动参数转换到导航系中，利用对加速度的多次积分可以得到载体的速度及位置信息，同时利用姿态矩阵得到载体的姿态信息。

2.3.1.3　捷联惯性导航解算

姿态矩阵可以将载体在惯性系下的惯性信息转换到地理坐标系下，因此姿态矩阵的解算与更新在捷联惯性导航系统中起到非常重要的作用。

首先给出载体的航向角、横滚角及俯仰角的定义：

航向角（ ψ ）：载体在载体坐标系中沿 z_b 轴旋转时，其 x_b 轴与当地地理北向的夹角为载体的航向角，令其向东为正，范围为 $0° \sim 360°$ 。

横滚角（ γ ）：载体在载体坐标系中沿 x_b 轴旋转时，其 y_b 轴相对于垂直面转动的角度为载体的横滚角，令其向右为正，范围为 $-180° \sim 180°$ 。

俯仰角（ θ ）：载体在载体坐标系中沿 y_b 轴旋转时，其 z_b 轴相对于水平面转动的角度为载体的俯仰角，令其向上为正，范围为 $-90° \sim 90°$。

常用的姿态矩阵更新算法有欧拉角法、方向余弦法、四元数法，其具体优缺点对比见表 2-3。欧拉角法主要将物体旋转分解成依次沿三个坐标轴的三次旋转，三次旋转的角度即为欧拉角。用欧拉角表示物体旋转时，需要有旋转角度和旋转顺序两个信息量。方向余弦法主要将一个坐标系看作由三个向量组成，因此其坐标轴上的投影可以表示这个坐标系与参考坐标系之间的关系。四元数法的主要思想是将姿态解算转换为求解四个未知量的线性微分方程组。

表 2-3　各姿态更新算法优缺点对比

姿态更新算法	优　点	缺　点
欧拉角法	简单明了，易于理解	计算困难，在俯仰角接近 90° 时，方程出现退化现象
方向余弦法	避免了方程退化现象	计算量大
四元数法	计算量小，易于实现	对有限转动引起的不可交换误差的补偿程度不够

四元数法计算量小，易于实现，因此本书选用四元数法作为捷联惯性导航系统的姿态更新算法。具体算法如下：

四元数可以表示为

$$Q(q_0, q_1, q_2, q_3) = q_0 + q_1\boldsymbol{i} + q_2\boldsymbol{j} + q_3\boldsymbol{k}$$

式中，q_0、q_1、q_2、q_3 为实数；$\boldsymbol{i}$、$\boldsymbol{j}$、$\boldsymbol{k}$ 为虚数且可以看作相互正交的空间向量。

四元数的大小可以用四元数的范数来表示：

$$\|Q\| = q_0^2 + q_1^2 + q_2^2 + q_3^2 \tag{2-38}$$

如果 $\|Q\| = 1$，则 Q 为规范化四元数。

用四元数表示姿态矩阵：

$$\boldsymbol{C}_b^n = \begin{bmatrix} q_0^2 + q_1^2 - q_2^2 - q_3^2 & 2(q_1q_2 - q_0q_3) & 2(q_1q_3 + q_0q_2) \\ 2(q_1q_2 + q_0q_3) & q_0^2 - q_1^2 + q_2^2 - q_3^2 & 2(q_2q_3 - q_0q_1) \\ 2(q_1q_3 - q_0q_2) & 2(q_2q_3 + q_0q_1) & q_0^2 - q_1^2 - q_2^2 + q_3^2 \end{bmatrix} \tag{2-39}$$

令

$$C_b^n = \begin{bmatrix} T_{11} & T_{12} & T_{13} \\ T_{21} & T_{22} & T_{23} \\ T_{31} & T_{32} & T_{33} \end{bmatrix} \tag{2-40}$$

将式（2-40）与式（2-39）对比可得

$$\begin{cases} q_0^2 + q_1^2 - q_2^2 - q_3^2 = T_{11} \\ q_0^2 - q_1^2 + q_2^2 - q_3^2 = T_{22} \\ q_0^2 - q_1^2 - q_2^2 + q_3^2 = T_{33} \end{cases} \tag{2-41}$$

由于描述刚体旋转的四元数是规范化四元数，则由式（2-41）可得

$$\begin{cases} q_0 = \pm \dfrac{1}{2}\sqrt{1 + T_{11} + T_{22} - T_{33}} \\ q_1 = \pm \dfrac{1}{2}\sqrt{1 + T_{11} - T_{22} - T_{33}} \\ q_2 = \pm \dfrac{1}{2}\sqrt{1 - T_{11} + T_{22} - T_{33}} \\ q_3 = \pm \dfrac{1}{2}\sqrt{1 - T_{11} - T_{22} + T_{33}} \end{cases} \tag{2-42}$$

令 q_0 符号为 $\mathrm{sign}(q_0)$，式（2-42）中符号为

$$\begin{cases} \mathrm{sign}(q_1) = \mathrm{sign}(q_0)[\mathrm{sign}(T_{32} - T_{23})] \\ \mathrm{sign}(q_2) = \mathrm{sign}(q_0)[\mathrm{sign}(T_{13} - T_{31})] \\ \mathrm{sign}(q_3) = \mathrm{sign}(q_0)[\mathrm{sign}(T_{21} - T_{12})] \end{cases} \tag{2-43}$$

当已知初始航向角 ψ、横滚角 γ 和俯仰角 θ 时，可以通过式（2-38）得到初始四元数值。计算得到已知四元数后，通过式（2-39）可以计算得到姿态矩阵 $\boldsymbol{C}_b^n$。

姿态矩阵 $\boldsymbol{C}_b^n$ 更新算法如下：

四元数微分方程为

$$\frac{\mathrm{d}Q}{\mathrm{d}t} = \frac{1}{2} Q \otimes \boldsymbol{\omega}_{nb}^b = \frac{1}{2} \boldsymbol{M}'(\boldsymbol{\omega}_{nb}^b) Q \tag{2-44}$$

式中，$\boldsymbol{\omega}_{nb}^b$ 具体表现为

$$\boldsymbol{\omega}_{nb}^b = \boldsymbol{\omega}_{ib}^b - \boldsymbol{C}_n^b(\boldsymbol{\omega}_{ie}^n + \boldsymbol{\omega}_{en}^n)$$

将式（2-44）改写成矩阵形式：

$$\begin{bmatrix} \dot{q}_0 \\ \dot{q}_1 \\ \dot{q}_2 \\ \dot{q}_3 \end{bmatrix} = \begin{bmatrix} 0 & -\omega_{nbx}^b & -\omega_{nbx}^b & -\omega_{nbz}^b \\ \omega_{nbx}^b & 0 & \omega_{nbz}^b & -\omega_{nby}^b \\ \omega_{nby}^b & -\omega_{nbz}^b & 0 & \omega_{nbx}^b \\ \omega_{nbz}^b & \omega_{nby}^b & -\omega_{nbx}^b & 0 \end{bmatrix} \begin{bmatrix} q_0 \\ q_1 \\ q_2 \\ q_3 \end{bmatrix} \tag{2-45}$$

可以得到其解为

$$Q(t_{k+1}) = e^{\frac{1}{2}\int_{t_k}^{t_{k+1}} M'(\omega_{nb}^n)\mathrm{d}t} Q(t_k) \tag{2-46}$$

令

$$\Delta\boldsymbol{\Theta} = \int_{t_k}^{t_{k+1}} M'(\omega_{nb}^b)\mathrm{d}t = \int_{t_k}^{t_{k+1}} \begin{bmatrix} 0 & -\omega_{nbx}^b & -\omega_{nbx}^b & -\omega_{nbz}^b \\ \omega_{nbx}^b & 0 & \omega_{nbz}^b & -\omega_{nby}^b \\ \omega_{nby}^b & -\omega_{nbz}^b & 0 & \omega_{nbx}^b \\ \omega_{nbz}^b & \omega_{nby}^b & -\omega_{nbx}^b & 0 \end{bmatrix} \mathrm{d}t$$

$$\approx \begin{bmatrix} 0 & -\Delta\theta_x & -\Delta\theta_y & -\Delta\theta_z \\ -\Delta\theta_x & 0 & \Delta\theta_z & -\Delta\theta_y \\ \Delta\theta_y & -\Delta\theta_z & 0 & \Delta\theta_x \\ -\Delta\theta_z & \Delta\theta_y & -\Delta\theta_x & 0 \end{bmatrix} \tag{2-47}$$

式中，$\Delta\theta_x$、$\Delta\theta_y$、$\Delta\theta_z$ 为三轴陀螺在采用时间 T 内的角增量。

对式（2-47）进行二阶泰勒展开可以得到

$$Q(k+1) = \left[I\left(1 - \frac{\Delta\theta^2}{8}\right) + \frac{\Delta\boldsymbol{\Theta}}{2} \right] Q(k) \tag{2-48}$$

式中，$\Delta\theta^2 = \Delta\theta_x^2 + \Delta\theta_y^2 + \Delta\theta_z^2$。

对于地理坐标系，分别对 x_g、y_g、z_g 三轴进行旋转可以得到载体坐标系。

根据欧拉角法的思想，可以知道姿态矩阵可以通过载体绕三轴依次旋转，如图 2-4 所示。

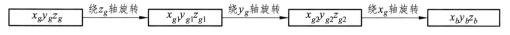

图 2-4 欧拉角旋转示意图

b 系与 g 系转换矩阵为

$$C_g^b = C_\psi C_\theta C_\gamma = \begin{bmatrix} \cos\gamma & 0 & -\sin\gamma \\ 0 & 1 & 0 \\ \sin\gamma & 0 & \cos\gamma \end{bmatrix} \begin{bmatrix} 1 & 0 & 0 \\ 0 & \cos\theta & \sin\theta \\ 0 & -\sin\theta & \cos\theta \end{bmatrix} \begin{bmatrix} \cos\psi & -\sin\psi & 0 \\ \sin\psi & \cos\psi & 0 \\ 0 & 0 & 1 \end{bmatrix}$$

$$= \begin{bmatrix} \cos\gamma\cos\psi + \sin\gamma\sin\theta\sin\psi & -\cos\gamma\sin\psi + \sin\gamma\sin\theta\cos\psi & -\sin\gamma\cos\theta \\ \cos\theta\sin\psi & \cos\theta\cos\psi & \sin\theta \\ \sin\gamma\cos\psi - \cos\gamma\sin\theta\sin\psi & \sin\gamma\sin\psi - \cos\gamma\sin\theta\cos\psi & \cos\gamma\cos\theta \end{bmatrix}$$

（2-49）

在一般的导航系统中，导航系一般与地理系重合，都选用"东-北-天"坐标系，因此通过式（2-49）可以得到 n 系与 b 系的转换矩阵：

$$C_b^n = C_b^g = (C_g^b)^{\mathrm{T}}$$

$$= \begin{bmatrix} \cos\gamma\cos\psi + \sin\gamma\sin\theta\sin\psi & \cos\theta\sin\psi & \sin\gamma\cos\psi - \cos\gamma\sin\theta\sin\psi \\ -\cos\gamma\sin\psi + \sin\gamma\sin\theta\cos\psi & \cos\theta\cos\psi & \sin\gamma\sin\psi - \cos\gamma\sin\theta\cos\psi \\ -\sin\gamma\cos\theta & \sin\theta & \cos\gamma\cos\theta \end{bmatrix}$$

（2-50）

加速度计测量得到载体在 b 系中各轴的加速度信息，通过姿态矩阵 C_b^n 可以转换到其在 n 系下沿东向、北向、天向三方向的加速度值。同理，可以得到载体相对于导航系的三轴角速度信息。

由式（2-50）可以得到载体的姿态角为

$$\theta = \sin^{-1}(T_{32}) \tag{2-51}$$

$$\gamma_\pm = \tan^{-1}\left(\frac{-T_{31}}{T_{33}}\right) \tag{2-52}$$

$$\psi_\pm = \tan^{-1}\left(\frac{T_{12}}{T_{22}}\right) \tag{2-53}$$

由式（2-52）和式（2-53）可以看出，在进行反三角求解时有可能出现多个解，其真值选取见表 2-4 和表 2-5。

表 2-4　横滚角真值表

$\gamma_\pm$	T_{22}	γ
+	+	$\gamma_\pm$
+	−	$-180° + \gamma_\pm$
−	+	$\gamma_\pm$
−	−	$180° + \gamma_\pm$

表 2-5　航向角真值表

T_{22}	T_{12}	ψ
$\rightarrow 0$	+	$90°$
$\rightarrow 0$	−	$-90°$
+	+	$\psi_{\pm}$
+	−	$\psi_{\pm}$
−	+	$\psi_{\pm} + 360°$

首先，在得到陀螺仪输出三轴角速度后，通过式（2-48）计算得到更新后的 Q 值；其次，将 Q 值代入式（2-42），可以得到更新后的姿态矩阵 $\boldsymbol{C}_b^n$，最后通过式（2-51）、式（2-52）、式（2-53）对应航向角与横滚角真值表，得到载体的姿态角信息。

比力方程是惯性导航解算的基本方程，其表达式为

$$\dot{\boldsymbol{v}}_{en}^n = \boldsymbol{C}_b^n \boldsymbol{f}_{ib}^b - (2\boldsymbol{\omega}_{ie}^n + \boldsymbol{\omega}_{en}^n) \times \boldsymbol{v}_{en}^n + \boldsymbol{g}^n \tag{2-54}$$

式中，$\boldsymbol{v}_{en}^n$ 维度 3×1，是载体在导航坐标系下相对于地球坐标系的速度；$\boldsymbol{f}_{ib}^b$ 维度 3×1，是加速度计测量得到的比力信息；$\boldsymbol{\omega}_{ie}^n$ 维度 3×1，是球自转角速度分量；$2\boldsymbol{\omega}_{ie}^n \times \boldsymbol{v}_{en}^n$ 为载体运动与地球自转引起的哥氏加速度；$\boldsymbol{\omega}_{en}^n$ 维度 3×1，是导航系相对于地球的角速度分量；$\boldsymbol{\omega}_{en}^n \times \boldsymbol{v}_{en}^n$ 为载体运动引发的向心加速度；$\boldsymbol{g}^n$ 维度 3×1，是重力加速度分量。

令当地纬度为 L，当地子午面曲率半径为 R_{M}，当地卯酉面曲率半径为 R_{N}，地球自转角速度为 ω_{ie}，有

$$\boldsymbol{\omega}_{ie}^n = \begin{bmatrix} 0 & \omega_{ie}\cos L & \omega_{ie}\sin L \end{bmatrix}^{\mathrm{T}}$$

$$\boldsymbol{\omega}_{en}^n = \left[\frac{v_{eny}^n}{R_{\mathrm{M}}+h} \quad -\frac{v_{enx}^n}{R_{\mathrm{N}}+h} \quad -\frac{v_{enz}^n}{R_{\mathrm{M}}+h}\tan L \right]^{\mathrm{T}}$$

$$\boldsymbol{g}^n = \begin{bmatrix} 0 & 0 & -g \end{bmatrix}^{\mathrm{T}}$$

简记 $\boldsymbol{v}_{en}^n$ 为 $\boldsymbol{v}^n$，并令 $\boldsymbol{f}_{ib}^n = \boldsymbol{C}_b^n \boldsymbol{f}_{ib}^b$，则式（2-54）可以变换成

$$\begin{bmatrix} \dot{v}_x^n \\ \dot{v}_y^n \\ \dot{v}_z^n \end{bmatrix} = \begin{bmatrix} f_{ibx}^n \\ f_{iby}^n \\ f_{ibz}^n \end{bmatrix} + \begin{bmatrix} 0 & 2\omega_{iez}^n & -(2\omega_{iey}^n+\omega_{eny}^n) \\ -2\omega_{iez}^n & 0 & 2\omega_{iex}^n+\omega_{enx}^n \\ 2\omega_{iey}^n+\omega_{eny}^n & -(2\omega_{iex}^n+\omega_{enx}^n) & 0 \end{bmatrix} \begin{bmatrix} v_x^n \\ v_y^n \\ v_z^n \end{bmatrix} - \begin{bmatrix} 0 \\ 0 \\ g \end{bmatrix} \tag{2-55}$$

通过式（2-55）可以求得载体的速度信息。

令载体的维度为 L、经度为 λ、高度为 h，则位置微分方程如下：

$$\dot{\boldsymbol{p}} = \boldsymbol{M}_{pv}\boldsymbol{v}^n \qquad (2\text{-}56)$$

其中

$$\boldsymbol{p} = \begin{bmatrix} L \\ \lambda \\ h \end{bmatrix}, \quad \boldsymbol{M}_{pv} = \begin{bmatrix} 0 & \dfrac{1}{R_{\mathrm{M}h}} & 0 \\ \sec\dfrac{L}{R_{\mathrm{N}h}} & 0 & 0 \\ 0 & 0 & 1 \end{bmatrix}$$

$$R_{\mathrm{M}h} = R_{\mathrm{M}} + h$$

$$R_{\mathrm{N}h} = R_{\mathrm{N}} + h$$

$$R_{\mathrm{M}} = \frac{R_{\mathrm{N}}(1-e^2)}{(1-e^2\sin^2 L)}, \quad R_{\mathrm{N}} = \frac{R_e}{(1-e^2\sin^2 L)^{\frac{1}{2}}}$$

$$e = \sqrt{2f - f^2}$$

式中，R_e 为地球椭圆长半轴长度；f 为地球椭圆扁率。

2.3.2　捷联惯性导航误差模型

2.3.2.1　惯性传感器误差模型

捷联惯性导航系统中，惯性传感器通常包括三轴陀螺仪和三轴加速度计，因此惯性传感器误差可以分为陀螺仪误差和加速度计误差。

陀螺仪在加工、装配过程中，其三个敏感轴和理想的载体坐标系之间往往有安装误差，即存在安装误差角。因此，需要对陀螺仪进行安装误差角标定、补偿。同时在测量过程中，陀螺仪也会存在漂移误差。

在保证精度的同时，本书仅考虑陀螺仪的陀螺漂移和随机误差，给出陀螺仪误差模型如下：

$$\boldsymbol{\varepsilon}^b = \boldsymbol{\varepsilon}_b + \boldsymbol{\varepsilon}_r + \boldsymbol{w}_g \qquad (2\text{-}57)$$

式中，$\boldsymbol{\varepsilon}^b$ 维度 3×1，是 x、y、z 三轴陀螺输出误差；$\boldsymbol{\varepsilon}_b$ 维度 3×1，是 x、y、z 三轴陀螺漂移；$\boldsymbol{\varepsilon}_r$ 维度 3×1，是 x、y、z 三轴的一阶马尔可夫过程；$\boldsymbol{w}_g$ 维度 3×1，是 x、y、z 三轴陀螺存在的高斯噪声。

其中，$\boldsymbol{\varepsilon}_b$、$\boldsymbol{\varepsilon}_r$ 数学模型为

$$\begin{cases} \dot{\boldsymbol{\varepsilon}}_b = 0 \\ \dot{\boldsymbol{\varepsilon}}_r = -\dfrac{1}{T_r}\boldsymbol{\varepsilon}_r + \boldsymbol{w}_r \end{cases}$$

式中，T_r 为陀螺仪相关时间；$\boldsymbol{w}_r$ 为高斯噪声，方差为 σ_r^2。

与陀螺仪误差相同，加速度计误差包括加速度计零偏以及随机误差，误差方程如下：

$$\boldsymbol{\rho}^b = \boldsymbol{\rho}_a + \boldsymbol{\rho}_r + \boldsymbol{w}_a \tag{2-58}$$

式中，$\boldsymbol{\rho}^b$ 维度 3×1，是 x、y、z 三轴加速度计输出误差；$\boldsymbol{\rho}_a$ 维度 3×1，是 x、y、z 三轴加速度计的零偏；$\boldsymbol{\rho}_r$ 维度 3×1，是 x、y、z 三轴的一阶马尔科夫过程；$\boldsymbol{w}_a$ 维度 3×1，是 x、y、z 三轴加速度计存在的高斯噪声。

其中，$\boldsymbol{\rho}_a$、$\boldsymbol{\rho}_r$ 的数学模型为

$$\begin{cases} \dot{\boldsymbol{\rho}}_a = 0 \\ \dot{\boldsymbol{\rho}}_r = -\dfrac{1}{T_a}\boldsymbol{\rho}_r + \boldsymbol{w}_a \end{cases}$$

式中，T_a 为加速度计相关时间；$\boldsymbol{w}_a$ 为高斯噪声，方差为 σ_a^2。

2.3.2.2 平台姿态角误差模型

在捷联惯性导航系统中，系统建立的数学平台往往与理想的导航系存在一定的偏差，这个偏差角即为捷联惯性导航系统的平台姿态角误差，令导航系为"东-北-天"坐标系，误差角表示为 $\boldsymbol{\varphi} = [\varphi_e \quad \varphi_n \quad \varphi_u]^T$。平台姿态角误差模型如下：

$$\dot{\boldsymbol{\varphi}} = \delta\boldsymbol{\omega}_{ie}^g + \delta\boldsymbol{\omega}_{eg}^g - (\boldsymbol{\omega}_{ie}^g + \boldsymbol{\omega}_{eg}^g) \times \boldsymbol{\varphi} + \boldsymbol{C}_b^g \boldsymbol{\varepsilon}^b \tag{2-59}$$

式中，$\boldsymbol{C}_b^g$ 维数 3×1，是载体系到地理系的转换矩阵，且 $\boldsymbol{C}_b^g$ 与 $\boldsymbol{C}_b^n$ 相同；$\boldsymbol{\omega}_{ie}^g$ 维数 3×1，是地球自转角速度分量；$\boldsymbol{\omega}_{eg}^g$ 维数 3×1，是导航系旋转角速度分量。

其中

$$\boldsymbol{\omega}_{ie}^g = \begin{bmatrix} 0 \\ \omega_{ie}\cos L \\ \omega_{ie}\sin L \end{bmatrix}, \quad \boldsymbol{\omega}_{eg}^g = \begin{bmatrix} 0 \\ -\omega_{ie}\sin L \delta L \\ \omega_{ie}\cos L \delta L \end{bmatrix}$$

$$\delta\boldsymbol{\omega}_{ie}^{g} = \begin{bmatrix} -\dfrac{v_e}{R+h} \\[3mm] \dfrac{v_n}{R+h} \\[3mm] \dfrac{v_n}{R+h}\tan L \end{bmatrix}, \quad \delta\boldsymbol{\omega}_{eg}^{g} = \begin{bmatrix} -\dfrac{\delta v_e}{R+h} + \dfrac{v_e}{(R+h)^2}\delta h \\[3mm] \dfrac{\delta v_n}{R+h} - \dfrac{v_n}{(R+h)^2}\delta h \\[3mm] \dfrac{\delta v_n}{R+h}\tan L - \dfrac{v_n\tan L}{(R+h)^2}\delta h + \dfrac{v_n\sec^2 L}{R+h}\delta L \end{bmatrix}$$

2.3.2.3　速度误差模型

捷联惯性导航系统在解算时，解算的速度与理想速度会出现偏差，即为速度偏差。将速度偏差表示为 $\delta v^g = [\delta v_e \quad \delta v_n \quad \delta v_u]^T$。速度误差模型如下：

$$\delta\boldsymbol{v}^g = \tilde{\boldsymbol{v}}^g - \boldsymbol{v}^g \tag{2-60}$$

式中，$\tilde{\boldsymbol{v}}^g$ 维度 3×1，是系统解算得到的东、北、天三方向的速度；$\boldsymbol{v}^g$ 维度 3×1，是载体在东、北、天三方向的实际速度。

由式（2-54）的比力方程可以推导 $\tilde{\boldsymbol{v}}^g$ 如下：

$$\dot{\tilde{\boldsymbol{v}}}^g = \tilde{\boldsymbol{C}}_b^g \boldsymbol{\rho}_{ib}^b - (2\tilde{\boldsymbol{\omega}}_{ie}^g + \tilde{\boldsymbol{\omega}}_{eg}^g)\times\tilde{\boldsymbol{v}}^g + \tilde{\boldsymbol{g}}^n \tag{2-61}$$

式中，$\tilde{\boldsymbol{\nabla}}_{ib}^b$ 维度 3×1，是三轴加速度计的输出值。

将式（2-61）与比力方程代入式（2-60），即可得到

$$\delta\boldsymbol{v}^g = \boldsymbol{f}^g\times\boldsymbol{\varphi} - (2\delta\boldsymbol{\omega}_{ie}^g + \delta\boldsymbol{\omega}_{eg}^g)\times\boldsymbol{v}^g - (2\boldsymbol{\omega}_{ie}^g + \boldsymbol{\omega}_{eg}^g)\times\delta\boldsymbol{v}^g + \boldsymbol{C}_b^g\boldsymbol{\rho}^b \tag{2-62}$$

式中，$\boldsymbol{f}^g$ 维度 3×1，是加速度计测量得到的三轴比力在地理系中的表达形式。

2.3.2.4　位置误差模型

捷联惯性导航系统在解算时，解算的位置与理想位置会出现偏差，即为位置偏差。令载体的经度、维度和高度偏差分别表示为 δL、$\delta\lambda$、δh。

由式（2-56）给出捷联惯性导航系统经度、维度和高度的微分方程如下：

$$\begin{cases} \dot{L} = \dfrac{1}{R_M+h}v_n \\[3mm] \dot{\lambda} = \dfrac{\sec L}{R_N+h}v_e \\[3mm] \dot{h} = v_u \end{cases} \tag{2-63}$$

对其进行求偏差可得

$$\begin{cases} \delta\dot{L} = \dfrac{1}{R_{\mathrm{M}}+h}\delta v_n - \dfrac{v_n}{(R_{\mathrm{M}}+h)^2}\delta h \\[2ex] \delta\dot{L} = \dfrac{\sec L}{R_{\mathrm{N}}+h}\delta v_e + \dfrac{v_e\sec L\tan L}{R_{\mathrm{N}}+h}\delta L - \dfrac{v_e\sec L}{(R_{\mathrm{N}}+h)^2}\delta h \\[2ex] \delta\dot{h} = \delta v_u \end{cases}$$

2.4 超宽带定位技术

20 世纪 70 年代之前，学者们的研究主要集中于脉冲的出现和检测。超宽带（Ultra Wide Band，UWB）技术经过 Harmuth、Ross 和 Robbins 等学者们的研究，终于在 20 世纪 70 年代取得了重要进展，包含探地雷达系统在内的大部分 UWB 技术的研究全都是在使用雷达系统的过程中发现的。20 世纪 80 年代末期，此技术被叫作"无载波"无线电或者脉冲无线电。美国国防部在 1989 年首次运用了"超宽带（UWB）"这一术语。直到 20 世纪 90 年代中期，美国才研究出了较为成熟的 UWB 产品，并将其用于军事领域，如窃听技术、探测技术等，后逐渐开放给与军事相关的政府部门和机构进行研究。为了研究 UWB 在民用领域中运用的可行性，自 20 世纪 90 年代末期开始，美国联邦通信委员会（FCC）针对 UWB 无线设备对原来存在的窄带无线通信系统的干扰和互相共容的问题开始向业界征求意见，即使美国军方和航空领域等存在大量不一致的意见，美国联邦通信委员会还是继续进行了 UWB 技术无线短距离通信的应用要求。2002 年 4 月，美国联邦通信委员会同意了在商业运行中应用 UWB 技术及其相关产品。商业中对 UWB 超宽带技术的研究主要是在通信、雷达、定位这三大领域。通信方面主要是数据传输，包括传输速度、传输距离、传输安全性等；雷达方面主要是对探测和勘测方面的研究，如航天探测、地质勘测等；定位方面主要是精确定位，包括对人员、车辆的定位和跟踪。

近些年，才具雏形的超宽带技术越来越被我国学者所关注。2001 年 9 月，在我国"十五"863 计划（国家高技术研究发展计划）中，专门强调了对无线通信和创新技术的需要，并且还对通信技术探索这一主题进行了专门的规划，因为不仅考虑到超宽带技术自身的优点还考虑到超宽带技术与国外的通信技术之间的差别，所以才第一次把超宽带无线通信技术的核心要点和超宽带与其他通信的兼容性列入了未来的研究领域中，这就使得我国学者们也开始致力于研究 UWB 技术，并且激励了相关工作的开展，致使各类公司、高校等全都进入了超宽带技术的交流和发掘之中。由此，超宽带技术就在我国的通信市场中占据了一席之地。2003 年，更多的学者加入研究 UWB 技术的阵营当中，并且获得了很多成就，主要原因是我国自然科学基金委员会在一般的项目中表示支持超宽带技术。但是，这些成果和国外的成果相比，差距还是很大。2007年，国家 863 计划进行了关于高速 UWB 芯片的研究项目。至此，我国学者们再一次向超宽带系统核心设备的研究接近，因此又缩小了与外国研究成果的差距。2008 年 12月，国内开始全面开发民用超宽带，并且颁布了与 UWB 技术关联的频谱规定。不仅有许多科研组织，还有许多一线高校都已经开始了对超宽带技术的研究，截至目前，北京大学、东南大学、中国科学技术大学、哈尔滨工业大学、电子科技大学等许多"双一流"都开始对超宽带技术进行了进一步的研究。同时，我国也非常重视该技术的研究，并且正在主动地踏入该领域之中。现今，国内已经有很多先进的 UWB 技术厂商，如清研讯科、全迹科技等，将 UWB 技术带入日常生活中，为人们的各种需求提供技术支持和帮助。

由于超宽带技术发展迅速，超宽带定位技术也成为国内外的一大研究热点。在有前人对超宽带技术进行研究的基础上，对于超宽带定位技术，国内外众多学者也已经做了大量的研究，因此，研究超宽带室内定位技术是具有深远意义的。

2.4.1　超宽带定位技术原理

UWB 定位技术主要包括角度到达（Angle Of Arrival，AOA）、到达时间（Time Of Arrival，TOA）、到达时间差（Time Difference Of Arrival，TDOA）、接收信号强度（Received Signal Strength，RSS）等方法。其中：AOA 方法需要布置天线阵列，使得成本大幅提高；TOA 方法要求 UWB 定位系统的基站和标签之间保持严格的时间同步；TDOA 方法相比于 TOA 方法，只需基站之间保持严格的时间同步。对于 TOA 方法和 TDOA 方法，通过无线通信的方式保证基站与标签时间同步十分困难，而通过有线连接会造成 UWB 定位系统成本上升、基站布设难度加大；RSS 方法对信道环境极为敏感，抗干扰能力低；基于往返时间（Round Trip Time，RTT）方法可以间接测量 UWB 基站与标签的距离，不需要 UWB 标签与基站之间保持严格的时间同步。

2.4.1.1 超宽带定位算法分析

1. 三边测量法

室内定位主要要求在二维平面中的定位，因此只需在定位区域设置三个 UWB 信号基站，在得到 RTT 计算的定位标签与各基站之间的距离后，利用多点定位原理即可计算得到标签位置。定位解算如图 2-5 所示。

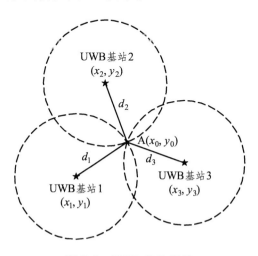

图 2-5 UWB 定位解算

UWB 三个基站坐标已知，分别在 UWB 定位坐标系中表示为 (x_1, y_1)、(x_2, y_2)、(x_2, y_3)，设标签 A 的坐标为 (x_0, y_0)，三个基站到标签 A 的距离分别为 d_1、d_2、d_3。以每个基站为圆心，d_1、d_2、d_3 为半径画圆，可以得到唯一的交点，即为标签 A 的坐标 (x_0, y_0)，计算公式如下：

$$\begin{cases} (x_0 - x_1)^2 + (y_0 - y_1)^2 = d_1^2 \\ (x_0 - x_2)^2 + (y_0 - y_2)^2 = d_2^2 \\ (x_0 - x_3)^2 + (y_0 - y_3)^2 = d_3^2 \end{cases} \tag{2-64}$$

理想情况下根据三点定位原理可以得到唯一的 UWB 标签位置，但是在实际情况中，由于 UWB 基站与标签之间的信号传播存在误差，通常会出现如图 2-6 所示的不存在唯一解的情况。

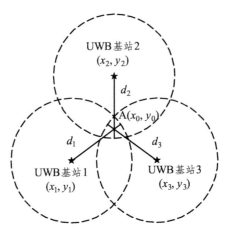

图 2-6　UWB 实际定位解算

对于这种情况，可以使用最小二乘法来估计出最优解。

令 RTT 测距误差为 v_i，表示 UWB 标签与基站之间的 RTT 测距误差。其可以表示为

$$v_i = [(x_i - x)^2 + (y_i - y)^2]^{\frac{1}{2}} - d_i \tag{2-65}$$

由于式（2-65）为非线性方程组，将其进行一阶泰勒展开，得到线性方程：

$$v_i = -[l^i \quad m^i]\begin{bmatrix} \delta x \\ \delta y \end{bmatrix} + d_0^i - d_i \tag{2-66}$$

式中，x_0、y_0 为坐标的近似值；δx、δy 为坐标修正值；l^i、m^i、d_0^i 分别为

$$l^i = \frac{(x_i - x_0)}{d_0^i}, \quad m^i = \frac{(y_i - y_0)}{d_0^i}$$

$$d_0^i = [(x_i - x_0)^2 - (y_i - y_0)^2]^{\frac{1}{2}}$$

将其转化为矩阵形式：

$$\boldsymbol{v} = \boldsymbol{AX} + \boldsymbol{L} \tag{2-67}$$

式中

$$\boldsymbol{v} = [v_1 \quad v_2 \quad v_3]^{\mathrm{T}}, \quad \boldsymbol{A} = \begin{bmatrix} l^1 & m^1 \\ l^2 & m^2 \\ l^3 & m^3 \end{bmatrix}$$

$$\boldsymbol{X} = [\delta x \quad \delta y]^{\mathrm{T}}, \quad \boldsymbol{L} = \begin{bmatrix} d_0^1 - d_1 \\ d_0^2 - d_2 \\ d_0^3 - d_3 \end{bmatrix}$$

利用最小二乘法计算得到最优的估计误差为

$$\boldsymbol{X} = (\boldsymbol{A}^{\mathrm{T}}\boldsymbol{A})^{-1}\boldsymbol{A}^{\mathrm{T}}\boldsymbol{L} \tag{2-68}$$

则最优估计坐标为

$$\begin{bmatrix} X \\ Y \end{bmatrix} = \begin{bmatrix} x_0 \\ y_0 \end{bmatrix} - \begin{bmatrix} \delta x \\ \delta y \end{bmatrix} \tag{2-69}$$

式中，X、Y 为得到的最优估计坐标。

由于室内环境的复杂情况，UWB 定位系统在工作时会面临各种不同的干扰情况，例如室内 WiFi、蓝牙等信号干扰以及行人，家具、设备等障碍物的干扰，都会造成 UWB 定位系统的定位精度下降，其中最常见的是非视距干扰以及 UWB 标签与基站通信中断干扰。

2．三角测量法

已知三个锚节点 A、B、C 的坐标，令其坐标分别为 (x_1, y_1)、(x_2, y_2)、(x_2, y_3)。假设未知节点 Z 的坐标为 (x_0, y_0)，它与三个锚节点所成角分别为 $\angle AZB$、$\angle AZC$、$\angle BZC$。

因为点 A、Z、C 必然不在同一直线上，所以经过三点必然存在一个唯一确定的圆。令该圆圆心为 P，设其坐标为 (x_p, y_p)。根据圆的方程可以计算得到圆 P 的半径和圆 P 的圆心坐标，其具体方程如下：

$$\begin{cases} (x_p - x_1)^2 + (y_p - y_1)^2 = r^2 \\ (x_p - x_3)^2 + (y_p - y_3)^2 = r^2 \\ (x_1 - x_3)^2 + (y_1 - y_3)^2 = 2r^2(1 - \cos \angle APC) \end{cases} \tag{2-70}$$

三角定位法示意图如图 2-7 所示。

综上所述，同理可以计算出圆 P_1 与圆 P_2 所对应的圆心坐标及其半径。之后再利用三边测量法就可以计算出未知节点 Z 的位置坐标。

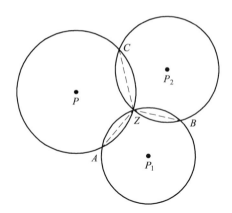

图 2-7　三角测量法示意图

3．质心定位法

质心定位法的原理比较简单，具体来说是：在无线定位网络中，所有的锚节点向未知节点发送带有自身位置信息的数据包。经过一段时间后，未知节点会收到很多个数据包，根据最初设置的数据包数量阈值来衡量，达到阈值后，就可使用这些数据进行定位。也就是说，此时未知节点处于相关的锚节点围成的多边形中。多边形质心的位置可以近似为未知节点的位置，所以，计算其坐标可以得到未知节点的位置。质心坐标的计算公式如下：

$$(x,y) = \left(\frac{x_1 + \cdots + x_i + \cdots + x_n}{n}, \frac{y_1 + \cdots + y_i + \cdots + y_n}{n} \right) \tag{2-71}$$

质心定位法是一种不太精确的计算方法。这是因为未知节点的精度取决于所使用锚节点的位置。在无线网络中，若锚节点分布均匀，则质心位置和未知节点的位置较为接近，定位精度好；若锚节点分布较乱，则会影响质心位置，影响定位效果。经过近几年的发展，出现了很多改进的质心定位方法和自适应密度算法，这些算法能够在保证定位效果的同时降低锚节点密度，从而节约成本。质心定位法依靠节点间互相通信完成，实现简单且硬件要求较低。

2.4.1.2　无线测距技术

1．RSSI 测距技术

接收的信号强度指示（Received Signal Strength Indication，RSSI）是测距技术的一种，

其系统设备简单且易于实现，这在节点能量有限的情况下具有较高的利用价值。RSSI 测距方法的核心思想：信号传播时，会受到大气、障碍物、信道杂质的影响，接收端收到的信号强度会随着距离的增加而衰减。信号在传播时的衰减指标隐含着距离信息。在 RSSI 测距中，根据收发节点两端的信号强度不同可以获得信号传播的路径损耗模型为

$$P_r(d) = P_0(d_0) - \eta 10 \lg \left(\frac{d}{d_0} \right) + X_\sigma \qquad (2\text{-}72)$$

式中，d 表示收发节点之间的距离；$P_0(d_0)$ 表示接收端距离信源 d_0 时接收到的信号强度，η 表示路径损耗参数，X_σ 表示收发节点间的路径损耗估计误差。

RSSI 测距方法实现简单，所需硬件少，在理想条件下具有良好的测距精度。但实际的应用环境中尤其是室内环境中存在阻挡、高斯白噪声、信号反射和折射等影响，因此会造成较大误差。

2. AOA 测距技术

基于到达角度（Angle Of Arrival，AOA）的测距方法是通过计算发送点和接收点之间的角度或者相对方位来估计这两点之间的距离。AOA 测距技术有两种。其一是波束成形技术，是基于接收天线的幅度变化，利用的是方向性天线的方向图。首先翻转接收信号的相位，再利用波束成形技术得到该信号强度最大的方向，即为发送信号的方向。其二是相位相干检测法，是基于接收天线的相位变化。利用阵列天线或多个接收机来得到各个天线接收信号的相位差，从而估算信号发出时的方向。

AOA 测距通常需要利用阵列天线或者多个超声波接收器来计算收发节点之间的角度信息，不仅有距离信息，AOA 方法还可以提供收发节点间的相对方位。

但是，AOA 方法非常容易受信号的多径效应或者非视距情况的影响，导致定位精度一般。而且该方法使用较为复杂的硬件设备，对节点的体积等都有一定的要求，增加了实现和维护成本。因此，AOA 测距办法不适合应用在无线室内定位中。

3. TDOA 测距技术

到达时间差（Time difference of Arrival，TDOA）测距技术的原理是：发送端发送两种或多种信号，如射频信号和超声波信号，接收信号时分别记录不同信号的到达时刻，并计算 TDOA 值，再通过乘以信号传播速度获得节点之间的距离。到达时间差 Δt 可表示为

$$\Delta t = \frac{d}{c_1} - \frac{d}{c_2}$$

（2-73）

式中，c_1、c_2 分别为两种信号的传播速度；d 为收发节点之间的距离。

可以求得

$$d = \Delta t \times \frac{c_1 c_2}{c_2 - c_1}$$

（2-74）

DOA 测距法的精度较高，但是在非视距环境的影响以及所用信号传播距离有限的情况下，或者在复杂环境下，测距精度会大幅降低，同时该技术对节点的位置和功率也有一定的要求。

4. RTT 测距

RTT 法是通过记录 UWB 信号在标签与基站之间的传播时间，解算得到标签与基站之间的距离，仅对 UWB 标签的时钟精度有要求，不需要 UWB 基站与标签之间保持时间同步，因此可以消除 TOA/TDOA 测距中的时间同步误差。其工作过程如图 2-8 所示。

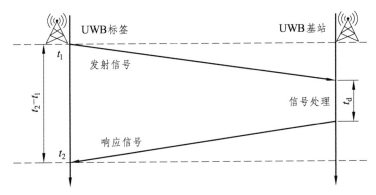

图 2-8　RTT 测距示意图

如图 2-8 所示，标签首先发出脉冲信号，当 UWB 基站接收到信号后向标签发出响应脉冲信号，标签接收到响应信号后，计算得到发射信号与接收到响应信号之间的时间间隔，通过计算可以得到标签与基站之间的距离。

RTT 具体计算模型为

$$t = t_2 - t_1 - t_d$$

（2-75）

式中，t 为信号在 UWB 标签与基站之间的传播时间；t_1 为 UWB 标签发射脉冲信号的时刻；t_2 为 UWB 标签接收到基站发出的响应脉冲时刻；t_d 为基站处理信号的时间间隔。

通过式（2-75）可以得到基站与标签之间的距离：

$$d = \frac{ct}{2} = \frac{c}{2}(t_2 - t_1 - t_d) \tag{2-76}$$

式中，d 为基站与标签之间的距离；c 为光速。

2.4.2　超宽带定位误差分析

2.4.2.1　干扰分析

1．非视距干扰分析

从信号传播条件角度分析，无线通信环境可以分为视距（Line Of Sight，LOS）环境和非视距（Non Line Of Sight，NLOS）环境。UWB 定位系统的视距环境是指 UWB 信号在标签与基站之间可以沿"直线"传播，信号传播途中不需要通过障碍物进行折射或反射。非视距指信号在传输过程中无法如同视线一样沿直线到达，而是需要通过折射或反射才能到达接收器。非视距环境会使得信号强度衰减，造成 UWB 定位系统工作范围缩减，同时产生的信号反射或折射将会引起传播时间变长，造成定位精度下降。非视距状态下信号传输过程如图 2-9 所示。

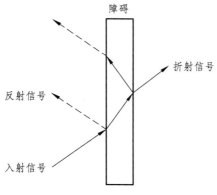

图 2-9　非视距情景图

在室内环境中，UWB 信号遇到障碍物时将会产生反射或折射，因此基站与标签对信号的检测可以转化为多径分量的检测问题。其信号可以分为最强路径

（Strongest Path，SP）以及直射路径（Direct Path，DP）。当在视距环境中，UWB标签与基站信号的 SP 与信号的 DP 相同，且是最先到达，可以由此获得 RTT 测距模型中的信号时延误差。在非视距环境中，DP 往往不再是 SP，其他信号分量将对DP 产生干扰，同时 DP 在通过障碍物时往往会产生难以确定的延时误差，对误差分析产生很大的困难。

2．通信中断干扰分析

超宽带信号对于桌子、椅子等小障碍物有良好的穿透作用，但是对于玻璃、混凝土墙壁、金属等障碍物，其穿透效果不理想。在极端的室内环境中，有可能出现 UWB标签与基站通信中断的情况。根据 2.4.1 节中给出的 UWB 定位原理可以看出，当 UWB标签与基站正常通信数量小于等于 2 个时，由式（2-64）可以得到系统解算得到的位置不存在唯一解。因此，在通信中断期间，系统不能正常工作。

解决通信中断造成的系统失灵情况，可以通过改善、增加 UWB 基站布设位置、数量来解决，其可以有效解此情况，同时增加系统抗干扰能力，对非视距误差也有一定的抑制作用。但是改善基站布设情况需要结合室内格局、障碍物分布等具体环境，不具备普遍性，同时增加 UWB 基站数量将会造成系统架设成本的直线上升。本书通过惯性测量单元，与 UWB 定位系统共同组成 UWB/IMU 组合导航系统，设计 UWB/IMU组合算法，以此解决通信中断带来的 UWB 定位失效问题。

2.4.2.2　UWB 定位误差模型

通过对 UWB 定位系统的工作原理以及常见干扰进行分析，以此建立 UWB 定位的误差模型，同时误差模型也是后面组合算法设计的必要前提。

1．标准时间差

标准时间差除了包括基站处理信号的时间 t_d、UWB 器件自有误差，还与温度及外界环境有关。保证精度的同时，其模型可以简化为

$$r_D = c_n + e_n \qquad\qquad (2\text{-}77)$$

式中，r_D 为标准时间差造成的测距误差；c_n 包括基站处理信号的时间 t_d、UWB 器件自有误差等常值误差项；e_n 为系统噪声。

2．NLOS 误差

由于 NLOS（非视距）存在的不确定性，不能准确地预计其产生的非视距误差，因此只能通过误差补偿的方式在一定范围内来减小 NLOS 误差。UWB 信号在通过障碍物时，会造成信号传播时间增加，因此造成解算得到的基站与标签之间的距离增加，此额外的传播时间与具体的室内环境有关。UWB 信号在通过障碍物时的传播路径如图 2-10 所示。

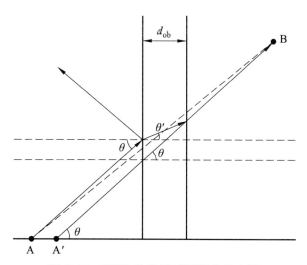

图 2-10　UWB 信号通过障碍物示意图

假设障碍物的相对介电常数为 ε，A 为 UWB 信号发射器，B 为 UWB 信号接收器，其坐标分别为 (x_A, y_A)、(x_B, y_B)；障碍物厚度为 d_{ob}。

A、B 两点的实际距离为：

$$d_{AB} = \sqrt{(x_A - x_B)^2 + (y_A - y_B)^2} \tag{2-78}$$

UWB 信号由 A 点以 θ 角进入障碍物后到达 B 点，可以看作 UWB 信号之间由 A′点发出以 θ 角沿直线经过障碍物传播到 B 点，其传播路径为 A′B，则 A′、B 两点之间的距离为

$$d_{A'B} = \frac{|y_A - y_B|}{\sin\theta} \tag{2-79}$$

则信号沿路径 A′B 传播时，其在障碍物内传播距离为

$$d'_{\text{ob}} = \frac{d_{\text{ob}}}{\cos\theta} \tag{2-80}$$

信号沿路径 A′B 传播时，其在障碍物内传播的时间为

$$t = \frac{d'_{\text{ob}}\sqrt{\varepsilon}}{c} \tag{2-81}$$

式中，c 为光速。

由上述可得，信号产生的传播延时造成的距离误差为

$$\Delta d = \frac{d_{\text{ob}}(\sqrt{\varepsilon}-1)}{\cos\theta} \tag{2-82}$$

则非视距干扰造成的 RTT 测距误差为

$$\Delta r_{\text{NLOS}} = d_{\text{A'B}} + \Delta d - d_{\text{AB}} = \frac{d_{\text{AB}}\sin\theta'}{\sin\theta} + \frac{d_{\text{ob}}(\sqrt{\varepsilon}-1)}{\cos\theta} - d_{\text{AB}} \tag{2-83}$$

即

$$\Delta r_{\text{NLOS}} = d_{\text{AB}}\left(\frac{\sin\theta'}{\sin\theta}-1\right) + d_{\text{ob}}\frac{(\sqrt{\varepsilon}-1)}{\cos\theta}$$

$$= \varepsilon(d_{\text{AB}},\theta) + \varepsilon(d_{\text{ob}},\theta) \tag{2-84}$$

由式（2-84）可以得到，RTT 测距的 NLOS 误差可以用 UWB 基站与标签之间的距离、角度以及障碍物厚度来表示。

3．RTT 测距误差

根据上述非视距误差与标准时间差，得到 RTT 误差为

$$\Delta r_{\text{RTT}} = r_{\text{D}} + r_{\text{NLOS}} \tag{2-85}$$

式中，r_{D} 为标准时间差造成的测距误差；r_{NLOS} 为 NLOS 造成的误差。

r_{D} 数学模型为

$$\dot{r}_{\text{D}} = -\frac{1}{T_{\text{D}}}r_{\text{D}} + \omega_{\text{d}} \tag{2-86}$$

式中，T_{D} 为相关时间；ω_{d} 为白噪声，其方差为 σ_{d}^2。

2.5 组合导航定位技术

常见定位技术都存在其各自的特点，目前研究方向不再局限于使用单一技术进行导航，而是向多传感器组合导航定位方向发展。同时针对变电站复杂电磁环境，多传感器组合导航也具有更强的健壮性和稳定性。

2.5.1 卡尔曼滤波基本理论

卡尔曼滤波算法是一种递推的线性最小方差估计，由 R. E. Kalman 于 20 世纪 60 年代提出，是目前组合导航领域中应用最广泛的一种算法。卡尔曼滤波算法的主要思想是利用线性状态方程，通过输入的观测量，对系统状态进行最优估计。下面给出离散型卡尔曼滤波方程：

设系统的状态方程描述和量测方程为

$$\begin{cases} \boldsymbol{X}_k = \boldsymbol{\Phi}_{k/k-1}\boldsymbol{X}_{k-1} + \boldsymbol{\Gamma}_{k/k-1}\boldsymbol{W}_{k-1} \\ \boldsymbol{Z}_k = \boldsymbol{H}_k\boldsymbol{X}_k + \boldsymbol{V}_k \end{cases} \tag{2-87}$$

式中，$\boldsymbol{X}_k$ 维度 $n\times1$，是 k 时刻的状态向量；$\boldsymbol{\Phi}_{k/k-1}$ 维度 $n\times n$，是 $k-1$ 时刻到 k 时刻的转移矩阵；$\boldsymbol{\Gamma}_{k/k-1}$ 维度 $n\times l$，是 $k-1$ 时刻到 k 时刻的噪声分配矩阵；$\boldsymbol{W}_{k-1}$ 维度 $l\times1$，是 $k-1$ 时刻系统过程噪声向量；$\boldsymbol{V}_k$ 维度 $m\times1$，是 k 时刻量测向量；$\boldsymbol{H}_k$ 维度 $m\times n$，是 k 时刻的量测矩阵；$\boldsymbol{V}_k$ 维度 $m\times1$，是 k 时刻的量测噪声向量。

卡尔曼滤波要求 $\boldsymbol{W}_{k-1}$ 和 $\boldsymbol{V}_k$ 是均值为零的高斯噪声序列，并且 $\boldsymbol{V}_k$ 和 $\boldsymbol{W}_{k-1}$ 的各分量互不相关，即满足

$$\begin{cases} \mathrm{E}[\boldsymbol{W}_k] = \boldsymbol{0}, & \mathrm{E}[\boldsymbol{W}_k\boldsymbol{W}_j^{\mathrm{T}}] = \boldsymbol{Q}_k\delta_{kj} \\ \mathrm{E}[\boldsymbol{V}_k] = \boldsymbol{0}, & \mathrm{E}[\boldsymbol{V}_k\boldsymbol{V}_j^{\mathrm{T}}] = \boldsymbol{R}_k\delta_{kj} \\ \mathrm{E}[\boldsymbol{W}_k\boldsymbol{V}_j^{\mathrm{T}}] = \boldsymbol{0} \\ \delta_{kj} = 0 \quad (k \neq j) \\ \delta_{kj} = 1 \quad (k = j) \end{cases} \tag{2-88}$$

式中，$\boldsymbol{Q}_k$、$\boldsymbol{R}_k$ 分别为系统的噪声方差阵和量测噪声的方差阵，其中，$\boldsymbol{Q}_k$ 为已知值的非负定阵，$\boldsymbol{R}_k$ 为已知值的正定阵，δ_{kj} 是 Kronecker δ 函数。

卡尔曼滤波求解估计值 $\hat{X}_k$ 的步骤：

根据状态矩阵以及 $k-1$ 时刻得到滤波后状态估计，得到 k 时刻的状态预测：

$$\hat{X}_{k/k-1} = \boldsymbol{\Phi}_{k/k-1}\hat{X}_{k-1} \tag{2-89}$$

计算状态预测的均方误差：

$$P_{k/k-1} = \boldsymbol{\Phi}_{k/k-1}P_{k-1}\boldsymbol{\Phi}_{k/k-1}^{\mathrm{T}} + \boldsymbol{\Gamma}_{k-1}\boldsymbol{Q}_{k-1}\boldsymbol{\Gamma}_{k-1}^{\mathrm{T}} \tag{2-90}$$

计算卡尔曼滤波增益矩阵：

$$\boldsymbol{K}_k = P_{k/k-1}\boldsymbol{H}_k^{\mathrm{T}}(\boldsymbol{H}_k P_{k/k-1}\boldsymbol{H}_k^{\mathrm{T}} + \boldsymbol{R}_k)^{-1} \tag{2-91}$$

通过增益矩阵进行系统状态估计：

$$\hat{X}_k = \hat{X}_{k/k-1} + \boldsymbol{K}_k(\boldsymbol{Z}_k - \boldsymbol{H}_k\hat{X}_{k/k-1}) \tag{2-92}$$

计算状态估计的均方误差：

$$P_k = (\boldsymbol{I} - \boldsymbol{K}_k\boldsymbol{H}_k)P_{k/k-1} \tag{2-93}$$

根据离散卡尔曼滤波方程，给定系统的初值 $\hat{X}_0$ 和 P_0，在得到 k 时刻系统量测量 $\boldsymbol{Z}_k$ 后，可以递推得到 k 时刻系统的最优状态估计 $\hat{X}_k$。

2.5.2 惯性导航/RTK-GNSS 组合定位

2.5.2.1 系统状态方程的建立

在满足导航精度的前提下，为使滤波器的维数尽可能小，对惯性器件的误差做了一些简化处理，认为陀螺仪漂移和加速度计的误差均为一阶马尔科夫过程，建立组合导航系统的状态方程如下：

$$\dot{X}(t) = A(t)X(t) + B(t)W(t) \tag{2-94}$$

其中

$$X = [\varphi_e, \varphi_n, \varphi_u, \delta V_e, \delta V_n, \delta V_u, \delta L, \delta\lambda, \delta h, \varepsilon_x, \varepsilon_y, \varepsilon_z, \nabla_x, \nabla_y, \nabla_z]^{\mathrm{T}} \tag{2-95}$$

式中，φ_e、φ_n、φ_u 为平台姿态角误差；δL、$\delta\lambda$、δh 为位置误差；δV_e、δV_n、δV_u 为速度误差；ε_x、ε_y、ε_z、∇_x、∇_y、∇_z 为载体系下三轴陀螺仪和加速度计的误差，下标

e、n、u 分别表示东、北、天方向。

系统的噪声 $W(t)$ 为

$$W(t) = [\omega_x, \omega_y, \omega_z, a_x, a_y, a_z]^{\mathrm{T}} \tag{2-96}$$

式中，ω_x、ω_y、ω_z、a_x、a_y、a_z 分别表示载体坐标系中陀螺仪和加速度计在三个轴方向上的测量白噪声。

$A(t)$ 为 15×15 的状态矩阵，$B(t)$ 为 15×6 的噪声驱动矩阵。

2.5.2.2　系统量测方程的建立

利用捷联惯性导航和 RTK-GNSS 得到的速度、位置的差值作为观测量。下面是量测方程的建立过程。

设捷联惯性导航经过解算输出的速度为

$$\begin{aligned} V_{ie} &= V_e + \delta V_{ie} \\ V_{in} &= V_n + \delta V_{in} \\ V_{iu} &= V_u + \delta V_{iu} \end{aligned} \tag{2-97}$$

式中，V_e、V_n、V_u 表示运载体实际运动速度在东、北、天三个方向上的分量；δV_{ie}、δV_{in}、δV_{iu} 表示 SINS 解算速度的误差。

设由 GPS 接收机测得的速度为

$$\begin{aligned} V_{ge} &= V_e - \delta V_{ge} \\ V_{gn} &= V_e - \delta V_{gn} \\ V_{gu} &= V_e - \delta V_{gu} \end{aligned} \tag{2-98}$$

式中，δV_{ge}、δV_{gn}、δV_{gu} 代表接收机的测速误差在东向、北向和天向的分量。于是，速度差观测量可以表示为

$$Z_{\mathrm{vel}} = \begin{bmatrix} V_{ie} - V_{ge} \\ V_{in} - V_{gn} \\ V_{iu} - V_{gu} \end{bmatrix} = \begin{bmatrix} \delta V_{ie} + \delta V_{ge} \\ \delta V_{in} + \delta V_{gn} \\ \delta V_{iu} + \delta V_{gu} \end{bmatrix} \tag{2-99}$$

速度量测方程为

$$Z_{\mathrm{vel}} = H_{\mathrm{vel}}(t) X(t) + w_{\mathrm{vel}}(t) \tag{2-100}$$

式中，$\boldsymbol{H}_{\mathrm{vel}}(t)=[O_{3\times3} \quad I_{3\times3} \quad O_{3\times9}]$，$\boldsymbol{w}_{\mathrm{vel}}(t)=[\delta V_{ge} \quad \delta V_{gn} \quad \delta V_{gu}]^{\mathrm{T}}$ 可看作白噪声。

设捷联惯性导航经过解算得到的位置为

$$
\begin{aligned}
\lambda_i &= \lambda + \delta\lambda_i \\
L_i &= L + \delta L_i \\
h_i &= h + \delta h_i
\end{aligned}
\tag{2-101}
$$

式中，λ, L, h 表示载体真正的经纬度、高度；$\delta\lambda_i, \delta L_i, \delta h_i$ 表示 SINS 的经度误差、纬度误差和高度误差。

设由 RTK-GNSS 接收机测得的位置为

$$
\begin{aligned}
\lambda_g &= \lambda - \delta\lambda_g \\
L_g &= L - \delta L_g \\
h_g &= h - \delta h_g
\end{aligned}
\tag{2-102}
$$

式中，$\delta\lambda_g, \delta L_g, \delta h_g$ 表示 GNSS 接收机经度定位误差、纬度定位误差和高度定位误差。

于是，位置差观测量可以表示为

$$
\boldsymbol{Z}_{\mathrm{pos}} = \begin{bmatrix} L_i - L_g \\ \lambda_i - \lambda_g \\ h_i - h_g \end{bmatrix} = \begin{bmatrix} \delta\lambda_i + \delta\lambda_g \\ \delta L_i + \delta L_g \\ \delta h_i + \delta h_g \end{bmatrix}
\tag{2-103}
$$

位置量测方程为

$$
\boldsymbol{Z}_{\mathrm{pos}} = \boldsymbol{H}_{\mathrm{pos}}(t)X(t) + \boldsymbol{w}_{\mathrm{pos}}(t)
\tag{2-104}
$$

式中，$\boldsymbol{H}_{\mathrm{pos}} = [O_{3\times6} \quad I_{3\times3} \quad O_{3\times6}]$，$\boldsymbol{w}_{\mathrm{pos}}(t) = [\delta\lambda_g \quad \delta L_g \quad \delta h_g]^{\mathrm{T}}$ 可看作白噪声。

合并式（2-100）、式（2-104）即可得到组合导航系统的量测方程：

$$
\boldsymbol{Z}(t) = \begin{bmatrix} Z_{\mathrm{vel}} \\ Z_{\mathrm{pos}} \end{bmatrix} = \begin{bmatrix} H_{\mathrm{vel}} \\ H_{\mathrm{pos}} \end{bmatrix} \boldsymbol{X}(t) + \begin{bmatrix} w_{\mathrm{vel}}(t) \\ w_{\mathrm{pos}}(t) \end{bmatrix} = \boldsymbol{H}(t)\boldsymbol{X}(t) + \boldsymbol{w}(t)
\tag{2-105}
$$

2.5.3　惯性导航/UWB 组合定位

2.5.3.1　系统状态方程的建立

系统状态量包括捷联惯性导航系统的误差状态与 RTT 测距误差状态。

捷联惯性导航系统的误差状态如下：

$$\dot{\boldsymbol{X}}^l(t) = \boldsymbol{A}^l(t)\boldsymbol{X}^l(t) + \boldsymbol{B}^l(t)\boldsymbol{W}^l(t) \tag{2-106}$$

式中，$\boldsymbol{X}^l$ 是维数为 15×1 的系统状态向量；$\boldsymbol{A}^l$ 是维数为 15×15 的状态矩阵；$\boldsymbol{B}^l$ 是维数为 15×6 的噪声驱动矩阵；$\boldsymbol{W}^l$ 是维数为 6×1 的噪声矩阵。

其具体表达形式如下：

$$\boldsymbol{X}^l = [\varphi_e \quad \varphi_n \quad \varphi_u \quad \delta v_e \quad \delta v_n \quad \delta v_u \quad \delta L \quad \delta \lambda \quad \delta h \quad \varepsilon_x \quad \varepsilon_y \quad \varepsilon_z \quad \nabla_x \quad \nabla_y \quad \nabla_z]^T \tag{2-107}$$

$$\boldsymbol{W}^l(t) = [\omega_x \quad \omega_y \quad \omega_z \quad a_x \quad a_y \quad a_z]^T \tag{2-108}$$

式中，ω_x、ω_y、ω_z 为载体系中陀螺仪在 x、y、z 三轴方向上测得的高斯噪声；a_x、a_y、a_z 为载体系中加速度计在 x、y、z 三轴方向上测得的高斯噪声。

改写捷联惯性导航系统误差模型，可以得到组合状态矩阵 $\boldsymbol{A}^l$：

$$\boldsymbol{A}^l(t) = \begin{bmatrix} \boldsymbol{M}_{3\times3}^1 & \boldsymbol{M}_{3\times3}^2 & \boldsymbol{M}_{3\times3}^3 & \boldsymbol{T}_{3\times3}^1 \\ \boldsymbol{M}_{3\times3}^4 & \boldsymbol{M}_{3\times3}^5 & \boldsymbol{M}_{3\times3}^6 & \boldsymbol{T}_{3\times3}^2 \\ \boldsymbol{O}_{3\times3} & \boldsymbol{M}_{3\times3}^7 & \boldsymbol{M}_{3\times3}^8 & \boldsymbol{O}_{3\times6} \\ \boldsymbol{O}_{6\times3} & \boldsymbol{O}_{6\times3} & \boldsymbol{O}_{6\times3} & \boldsymbol{T}_{6\times6}^3 \end{bmatrix}_{15\times15} \tag{2-109}$$

式中，$\boldsymbol{M}_{3\times3}^1$、$\boldsymbol{M}_{3\times3}^2$、$\boldsymbol{M}_{3\times3}^3$、$\boldsymbol{M}_{3\times3}^4$、$\boldsymbol{M}_{3\times3}^5$、$\boldsymbol{M}_{3\times3}^6$、$\boldsymbol{M}_{3\times3}^7$、$\boldsymbol{M}_{3\times3}^8$、$\boldsymbol{T}_{3\times3}^1$、$\boldsymbol{T}_{3\times3}^2$、$\boldsymbol{T}_{6\times6}^3$ 分别如下：

$$\boldsymbol{M}_{3\times3}^1 = \begin{bmatrix} 0 & \omega_{ie}\sin L + \dfrac{v_e \tan L}{R_N + h} & -\left(\omega_{ie}\cos L + \dfrac{v_e}{R_N + h}\right) \\ -\left(\omega_{ie}\sin L + \dfrac{v_e \tan L}{R_N + h}\right) & 0 & -\dfrac{v_n}{R_M + h} \\ \omega_{ie}\cos L + \dfrac{v_e}{R_N + h} & \dfrac{v_n}{R_M + h} & 0 \end{bmatrix}$$

$$\boldsymbol{M}_{3\times3}^2 = \begin{bmatrix} 0 & -\dfrac{1}{R_M + h} & 0 \\ \dfrac{1}{R_N + h} & 0 & 0 \\ \dfrac{\tan L}{R_N + h} & 0 & 0 \end{bmatrix}$$

$$\boldsymbol{M}_{3\times3}^{3} = \begin{bmatrix} 0 & 0 & \dfrac{v_n}{(R_M+h)^2} \\[2mm] -\omega_{ie}\sin L & 0 & -\dfrac{v_e}{(R_N+h)^2} \\[2mm] \omega_{ie}\cos L + \dfrac{v_e\sec^2 L}{R_N+h} & 0 & -\dfrac{v_e\tan L}{(R_N+h)^2} \end{bmatrix}$$

$$\boldsymbol{M}_{3\times3}^{4} = \begin{bmatrix} 0 & -f_u & f_n \\ f_u & 0 & -f_e \\ -f_n & f_e & 0 \end{bmatrix}$$

$$\boldsymbol{M}_{3\times3}^{5} = \begin{bmatrix} \dfrac{v_u}{R_N+h}+\dfrac{v_n\tan L}{R_N+h} & -2\left(\omega_{ie}\sin L + \dfrac{v_e}{R_N+h}\tan L\right) & 2\omega_{ie}\cos L + \dfrac{v_e}{R_N+h} \\[3mm] -\dfrac{v_e\tan L}{R_N+h}+2\omega_{ie}\sin L + \dfrac{v_e}{R_N+h}\tan L & -\dfrac{v_u}{R_M+h} & \dfrac{v_n}{R_M+h} \\[3mm] \dfrac{v_e}{R_M+h}-\left(2\omega_{ie}\cos L + \dfrac{v_e}{R_N+h}\right) & 0 & 0 \end{bmatrix}$$

$$\boldsymbol{M}_{3\times3}^{6} = \begin{bmatrix} 2\omega_{ie}v_u\sin L + v_n\left(2\omega_{ie}\cos L + \dfrac{v_e\sec^2 L}{R_N+h}\right) & 0 & \dfrac{v_e}{(R_N+h)^2}(v_u - v_n\tan L) \\[3mm] -2\omega_{ie}v_e\cos L & 0 & \dfrac{v_e}{(R_N+h)^2}(v_u - v_n\tan L) \\[3mm] -2\omega_{ie}v_e\sin L & 0 & -\dfrac{v_u v_n}{(R_M+h)^2}-\dfrac{v_e^2}{(R_N+h)^2} \end{bmatrix}$$

$$\boldsymbol{M}_{3\times3}^{7} = \begin{bmatrix} 0 & \dfrac{1}{R_M+h} & 0 \\[3mm] \dfrac{\sec L}{R_N+h} & 0 & 0 \\[3mm] 0 & 0 & 1 \end{bmatrix}$$

$$\boldsymbol{M}_{3\times3}^{8} = \begin{bmatrix} 0 & 0 & -\dfrac{v_n}{(R_M+h)^2} \\[3mm] \dfrac{v_e\sec L\tan L}{R_N+h} & 0 & \dfrac{v_e\sec L}{(R_N+h)^2} \\[3mm] 0 & 0 & 0 \end{bmatrix}$$

$$T_{3\times3}^1 = [-C_b^n \quad O_{3\times3}]$$

$$T_{3\times3}^2 = [O_{3\times3} \quad C_b^n]$$

$$T_{6\times6}^3 = \begin{bmatrix} -\dfrac{1}{\tau_{gx}} & 0 & 0 & 0 & 0 & 0 \\ 0 & -\dfrac{1}{\tau_{gy}} & 0 & 0 & 0 & 0 \\ 0 & 0 & \dfrac{1}{\tau_{gz}} & 0 & 0 & 0 \\ 0 & 0 & 0 & -\dfrac{1}{\tau_{ax}} & 0 & 0 \\ 0 & 0 & 0 & 0 & -\dfrac{1}{\tau_{ay}} & 0 \\ 0 & 0 & 0 & 0 & 0 & -\dfrac{1}{\tau_{az}} \end{bmatrix}$$

式中，$T_{6\times6}^3$ 内 τ_{gx}、τ_{gy}、τ_{gz}、τ_{ax}、τ_{ay}、τ_{az} 分别表示陀螺仪漂移与加速度计零偏的马氏过程的相关时间。

矩阵 B^l 的各个元素为

$$B^l(t) = \begin{bmatrix} -C_b^n & O_{3\times3} \\ O_{3\times3} & C_b^n \\ O_{3\times3} & O_{3\times3} \\ I_{3\times3} & O_{3\times3} \\ O_{3\times3} & I_{3\times3} \end{bmatrix}_{15\times6} \tag{2-110}$$

RTT 测量误差模型，其可以表示为

$$\dot{r} = -\frac{1}{T}r + \omega \tag{2-111}$$

将式（2-107）和式（2-111）合并，可以得到 UWB/捷联惯性导航紧组合系统状态方程为

$$\begin{bmatrix} \dot{X}^l \\ \dot{r} \end{bmatrix} = \begin{bmatrix} A^l & O_{15\times1} \\ O_{1\times15} & -\dfrac{1}{T} \end{bmatrix} \begin{bmatrix} X^l \\ r \end{bmatrix} + \begin{bmatrix} B^l & O_{15\times1} \\ O_{1\times5} & 1 \end{bmatrix} \begin{bmatrix} W^l \\ \omega \end{bmatrix} \tag{2-112}$$

将其改写为如下形式：

$$\dot{X}^t = A^t X^t + B^t W^t \tag{2-113}$$

式中

$$X^t = \begin{bmatrix} \varphi_e & \varphi_n & \varphi_u & \delta v_e & \delta v_n & \delta v_u & \delta L & \delta \lambda & \delta h & \varepsilon_x & \varepsilon_y & \varepsilon_z & \nabla_x & \nabla_y & \nabla_z & r \end{bmatrix}^T$$

$$A^t = \begin{bmatrix} A^l & O_{15\times1} \\ O_{1\times15} & -\dfrac{1}{T} \end{bmatrix}_{16\times16}$$

$$B^t = \begin{bmatrix} B^l & O_{15\times1} \\ O_{1\times5} & 1 \end{bmatrix}_{16\times6}$$

$$W^t = \begin{bmatrix} W^l \\ \omega \end{bmatrix}_{6\times1}$$

2.5.3.2　系统量测方程的建立

组合系统采用捷联惯性导航系统推算的基站与标签之间 RTT 测距量与 UWB 测得 RTT 测距量的信息差作为量测信息。

由于捷联惯性导航系统解算得到的载体位置坐标为经度 L、维度 λ 以及高度 h。则将其转换到地理坐标系中，分别用 $p_x^n(i), p_y^n(i), p_z^n(i)$ 表示，可得

$$\begin{cases} p_x^n = (R+h)\cos\lambda\cos L \\ p_y^n = (R+h)\sin\lambda\cos L \\ p_z^n = [R(1-e^2)+h]\sin L \end{cases} \tag{2-114}$$

对应 SINS 解算的载体坐标解算成载体与基站之间的 RTT 测距量为

$$d_i^{\text{SINS}} = \sqrt{[p_x^n - p_b^x(i)]^2 + [p_y^n - p_b^y(i)]^2 + [p_z^n - p_b^z(i)]^2}, i=1,2,3 \tag{2-115}$$

式中，d_i^{SINS} 为捷联惯性导航推算的载体与第 i 个基站的 RTT 测距信息；$p_b^x(i), p_b^y(i),$ $p_b^z(i)$ 为第 i 个基站坐标在地理坐标系下的坐标。

设载体在地理坐标系下的真实坐标为 (p_x, p_y, p_z)，对式（2-115）在 (p_x, p_y, p_z) 处进行泰勒一阶展开：

$$d_i^{\mathrm{SINS}} = \{[p_x - p_b^x(i)]^2 + [p_y - p_b^y(i)]^2 + [p_z - p_b^z(i)]^2\}^{\frac{1}{2}} +$$

$$\frac{\partial d_i^{\mathrm{SINS}}}{\partial p_x^n}\mathrm{d}p_x^n + \frac{\partial d_i^{\mathrm{SINS}}}{\partial p_y^n}\mathrm{d}p_y^n + \frac{\partial d_i^{\mathrm{SINS}}}{\partial p_z^n}\mathrm{d}p_z^n \qquad (2\text{-}116)$$

令

$$\{[p_x - p_b^x(i)]^2 + [p_y - p_b^y(i)]^2 + [p_z - p_b^z(i)]^2\}^{\frac{1}{2}} = r_i \qquad (2\text{-}117)$$

则有

$$\frac{\partial d_i^{\mathrm{SINS}}}{\partial p_x^n} = \frac{p_x - p_b^x(i)}{\{[p_x - p_b^x(i)]^2 + [p_y - p_b^y(i)]^2 + [p_z - p_b^z(i)]^2\}^{\frac{1}{2}}}$$

$$= \frac{p_x - p_b^x(i)}{r_i} = e_{i1} \qquad (2\text{-}118)$$

$$\frac{\partial d_i^{\mathrm{SINS}}}{\partial p_y^n} = \frac{p_y^n - p_b^y(i)}{r} = e_{i2} \qquad (2\text{-}119)$$

$$\frac{\partial d_i^{\mathrm{SINS}}}{\partial p_z^n} = \frac{p_z^n - p_b^z(i)}{r} = e_{i3} \qquad (2\text{-}120)$$

则可以得到捷联惯性导航系统对应的 RTT 测距信息 d_i^{SINS} 为

$$d_i^{\mathrm{SINS}} = r_i + e_{i1}\mathrm{d}p_x^n + e_{i2}\mathrm{d}p_y^n + e_{i3}\mathrm{d}p_z^n \qquad (2\text{-}121)$$

令 UWB 系统测量得到的基站与标签之间的 RTT 测距信息表示为 d_i^{uwb}，将 d_i^{uwb} 改写为

$$d_i^{uwb} = r_i - r_{\mathrm{D}} - v_i \qquad (2\text{-}122)$$

式中，r_{D} 为标准时间差造成的测距误差；r_i 为非视距干扰等引起的 RTT 量测噪声。

由上述推导可以得到在 UWB/捷联惯性导航紧组合系统中，以 RTT 测距量作为量测信息时的量测方程为

$$\delta d_i = d_i^{\mathrm{SINS}} - d_i^{uwb} = e_{i1}\mathrm{d}p_x^n + e_{i2}\mathrm{d}p_y^n + e_{i3}\mathrm{d}p_z^n + r_{\mathrm{D}} + r_{\mathrm{NLOS}} \qquad (2\text{-}123)$$

当 UWB 系统正常工作，即标签与 3 个基站进行通信时，系统量测方程写为矩阵形式：

$$\boldsymbol{\delta d} = \begin{bmatrix} \delta d_1 \\ \delta d_2 \\ \delta d_3 \end{bmatrix} = \begin{bmatrix} e_{11} & e_{12} & e_{13} & 1 \\ e_{21} & e_{22} & e_{23} & 1 \\ e_{31} & e_{32} & e_{33} & 1 \end{bmatrix} \begin{bmatrix} \mathrm{d}p_x^n \\ \mathrm{d}p_y^n \\ \mathrm{d}p_z^n \\ r_D \end{bmatrix} + \begin{bmatrix} v_1 \\ v_2 \\ v_3 \end{bmatrix} \tag{2-124}$$

对式（2-124）两边微分可得

$$\begin{cases} \mathrm{d}p_x^n = -(R+h)\cos\lambda\sin L\delta L - (R+h)\cos L\sin\lambda\delta\lambda + \cos L\cos\lambda\delta h \\ \mathrm{d}p_y^n = -(R+h)\sin\lambda\sin L\delta L + (R+h)\cos L\cos\lambda\delta\lambda + \cos L\sin\lambda\delta h \\ \mathrm{d}p_z^n = [R(1-e^2)+h]\cos L\delta L + \sin L\delta h \end{cases} \tag{2-125}$$

将式（2-125）代入式（2-124），可以得到系统量测方程如下：

$$\begin{cases} h_{i1} = (R_n+h)[-e_{i1}\sin L\cos\lambda - e_{i2}\sin L\sin\lambda] + \\ \quad [R_n(1-e^2)+h]e_{i3}\cos L \\ h_{i2} = (R_n+h)[e_{i2}\cos L\cos\lambda - e_{i1}\cos L\sin\lambda] \\ h_{i3} = e_{i1}\cos L\cos\lambda + e_{i2}\cos L\sin\lambda + e_{i3}\sin L \end{cases} \quad (i=1,2)$$

$$\boldsymbol{w}^{t2} = \begin{bmatrix} v_1 \\ v_2 \end{bmatrix}, \quad \boldsymbol{Z}^{t2} = \begin{bmatrix} \delta d_1 \\ \delta d_2 \end{bmatrix}$$

量测方程为

$$\boldsymbol{Z}^{t3}(t) = \boldsymbol{H}^{t3}(t)\boldsymbol{X}^t(t) + \boldsymbol{w}^{t3}(t) \tag{2-126}$$

其中

$$\boldsymbol{H}^{t3} = [\boldsymbol{O}_{3\times6} \quad \boldsymbol{H}_1^{t3} \quad \boldsymbol{O}_{3\times6} \quad \boldsymbol{H}_2^{t3}]_{3\times16}$$

$$\boldsymbol{H}_1^{t3} = \begin{bmatrix} h_{11} & h_{12} & h_{13} \\ h_{21} & h_{22} & h_{23} \\ h_{31} & h_{32} & h_{33} \end{bmatrix}, \quad \boldsymbol{H}_2^{t3} = \begin{bmatrix} 1 & 0 \\ 1 & 0 \\ 1 & 0 \end{bmatrix}$$

$$\begin{cases} h_{i1} = (R_n+h)[-e_{i1}\sin L\cos\lambda - e_{i2}\sin L\sin\lambda] + \\ \quad [R_n(1-e^2)+h]e_{i3}\cos L \\ h_{i2} = (R_n+h)[e_{i2}\cos L\cos\lambda - e_{i1}\cos L\sin\lambda] \\ h_{i3} = e_{i1}\cos L\cos\lambda + e_{i2}\cos L\sin\lambda + e_{i3}\sin L \end{cases} \quad (i=1,2,3)$$

$$\boldsymbol{w}^{t3} = \begin{bmatrix} v_1 \\ v_2 \\ v_3 \end{bmatrix}, \quad \boldsymbol{Z}^{t3} = \begin{bmatrix} \delta d_1 \\ \delta d_2 \\ \delta d_3 \end{bmatrix}$$

第 3 章　环境智能感知技术

3.1　概　述

实现机器人对变电站环境的感知是智能化、自主化巡检的前提。SLAM 是指搭载环境感知传感器等的运动主体，在未知环境或已知地图中利用传感器对环境的观测信息创建地图或增量式地更新、优化地图。按主要应用的传感器类型，SLAM 技术可以划分为视觉 SLAM 和激光 SLAM。其中，因为激光雷达处理速度快，数据精度高，可以高效响应动态环境下场景变化，所以巡检机器人主流使用激光 SLAM。

随着传感器技术的发展，激光雷达已从传统的复杂结构、大体积发展到现在的紧凑结构、小体积传感器，被广泛应用在无人车、机器人等的导航测图与环境感知等领域。

美国 Velodyne 公司 VLP-16、HDL-32E、HDL-64E 三个系列的激光雷达在无人驾驶领域处于领先地位。谷歌无人车顶部搭载的激光雷达就是 HDL-64E 系列的，垂直方向能发出 64 线束，精度为 ±2 cm，出点数为 130 万，质量为 15.1 kg，直径×高为 ϕ 203 cm×284 cm。德国 Sick 公司的单线雷达常用于室内机器人二维平面建模，SICK TIM 和 LMS 系列激光雷达也是应用较为广泛的激光雷达。除此之外，德国 Ibeo 公司、美国 Quanergy 公司、日本 Hokuyo（北阳）公司等一批企业都在激光雷达领域占有一席之地，充分说明了激光雷达的应用前景广泛。国内相关厂商也在激光雷达领域投入大量研发，目前国内出现了一批优秀的激光雷达厂商，生产出的激光雷达性能优异、价格合适，在中低端市场具有很强的竞争力。具有代表性的厂商有思岚科技、速腾聚创、禾赛科技、北醒光子、镭神智能、北科天绘等。

激光 SLAM 算法通过激光雷达传感器增量式地构建地图，不需要已知地图信息，同时基于已构建的地图实现自身的相对定位。在激光 SLAM 过程中，定位依赖于构建的地图，而地图的构建依赖于定位，定位和制图相互依赖，二者统一在 SLAM 框架中。

自 1986 年 SLAM 概念被首次提出这 30 多年来，SLAM 技术蓬勃发展，许多学者对 SLAM 进行了不断的改进和完善，SLAM 的计算效率和有效范围都有了很大的改善，并涌现出了很多激光 SLAM 的经典算法。例如 2011 年的 Kohlbrecher 等开源的

Hector-SLAM 算法，基于概率驱动的栅格占有图，通过高斯牛顿的方法实现点云帧与栅格地图的匹配，进而推算载体的相对位置和姿态，结合惯性导航实现载体的 3D 运动估计。谷歌在 2016 年 10 月也开源了其 2D 激光 SLAM 项目 Cartographer，它结合了已有的 SLAM 项目的优点，通过栅格占有图、相关匹配方法和高斯牛顿方法实现点云帧与地图的匹配，并利用分支定界的方法加速搜索，最后利用稀疏位姿平差进行优化。除此以外，还有一批优秀的产品，如法国 Viametris 的 i-MMS 系统、澳大利亚联邦科学与工业研究组织（CSIRO）的 Zebedee 系统、德国慕尼黑工业大学的 Nav Viss 系统、瑞士徕卡的 Pegasus Backpack 系统以及美国 Kaarta 的 Stencil 系统等，这些系统分别用 3D 激光雷达或 2D 激光雷达或者采用激光视觉融合的方法采集环境信息，可以构建出室内外高精度的环境模型。

近些年，多传感器融合激光 SLAM 技术也是研究的热点。在国外，Vadlamani 等较早利用激光雷达辅助惯性导航来实现未知区域的精密导航，通过提取激光雷达观测的几何特征，进而获取基于激光雷达推算的相对定位结果，与惯性导航的结果通过扩展卡尔曼滤波（Extended Kalman Filter，EKF）进行融合，属于一种松组合的激光雷达/惯性导航。

Joerger 等研究了 GPS 和激光雷达在观测值层面的紧组合，利用弱 GPS 信号区域下少量的卫星来抑制激光雷达相对定位的误差发散。

布尔诺科技大学的机器人实验室团队通过融合激光雷达和相机信息，建立 3D 环境里程计并完成了场景的深度估计与平台定位。

国内的多传感器融合激光 SLAM 近年来也有很快的发展。章大勇是较早系统性研究激光雷达辅助惯性导航的国内学者，他系统性地分析了空间同步、时间同步等一致性要求，研究了点特征、线特征和面特征等各种特征形式下的量测方程。其研究主要基于绝对地标（即绝对定位），同时对相对地标进行了分析。研究表明，混合地标可以有效地提高导航系统的健壮性。

华中科技大学的研究人员提出了一种基于点云地图的多传感器组合定位方法，运用互补滤波算法融合里程计、惯性导航的预测结果和 3D 激光雷达的观测结果，解决了机器人在无 GPS 环境下的三维空间定位问题。

大连理工大学的研究人员研究了 GPS 和激光雷达协作定位方法，通过在两者之间进行切换达到两者之间的互补，并对两者切换的条件进行了分析。

哈尔滨工业大学的研究人员设计了一个融合激光雷达与视觉传感器的环境感知系

统，通过将获取的激光点云与视觉信息融合，增强视觉的特征提取效果与深度信息，进而构建更为精准的环境感知框架。

3.2 基础激光 SLAM 算法

当前，激光 SLAM 框架一般分为前端扫描匹配、后端优化、闭环检测、地图构建四个关键模块。前端扫描匹配是激光 SLAM 的核心步骤，工作内容是已知前一帧变电站机器人位姿，并利用相邻帧之间的关系估计当前帧的位姿；前端扫描匹配能给出短时间内的变电站机器人位姿和变电站地图，但由于不可避免的误差累积，后端优化则是在长时间增量式扫描匹配后优化里程计及地图信息；闭环检测负责通过检测闭环而减少变电站全局地图的漂移现象，以便生成全局一致性地图；地图构建模块负责生成和维护变电站全局地图。

3.2.1 前端扫描匹配

目前在激光 SLAM 中主流的扫描匹配算法包括迭代最临近点及变种、相关性扫描匹配、基于优化方法、正态分布变换、基于特征的匹配和其他匹配算法。下面对上述六种算法进行总结，并介绍当无法获得较好初始条件时激光数据匹配问题的解决方案。

3.2.1.1 基于点的扫描匹配

基于点的扫描匹配是指直接对激光雷达获取的数据进行处理，迭代最临近点（Iterative Closest Point，ICP）算法是其中应用最广的一种算法。由 Chen 等人提出的 ICP 算法，利用待匹配的两帧点云欧氏距离最小化，构建点到点的误差函数，恢复相对位姿变换信息，算法流程如图 3-1 所示。Censi 提出了 ICP 变种算法（point-to-line ICP，PL-ICP），构建点到线的误差函数，恢复相对位姿变换信息，适用于 2D 激光 SLAM。Low 提出了另一种 ICP 变种算法（point-to-plane ICP，PP-ICP），构建点到点的误差函数，恢复相对位姿变换信息，适用于 3D 激光 SLAM。

下面具体描述最常用的 ICP 算法。ICP 算法的目的是将

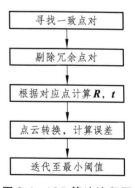

图 3-1　ICP 算法流程图

位姿求解问题转化为最小二乘问题，通过迭代的方法求解机器人的相对位姿变化，因此其关键是构造一个最小二乘目标函数。

在机器人学中，机器人的平面运动都可以转换为机器人的旋转和平移的组合，因此机器人的位姿变化可以由基本的旋转矩阵 $\boldsymbol{R}$ 和平移向量 $\boldsymbol{t}$ 表示。图 3-2 以二维平面为例，描述了机器人从 t 时刻运动到 $t+1$ 时刻时的坐标系变换示意图。

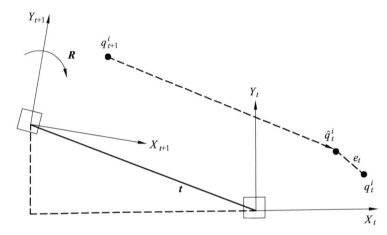

图 3-2　　激光雷达坐标变换示意图

假设激光雷达在 t 时刻采集到一组数据点 $\{q_t\}$，在 $t+1$ 时刻采集到一组数据点 $\{q_{t+1}\}$，要通过这两组数据点求出机器人的位姿变换，首先要确定这两个点集之间的匹配关系。ICP 算法认为当这两个点集中两个点的距离最近时，这两个点就对应了空间中的同一点，可以在这两个点之间建立匹配关系，因此这个方法被称为迭代最临近点。

具体来说，假设点 q_t^i 为点集 $\{q_t\}$ 中的一个点，要想在点集 $\{q_{t+1}\}$ 中找到点 q_t^i 的匹配点，首先要对点集 $\{q_{t+1}\}$ 的每个点进行坐标变换，将其重投影到坐标系 XY_i 中，记为 $\hat{q}_t^i$，每一个点都进行坐标转换后记为点集 $\{\hat{q}_t\}$，其变换关系如下：

$$\hat{q}_t^i = \boldsymbol{R}q_{t+1}^i + \boldsymbol{t}, \ \forall q_{t+1}^i \in \{q_{t+1}\} \tag{3-1}$$

接着计算点集 $\{\hat{q}_t\}$ 中每个点与 q_t^i 的误差：

$$e_{i,j} = q_t^i - \hat{q}_t^j, \ \forall \hat{q}_t^j \in \{\hat{q}_t\} \tag{3-2}$$

式（3-2）计算的误差称为重投影误差。点集 $\{\hat{q}_t\}$ 中使重投影误差 $e_{i,j}$ 最小的那个点就是与 q_t^i 距离最近的点，即 q_t^i 的匹配点 $\hat{q}_t^i$，如式（3-3）所示。

$$\hat{q}_t^i = \arg\min_{\hat{q}_t^j} e_{i,j} = q_t^i - \hat{q}_t^j, \quad \forall \hat{q}_t^j \in \{\hat{q}_t\} \tag{3-3}$$

找到 q_t^i 的匹配点 $\hat{q}_t^i$ 后，其重投影误差可以表示为下面的形式：

$$e_i = q_t^i - \hat{q}_t^i = q_t^i - (\boldsymbol{R}q_{t+1}^i + \boldsymbol{t}) \tag{3-4}$$

对点集 $\{q_t\}$ 中的每个点都执行上述过程，找到在点集 $\{q_{t+1}\}$ 中的匹配点，计算每对匹配点之间的重投影误差，然后将每个重投影误差的平方累加起来，即可构造最小二乘的目标函数，如式（3-5）所示。

$$\min_{\boldsymbol{R},\boldsymbol{t}} J = \frac{1}{2}\sum_{i-1}^{n} |e_i|^2 = \frac{1}{2}\sum_{i-1}^{n} |q_t^i - (\boldsymbol{R}q_{t+1}^i + \boldsymbol{t})|^2 \tag{3-5}$$

求解使得目标函数（3-5）取得最小值的旋转矩阵 $\boldsymbol{R}$ 和平移向量 $\boldsymbol{t}$ 即为所求的机器人的相对位姿变化。

3.2.1.2 基于特征的扫描匹配

基于特征的扫描匹配是指对接收到的激光雷达数据中的关键因素进行匹配，关键因素可以是点、线、面，也可是它们的组合。Fernando 等通过匹配从激光雷达数据中提取出来的特征点，降低了计算量。Shifei 等提出的分割-合并（Split and Merge，SM）方法是二维扫描匹配中广泛采用的一种线段分割方法。Tomono 从扫描数据中提取欧氏不变特征，利用几何哈希法匹配两帧扫描数据，需要场景中包含曲面形状物体。基于特征的扫描匹配方法的流程如图 3-3 所示。

基于特征的扫描匹配在进行数据关联前需要先提取相关特征，然后进行特征的匹配。特征匹配的方式一般采用暴力匹配，即将 t 时刻扫描数据中提取的特征与 $t+1$ 时刻扫描数据中提取的特征逐一进行匹配，直到匹配成功为止。通常会设置一个特征匹配函数来衡量两个特征的匹配程度，如果匹配函数的值小于某个阈值，则说明两个特征匹配成功。

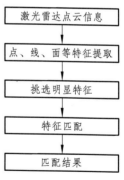

图 3-3　基于特征的扫描匹配流程图

特征匹配成功后需要估计机器人相对位姿的变换，位姿估计的过程与 ICP 算法类似，通过构造最小二乘目标函数，使用迭代方法求解，如式（3-6）和式（3-7）所示。

$$\hat{p}_t^i = \boldsymbol{R}p_{t+1}^i + \boldsymbol{t} \tag{3-6}$$

$$\arg\min_{\boldsymbol{R},t} I = \sum_{i-1}^{n} | p_t^i - \hat{p}_t^i |^2 = \sum_{i-1}^{n} | p_t^i - (\boldsymbol{R}p_{t+1}^i + \boldsymbol{t}) |^2 \tag{3-7}$$

式中，p_{t+1}^i 为从 $t+1$ 时刻的扫描数据中提取的特征；$\hat{p}_t^i$ 为特征 p_{t+1}^i 投影到 t 时刻的坐标系中的坐标；p_t^i 为与 p_{t+1}^i 匹配的 t 时刻特征。

式（3-7）即为待求的目标函数，通过迭代求解得到使式（3-7）取得最小值的旋转矩阵 $\boldsymbol{R}$ 和平移向量 $\boldsymbol{t}$，即为所求的机器人相对位姿变化。

3.2.1.3　基于数学特性的扫描匹配

基于数学特性的扫描匹配是指使用各种数学性质来刻画扫描数据及帧间位姿变化的扫描匹配方法，其中正态分布变换（Normal Distributions Transform，NDT）是最常用的一种方法。NDT 算法最早由 Biber 提出，该算法与其他扫描匹配算法的区别在于它不是找寻点与点之间的对应关系，而是把单次扫描中的离散二维点变换为定义在二维平面上的分段连续且可微的概率密度，概率密度由一组容易计算的正态分布构成。另一帧扫描与 NDT 的匹配就定义为最大化其扫描点配准后在此密度上的得分，并利用牛顿法进行优化求解。Magnusson 将该算法应用到三维的匹配中，是把地图看成很多高斯分布的集合，不需要通过搜索，直接最小化目标函数便能得到转换关系，计算量小，速度较快。NDT 方法在 3D 激光 SLAM 与纯定位中使用较多。

3.2.1.4　基于优化问题的扫描匹配

给定一个目标函数，把激光数据扫描匹配问题建模成非线性最小二乘优化问题，该方法帮助限制误差的累积。基于优化的方法最大问题是对初值敏感，若初值选择恰当，由于对地图进行插值，建图精度往往会比较高，典型代表是 Hector-SLAM 中的匹配方法。

3.2.2　后端优化

前端基于传感器的观测值计算机器人的位姿，但由于传感器本身存在测量误差，且受到环境温度、磁场的影响，传感器的观测会引入很大的噪声，导致机器人的位姿估计出现偏差，造成地图精度下降。为了获得具有全局一致性的地图，需要对机器人的位姿进行全局优化，这一环节也被称为 SLAM 的后端优化。后端优化的目的就是尽可能地消除传感器的噪声对位姿估计的影响，提高机器人定位和地图的精度，构建具有一致性的地图。

现有的 SLAM 优化方法分为两大类，一种是基于滤波器的 SLAM 方法，另一种是基于图优化的优化方法。

3.2.2.1　基于滤波器的方法

基于滤波器的 SLAM 方法采用的是递归贝叶斯估计，构建增量式地图并实现定位。基于滤波器的 SLAM 也叫在线 SLAM。根据贝叶斯法则，用后验概率函数描述 SLAM 问题，根据时间和观测信息的更新对后验概率函数进行估计和更新。基于滤波器的方法又可以分为卡尔曼滤波器（Kalman Filter，KF）和粒子滤波器（Particle Filter，PF）。

KF 的原理是系统根据状态方程进行预测，然后利用观测信息进行状态矫正，实现位置的最优估计，但是这种方法只能用于线性高斯系统下，而现实生活中大多数的动态系统都是非线性模型，为了更好地解决 SLAM 问题，需要找到一种由非线性系统到线性系统之间的转化桥梁。由此 Bucy 和 Sunahara 等人提出了 EKF，EKF 是常用的非线性卡尔曼滤波器，其通过一阶泰勒展开将非线性的机器人运动模型和观测模型线性化，扩大了卡尔曼滤波器的应用场景。

PF 也称为序贯蒙特卡洛方法（Sequential Monte Carlo，SMC），通过非参数化的蒙特卡洛方法实现贝叶斯滤波器的递归算法，适用于通过状态空间模型来表示的非线性系统。粒子滤波思想最早是 Hammersley 等人在 20 世纪中叶提出来的，但是由于采样困难的问题当时未能引起广泛关注，直到 Gordon 在 1993 年将重采样技术引入粒子滤波算法中才使其逐渐被人们所接受。由于 PF 可以应用于非线性非高斯系统，并且表现出更好的健壮性，因而得到了广泛的推广，在目标跟踪、定位和数据分析等领域得到应用。PF 使用有限个参数来近似后验概率密度分布，首先需要进行重要性采样，然后去除低权重的粒子，并添加权重相对高的粒子，这样可以有效减少粒子退化问题。粒子滤波器可以描述一个物体的状态并不断对其进行预测。为了解决粒子滤波器中存在的效率低和计算复杂性高的问题，Murphy 提出了将 RB 粒子滤波器（Rao-Blackwellised Particle Filter，RBPF）方法加入 SLAM 解决方案中。

下面分别对 KF 和 PF 两种滤波算法中较为常用的基于 EKF 和 RBPF 的 SLAM 优化方法进行介绍。

1．基于 EKF 的 SLAM 优化算法

SLAM 的目的是定位和建图，因此问题的关键就是要求解机器人的位姿。基于 EKF 的 SLAM 优化问题的基本模型可以用状态方程和观测方程这两个方程来描述。状态方程刻画了相邻时刻机器人状态之间的变化关系，一般通过运动传感器（如里程计）的测量给出。观测方程刻画了机器人当前时刻的状态与环境之间的关系，一般由观测传感器（如激光雷达）的测量给出。SLAM 的状态方程和观测方程如式（3-8）和式（3-9）所示。

$$x_t = f(x_{t-1} \quad u_t \quad w_t) \tag{3-8}$$

$$z_{t,i} = h(x_t \quad q_i \quad v_{t,i}) \tag{3-9}$$

式中，x_t 为 t 时刻 SLAM 的状态量，包括机器人的位姿和各个路标的位置；x_{t-1} 为 $t-1$ 时刻 SLAM 的状态量；u_t 为 t 时刻运动传感器的驱动项；w_t 为 t 时刻运动传感器的量测噪声；$z_{t,i}$ 为 t 时刻观测传感器对路标 q_i 的测量数据；q_i 为机器人所在环境的第 i 个路标；$v_{t,i}$ 为观测传感器量测噪声。

式（3-8）为机器人的状态方程，式（3-9）为传感器的观测方程，这两个方程描述了最基本的 SLAM 问题，即在已知运动数据和观测数据的前提下如何求解机器人的位姿和环境的地图。很多情况下对 SLAM 问题的研究就是针对这两个方程给出不同情况下方程的具体形式并进行求解。

下面以二维 SLAM 为例，详细描述基于 EKF 的 SLAM 优化算法。对于一个在平面上移动的机器人，它在 t 时刻的状态量向量用 x_t 来表示，如式（3-10）所示。

$$x_t^{\mathrm{T}} = (x \quad y \quad \theta \quad x_1 \quad y_1 \quad x_2 \quad y_2 \quad \cdots \quad x_n \quad y_n) \tag{3-10}$$

式中，x，y 为机器人在导航坐标系中的位置；θ 为机器人在导航坐标系中的朝向；$(x_i \quad y_i)i=1,2,\cdots,n$ 为第 i 个路标位置。

式（3-10）中的机器人位姿和路标位置即为 EKF 的状态量，机器人状态方程分为两部分：第一部分为机器人的运动方程，具体与机器人的运动特点和运动传感器有关，不同类型的机器人和运动传感器其具体的运动方程不同；第二部分为相邻两时刻路标位置的关系方程，由于路标是不变的，相邻两时刻路标位置就是相等的关系。

激光雷达在工作时以固定的角度分辨率扫描周围环境，激光雷达扫描一周后可以得到各个路标的距离和夹角信息，这些路标用激光雷达坐标系下的极坐标来表示。激

光雷达在 t 时刻采集的一组数据点可以表示成集合 $\{q_t\}$ 的形式，如式（3-11）所示。

$$\{q_t\} = \{(\rho_t^i \quad \alpha_t^i) i = 1, 2, \cdots, n\} \tag{3-11}$$

式中，ρ_t^i 为激光雷达在 t 时刻的激光束扫描的第 i 次测量采集到的路标的距离；α_t^i 为激光雷达在 t 时刻的激光束扫描的第 i 次测量采集到的路标的测量角度；n 为激光雷达 t 时刻的激光束扫描的总测量次数。

图 3-4 为激光 SLAM 的观测模型，其中 $X_n O_n Y_n$ 为导航坐标系，$X_l O_l Y_l$ 为激光雷达坐标系。

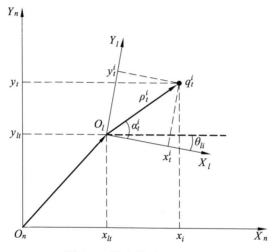

图 3-4　激光雷达观测模型

假设 t 时刻激光雷达在导航坐标系的位姿用 $\boldsymbol{x}_{lt}$ 表示：

$$\boldsymbol{x}_{lt}^{\mathrm{T}} = (x_{lt} \quad y_{lt} \quad \theta_{lt}) \tag{3-12}$$

此时激光雷达第 i 次测量探测到环境中的路标 q_t^i，激光雷达解析到该路标的测量信息为 $(\rho_t^i \quad \alpha_t^i)$，把它转换为笛卡尔坐标的形式：

$$\boldsymbol{u}_t^i = \begin{bmatrix} x_t^i \\ y_t^i \end{bmatrix} = \rho_t^i \begin{bmatrix} \cos \alpha_t^i \\ \sin \alpha_t^i \end{bmatrix} \tag{3-13}$$

假设路标 q_t^i 在导航坐标系中的实际坐标为 $(x_i \quad y_i)$，则激光雷达的观测方程可以表示为

$$\begin{bmatrix} \rho_t^i \\ \alpha_t^i \end{bmatrix} = \begin{bmatrix} \sqrt{(x_{lt} - x_i)^2 + (y_{lt} - y_i)^2} \\ \arctan\dfrac{y_{lt} - y_i}{x_{lt} - x_i} - \theta_{lt} \end{bmatrix} \tag{3-14}$$

式（3-14）即为激光雷达的观测方程，通过求解该方程即可得到的激光雷达在导航坐标系中的位姿。

式（3-11）给出的激光雷达数据点集的描述没有考虑传感器噪声的影响。在实际使用时，激光雷达会受到随机噪声和偏差的影响，如果考虑到噪声的影响，激光雷达在 t 时刻采集到的第 i 个路标的距离可以表示成：

$$\rho_t^i = D_t^i + \varepsilon_\rho \tag{3-15}$$

式中，ρ_t^i 为激光雷达的距离测量值；D_t^i 为激光雷达测量距离的真实值；ε_ρ 为激光雷达距离测量的噪声项，ε_ρ 服从零均值的高斯分布，方差为 σ_ρ^2。

同样地，激光雷达测量的角度也会受到噪声的影响。考虑噪声的影响，激光雷达在 t 时刻采集到的第 i 个路标的角度可以表示成

$$\alpha_t^i = \Omega_t^i + \varepsilon_\alpha \tag{3-16}$$

把式（3-15）和式（3-16）代入到式（3-13），得到路标在考虑噪声情况下的笛卡尔坐标形式，如下式所示：

$$\boldsymbol{u}_t^i = \begin{bmatrix} x_t^i \\ y_t^i \end{bmatrix} = \rho_t^i \begin{bmatrix} \cos\alpha_t^i \\ \sin\alpha_t^i \end{bmatrix} = (D_t^i + \varepsilon_\rho) \begin{bmatrix} \cos(\Omega_t^i + \varepsilon_\alpha) \\ \sin(\Omega_t^i + \varepsilon_\alpha) \end{bmatrix} \tag{3-17}$$

式（3-15）~式（3-17）即为激光雷达测量的噪声模型。

2．基于 RBPF 的 SLAM 优化算法

基于 RBPF 的 SLAM 优化算法是基于 RBPF 方法估计机器人位姿，这种算法使用粒子群来表示概率，可以用在任何形式的状态空间模型上。其核心思想是通过抽取状态粒子来表达其分布，是一种顺序重要性采样法。

在 SLAM 问题中，联合后验概率分布函数可以通过 RBPF 算法将其分解为

$$p(\boldsymbol{x}_{1:t}, \boldsymbol{m} \mid \boldsymbol{z}_{1:t}, \boldsymbol{u}_{1:t-1}) = p(\boldsymbol{x}_{1:t} \mid \boldsymbol{z}_{1:t}, \boldsymbol{u}_{1:t-1}) p(\boldsymbol{m} \mid x_t, \boldsymbol{z}_{1:t}) \tag{3-18}$$

式中，$\boldsymbol{x}_{1:t}$ 表示机器人在 $1 \sim t$ 时刻的位姿信息；$\boldsymbol{m}$ 表示地图信息；$\boldsymbol{z}_{1:t}$ 表示在 1 到 t 时

刻的激光雷达观测信息；$\boldsymbol{u}_{1:t-1}$ 表示 1 到 $t-1$ 时刻的控制变量，即里程计信息。$p(\boldsymbol{x}_{1:t}, \boldsymbol{m} \mid \boldsymbol{z}_{1:t}, \boldsymbol{u}_{1:t-1})$ 描述地标和机器人状态在 t 时刻的联合后验概率分布，$p(\boldsymbol{x}_{1:t} \mid \boldsymbol{z}_{1:t}, \boldsymbol{u}_{1:t-1})$ 类似于蒙特卡洛定位中的概率分布函数，主要用来估计机器人的位姿信息，$p(\boldsymbol{m} \mid x_t, \boldsymbol{z}_{1:t})$ 表示整个地图的后验概率，是用来估计对应粒子的地图信息，主要是根据机器人的位姿信息 $\boldsymbol{x}_{1:t}$ 结合观测数据 $\boldsymbol{z}_{1:t}$ 来更新。在基于 RBPF 的 SLAM 优化算法中，每个粒子都携带一份地图信息。基于 RBPF 的 SLAM 优化算法流程如图 3-5 所示。

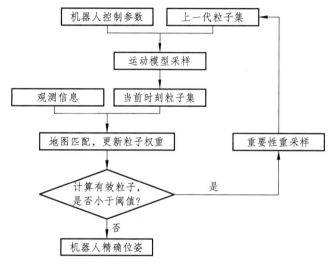

图 3-5　基于 RBPF 的 SLAM 优化算法框图

基于 RBPF 的 SLAM 优化算法一般可以分为下面几个过程。

（1）初始化与采样：基于环境信息，进行粒子采样，首先判断 k 时刻是否为初始时刻，即 $k=0$。如果是初始时刻，则首先需要设置采样的粒子数 N，接着指定机器人在初始时刻的位姿，然后基于初始位姿生成对应的位姿向量 $\boldsymbol{x}_{k=0}^i$，并且平均分配粒子的权重 $\omega_{k=0}^i = 1/N$，其中 $i=1,2,\cdots,N$；如果 $k \neq 0$，则代表不是第一次采样，则如图 3-5 所示，根据上一代粒子集中粒子的位姿结合运动模型得到 k 时刻每个粒子的预估位姿 $\boldsymbol{x}_{k=0}^i$，其中上标 i 表示第 i 个粒子，下标 k 代表时刻。

（2）根据 k 时刻的实际观测值进行权重更新，每个粒子都有相应的权重，权重大小表示采样时提议分布与目标分布的接近程度，通过激光雷达传感器获得 k 时刻的机器人与目标之间的距离和角度作为实际观测值，并且利用式（3-19）更新粒子的权重：

$$\omega_k^i = \omega_{k-1}^i \cdot p(z_k^i \mid x_k^i) \qquad (3\text{-}19)$$

式中，ω_k^i 表示更新后 k 时刻第 i 个粒子的权重；ω_{k-1}^i 表示在 $k-1$ 时刻第 i 个粒子的权重；$p(z_k^i \mid x_k^i)$ 表示 k 时刻的概率密度函数；z_k^i 表示 k 时刻第 i 个粒子的实际观测值；x_k^i 表示 k 时刻第 i 个粒子的位姿。

如果粒子的权重大，说明信任该粒子比较多。在权重更新后需要利用式（3-20）进行权重归一化处理：

$$T(x_k^i) = \frac{\tilde{\omega}(x_k^i)}{\sum\limits_{i=1}^{N} \omega(x_k^i)} \qquad (3\text{-}20)$$

式中，$\omega(x_k^i)$ 表示归一化后 k 时刻第 i 个粒子的权重值；$\omega(x_k^i)$ 表示更新后的 k 时刻第 i 个粒子的权重值；N 表示粒子个数。

（3）根据步骤（2）中更新并归一化处理后粒子权重值，计算得到有效粒子数。如果有效粒子数小于设定的阈值，阈值默认设置为粒子总数的 1/2，对粒子进行重要性重采样，即复制高权重粒子，去除低权重的粒子，防止无意义的粒子过多，浪费计算资源，并进行步骤（2）所述的权重更新过程，得到更新后的重采样粒子的权重；如果有效粒子数大于设定的阈值，保持原采样粒子，有效粒子数的计算方式如下：

$$N_{\text{eff}} = \frac{1}{\sum\limits_{i=1}^{N} [T(x_k^i)]^2} \qquad (3\text{-}21)$$

（4）选取权重最大的粒子位姿作为机器人当前时刻的精确位姿。

3.2.2.2　基于图优化的方法

基于图优化的 SLAM 通过机器人所有的观测信息来估计其完整的轨迹，并构建地图。基于图优化的 SLAM 也称为完全 SLAM。基于图优化的 SLAM 通过位姿图来表示机器人的运动轨迹，位姿图中的节点表示不同时刻机器人的位置与姿态信息，节点与节点之间的连线表示位姿间的约束关系，根据位姿间的约束关系对节点位姿进行优化。这样做的好处是可以修正错误的数据关联，减小位姿误差与地图漂移。

在离散数学中，图是指由顶点和连接顶点的边构成的离散结构。图模型在很多学科中都有应用，SLAM 问题也可以用图模型来表示。图 3-6 是 SLAM 问题的图模型表示，图中的每个节点表示待优化的状态变量，图中的每条边则表示它所连接的两个节点之间的测量。在 SLAM 问题中，机器人的位姿、环境中的特征都可以用一个状态变量来表示，位姿节点与位姿节点之间的测量主要是由运动传感器的状态模型给出，位姿节点与特征节点之间的测量主要是由激光雷达等传感器的观测模型给出。

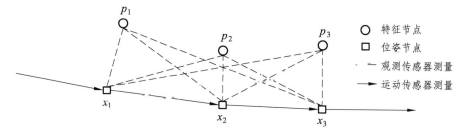

图 3-6　SLAM 优化问题的图模型表示

在机器人中，很多问题都可以转化为非线性优化的问题，通过构造最小二乘目标函数进行迭代求解。式（3-22）、式（3-23）是最小二乘目标函数的通用形式。

$$F(\boldsymbol{x}) = \sum_{\langle i,j\rangle \in C} \underbrace{\boldsymbol{e}(\boldsymbol{x}_i, \boldsymbol{x}_j, \boldsymbol{z}_{ij})^{\mathrm{T}} \boldsymbol{\Omega}_{ij} \boldsymbol{e}(\boldsymbol{x}_i, \boldsymbol{x}_j, \boldsymbol{z}_{ij})}_{F_{ij}} \qquad (3\text{-}22)$$

$$\boldsymbol{x}^* = \arg\min_{x} F(\boldsymbol{x}) \qquad (3\text{-}23)$$

式中，$\boldsymbol{x} = (x_1^{\mathrm{T}}, x_2^{\mathrm{T}}, \cdots, x_n^{\mathrm{T}})$ 表示状态向量，其中的每一个 x_i 都表示一个状态变量；z_{ij} 表示状态 x_i 与状态 x_j 之间的一次测量，这个测量描述了两个状态之间的一种约束关系；$\boldsymbol{e}(\boldsymbol{x}_i, \boldsymbol{x}_j, \boldsymbol{z}_{ij})$ 是误差函数向量，用来评价状态 x_i 和状态 x_j 之间约束的匹配程度，即实际的约束关系与观测 z_{ij} 是否完美匹配，当误差函数为 0 时，表示状态之间的实际约束与观测完美匹配；$\boldsymbol{\Omega}_{ij}$ 是信息矩阵，信息矩阵是协方差矩阵的逆矩阵，协方差矩阵用来存储两个状态之间的相互依赖关系，可以用来衡量两个状态之间相互影响的程度。

式（3-22）可以容易地转化为图的形式，如图 3-7 所示。

图中的每个节点都表示了一个状态变量 x_i，连接两个节点之间的边表示这两个状态之间的约束。图 3-7 表示的最小二乘目标函数如式（3-24）所示。

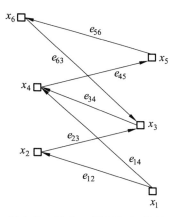

图 3-7　最小二乘目标函数的图表示

$$F(\boldsymbol{x}) = \boldsymbol{e}_{12}^{\mathrm{T}}\boldsymbol{\Omega}_{12}\boldsymbol{e}_{12} + \boldsymbol{e}_{14}^{\mathrm{T}}\boldsymbol{\Omega}_{14}\boldsymbol{e}_{14} + \boldsymbol{e}_{23}^{\mathrm{T}}\boldsymbol{\Omega}_{23}\boldsymbol{e}_{23} +$$

$$\boldsymbol{e}_{34}^{\mathrm{T}}\boldsymbol{\Omega}_{34}\boldsymbol{e}_{34} + \boldsymbol{e}_{45}^{\mathrm{T}}\boldsymbol{\Omega}_{45}\boldsymbol{e}_{45} + \boldsymbol{e}_{56}^{\mathrm{T}}\boldsymbol{\Omega}_{56}\boldsymbol{e}_{56} + \boldsymbol{e}_{63}^{\mathrm{T}}\boldsymbol{\Omega}_{63}\boldsymbol{e}_{63} \tag{3-24}$$

为了简化表示，式（3-24）中 $\boldsymbol{e}_{ij}$ 为 $\boldsymbol{e}(\boldsymbol{x}_i, \boldsymbol{x}_j, \boldsymbol{z}_{ij})$ 的简记形式。

通用图优化库（General Graph Optimization，G2O）是目前 SLAM 领域广泛使用的一个开源库，它基于图优化的方法求解非线性优化问题，通过 G2O 可以容易地构建图优化模型并进行求解。图 3-8 是 G2O 算法的基本框架。

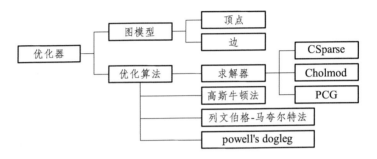

图 3-8　G2O 算法框架

G2O 算法框架主要分为图的定义和优化算法两部分，如图 3-8 所示。用户在使用 G2O 时，只需要在 Graph 部分自定义顶点和边的类型，就可以构建自己需要的图模型。在定义边时，需要定义连接两个顶点的误差函数，也就是两个状态变量之间的约束。之后只需要在 Optimization Algorithm 部分选择合适的迭代方法和适当的求解器就能利用 G2O 求解非线性优化问题。G2O 提供了多种迭代策略，如高斯牛顿法、列文伯格-马夸尔特法等。求解器部分主要是用来求解迭代的增量方程，对此 G2O 也提供了 CSparse、Cholmod、Preconditioned Conjugate Gradient（PCG）等多种方法。

3.2.3　闭环检测

闭环是指机器人运动了一圈之后又回到了它去过的地方。通过闭环机器人可以校正不正确的路标，消除累积误差，从而提高所建地图的精度。实现闭环检测的关键是提取位姿。机器人将位姿初始化为节点之前，会对当前的位姿与上一时刻的位姿进行比较，判断位姿是否有大的变化，如有大的变化，就将其视为关键位姿（当前位姿与上一时刻位姿相比超过了预定阈值）。每获取一个关键位姿，就在图中添加一个待优化节点和该节点与前节点的边线约束（连接两个相邻关键位姿的齐次转换矩阵），齐次转换矩阵通过矩阵相乘可以转换为两个关键位姿间的转换矩阵。如果两组激光雷达数据配准之后具有足够高的匹配率，就认为此时检测到了一个闭环。根据闭环检测时匹配数据量的大小，将闭环检测的方法分为帧与帧的闭环检测、帧与子图的闭环检测、子图与子图的闭环检测以及其他闭环检测。

1．帧与帧的闭环检测

Olson 等使用相关性扫描匹配的方法对比两帧激光雷达数据之间的相似性，以此判断其是否达到闭环。但一帧激光雷达的数据所提供的信息很少，容易与其他相似的帧混淆，导致错误匹配。

2．帧与子图的闭环检测

Cartographer 将激光雷达数据帧与子图（连续的若干激光数据帧组成一个子图）中的激光雷达数据帧进行匹配，限制了用作匹配的数据帧的范围，降低了错误匹配的概率。在 Cartographer 中还使用了分支定界算法，加速了闭环的形成。

3．子图与子图的闭环检测

该种检测方法改善了激光数据信息量少的缺点，将当前的 N 帧激光数据整合成局部子图，与之前的子图进行匹配。在 Bosse 等人的工作中，对于全局匹配利用现有的直方图互相关技术，引入熵序列投影直方图和穷举相关方法在非结构化环境中实现可靠匹配，适用于大比例尺环境的地图构建。文国成等人提出采用子地图与子地图匹配的方法进行闭环检测，通过定位筛选和压缩表，对闭环检测匹配候选集优化，有效解决了在大尺度地图中匹配速度缓慢及误检的问题。Konolige 等人为了得到当前帧与前面观测值的关系，将当前帧的局部子图与已有地图进行比较，利用基于传感器扫描与地图的相关性原理来实现闭环检测。

4．其他闭环检测

Olson 提出像素精确的扫描匹配方法，可进一步减少局部误差的累积。虽然计算成本更高，但该方法对于环路的闭合检测也很有用。在结合深度学习的方面，Himstedt 等人采用基于直方图的匹配，Granstrm 等人利用检测扫描数据中的特征点，并结合深度学习方法进行匹配。

3.2.4 地图构建

地图构建是 SLAM 需要实现的重要功能之一。目前，SLAM 构建的地图类型主要是占用栅格地图。

3.2.4.1 占用栅格地图

占用栅格地图是指将整个地图按照一定的分辨率进行网格划分，使用网格来显示环境地图。每一个网格可以根据实际情况赋值来代表特定的意义，例如给某一个网格赋值表示其是障碍物的概率。为强调基于激光 SLAM 系统中建图的实时性，地图构建模块通常采用计算量较少的占据栅格建图算法，是基于贝叶斯估计的方式。占据栅格地图中的每一个栅格是独立的，估计环境的地图只需要对每一个独立的栅格进行估计，该算法对某一个栅格进行操作时，只有加法计算，因此具有非常高的更新速度，更新地图时，需要知道传感器的逆观测模型。占据栅格地图以周围环境是否被遮挡来鲜明区分可通行区域，适用于避障与导航路径规划。

Elfes 等人在 20 世纪 80 年代提出了占用栅格地图的概念，用来表示机器人工作环境的空间特征。占用栅格地图可以用来处理一些上层的机器人任务，如机器人的导航、路径规划、避障等。目前，无论是 2D 激光 SLAM 还是 3D 激光 SLAM，应用最广泛的地图种类是占据栅格地图。占用栅格地图适用于大部分的场景。

占用栅格的基本思想是把一个多维空间细分成一个一个的小单元，每个小单元都存储了对该单元状态的概率估计，这样的小单元就被称为栅格。对于占用栅格来说，每个小单元的状态只有两种，要么占用，要么空闲。因此，每个占用栅格都可以用一个二值的随机变量来表示其状态，占用栅格地图的构建实质就是一个静态的二值贝叶斯滤波。

一个二维平面地图可以被分割成有限多个栅格单元，则栅格地图可以表示成：

$$\boldsymbol{m} = \{m_i\} \tag{3-25}$$

式中，$\boldsymbol{m}$ 表示由所有栅格单元构成的栅格地图；m_i 表示第 i 个栅格单元。

占用栅格地图的标准构建算法是根据传感器的观测数据估计整个地图的后验概率。地图的后验概率可以用式（3-26）表示。

$$p(\boldsymbol{m} \mid \boldsymbol{z}_{1:t}, \boldsymbol{x}_{1:t}) \tag{3-26}$$

占用栅格地图是由有限多个占用栅格单元构成的。假设每个占用栅格单元的更新都是独立的，则整个占用栅格地图的后验概率可以用式（3-27）表示的边缘概率的乘积来近似，这样就可以把整个占用栅格地图的构建问题转化成每个栅格单元的更新问题。

$$p(\boldsymbol{m} \mid \boldsymbol{z}_{1:t}, \boldsymbol{x}_{1:t}) = \prod_i p(m_i \mid \boldsymbol{z}_{1:t}, \boldsymbol{x}_{1:t}) \tag{3-27}$$

式中，$p(m_i \mid \boldsymbol{z}_{1:t}, \boldsymbol{x}_{1:t})$ 表示单个栅格单元的占用概率。

对于每一个占用栅格单元 m_i，在 t 时刻的传感器观测 $\boldsymbol{z}_t$ 下，其更新公式可根据贝叶斯滤波原理进行推导得出，如式（3-28）所示。

$$l_{t,i} = l_{t-1,i} + \text{INM}(m_i, \boldsymbol{x}_t, \boldsymbol{z}_t) - l_0 \tag{3-28}$$

式中，$l_{t,i}$ 表示 t 时刻占用栅格单元的对数占用概率形式；$l_{t-1,i}$ 表示 $t-1$ 时刻占用栅格单元的对数占用概率形式；$\text{INM}(m_i, \boldsymbol{x}_t, \boldsymbol{z}_t)$ 表示反演测量模型的对数形式；l_0 表示用对数让步比表示的先验占用概率，为常数。

式（3-28）中，$l_{t,i}$，$\text{INM}(m_i, \boldsymbol{x}_t, \boldsymbol{z}_t)$，$l_0$ 的具体形式如式（3-29）~式（3-31）所示。

$$l_{t,i} = \log \frac{p(m_i \mid \boldsymbol{z}_{1:t}, \boldsymbol{x}_{1:t})}{1 - p(m_i \mid \boldsymbol{z}_{1:t}, \boldsymbol{x}_{1:t})} \tag{3-29}$$

$$\text{INM}(m_i, \boldsymbol{x}_t, \boldsymbol{z}_t) = \log \frac{p(m_i \mid \boldsymbol{z}_t, \boldsymbol{x}_t)}{1 - p(m_i \mid \boldsymbol{z}_t, \boldsymbol{x}_t)} \tag{3-30}$$

$$l_0 = \log \frac{p(m_i = 1)}{p(m_i = 0)} = \log \frac{p(m_i)}{1 - p(m_i)} \tag{3-31}$$

在式（3-29）~式（3-31）中，占用栅格单元的概率都是用对数占用概率来表示的，这样可以避免在概率为 0 和 1 附近时数值的不稳定，并且占用栅格地图的更新变成了加法形式，具有非常高的更新速率。

3.2.4.2 其他地图

1. 拓扑地图

拓扑地图是指把环境中的空间（路口、拐角等）抽象为节点，空间与空间之间的通道（走廊、公路等）抽象为边，使用节点和边构成一幅完整的地图。拓扑地图适合用来做路径规划，其典型应用是公交路线图和地铁路线图。

2．几何特征地图

几何特征地图是指把环境中的几何特征提取出来，例如直线、弧线、圆弧、角点等，用这些简单的几何形状来表示地图。几何特征地图的优点是简洁，占用内存少，但是在提取几何特征的过程中会累积误差，不适用于大场景。

3.3　经典激光 SLAM 算法

3.3.1　EKF-SLAM 算法

基于 EKF 的 SLAM 算法是提出时间较早且相对简单的一种 SLAM。该算法是基于 KF 改进提出的。EKF-SLAM 主要包括状态预测和状态更新这两个过程。每当有新的控制量输入，变电站机器人就会根据输入的控制量进行一次判断，然后对变电站机器人的位姿进行估计，最后通过雷达采集到的观测数据进行第二次判断，并根据观测数据对之前估计的位姿进行调整，从而得到更精确的位姿。变电站机器人在运动过程中不断获取新的观测数据，据此更新其位姿，循环到没有新的观测数据输入为止。

EKF-SLAM 在 3.2.2 小节基于 EKF 的优化算法中介绍了其模型建立，接下来详细介绍 EKF-SLAM 流程及公式。

由 3.2.2 小节可知 t 时刻的系统状态向量 $\boldsymbol{x}_t$ 包括传感器的在参考坐标系下的位置、激光雷达坐标系相对于参考坐标系的姿态角和当前已观测到的所有地标点在参考坐标系下的位置向量。

$$\boldsymbol{x}_t^{\mathrm{T}} = (x \quad y \quad \theta \quad x_1 \quad y_1 \quad x_2 \quad y_2 \quad \cdots \quad x_n \quad y_n) = (\boldsymbol{x}_{lt} \quad \boldsymbol{m}) \qquad (3\text{-}32)$$

系统状态向量的后验概率密度为多元高斯分布，表示为 $N(\boldsymbol{x}_{t|t}, \boldsymbol{P}_{t|t})$。其均值和协方差矩阵分别为高斯分布的一阶矩和二阶矩：

$$\boldsymbol{x}_{t|t} = \begin{bmatrix} \boldsymbol{x}_{lt|t} \\ \boldsymbol{m} \end{bmatrix} = E\left[\begin{pmatrix} \boldsymbol{x}_{lt} \\ \boldsymbol{m} \end{pmatrix} \middle| \boldsymbol{z}_{0:t} \right] \qquad (3\text{-}33)$$

$$\boldsymbol{P}_{t|t} = \begin{bmatrix} \boldsymbol{P}_{xx} & \boldsymbol{P}_{xm} \\ \boldsymbol{P}_{xm} & \boldsymbol{P}_{mm} \end{bmatrix} = E\left[\begin{pmatrix} \boldsymbol{x}_{lt} - \hat{\boldsymbol{x}}_{lt} \\ \boldsymbol{m} - \hat{\boldsymbol{m}}_t \end{pmatrix} \begin{pmatrix} \boldsymbol{x}_{lt} - \hat{\boldsymbol{x}}_{lt} \\ \boldsymbol{m} - \hat{\boldsymbol{m}}_t \end{pmatrix}^{\mathrm{T}} \middle| \boldsymbol{z}_{0:t} \right] \qquad (3\text{-}34)$$

机器人收到的数据是相当多的，但是并不是所有的数据都可以用来定位。首先需要在这些传感器信息中提取出地标，之后通过数据关联判断该地标是否是以前观测到的，当观测到新的地标点时，需要将新地标点的位置向量增广到系统状态向量中，然后根据这些地标进行 EKF。具体的 EKF-SLAM 流程如下：

第一步，根据状态方程进行时间更新：

$$\hat{\boldsymbol{x}}_{t|t-1} = \tilde{f}(\hat{\boldsymbol{x}}_{t-1|t-1}, \boldsymbol{u}_t) \tag{3-35}$$

$$\boldsymbol{P}_{t|t-1} = \boldsymbol{F}_x \boldsymbol{P}_{t-1|t-1} \boldsymbol{F}_x^{\mathrm{T}} + \boldsymbol{F}_u \boldsymbol{Q}_u \boldsymbol{F}_u^{\mathrm{T}} + \boldsymbol{Q} \tag{3-36}$$

式中

$$\boldsymbol{F}_x = \left[\frac{\partial \tilde{f}(\hat{\boldsymbol{x}}_{t-1|t-1}, \boldsymbol{u}_t)}{\partial \boldsymbol{x}} \right] \tag{3-37}$$

$$\boldsymbol{F}_u = \left[\frac{\partial \tilde{f}(\hat{\boldsymbol{x}}_{t-1|t-1}, \boldsymbol{u}_t)}{\partial \boldsymbol{u}} \right] \tag{3-38}$$

第二步，进行数据关联，SLAM 中的数据关联是指建立在不同时间、不同地点的传感器测量之间、传感器测量与地图特征之间或者地图特征之间的对应关系，以确定它们是否源于环境中同一物理实体的过程。

$$(\boldsymbol{z}_{t,a}, \boldsymbol{z}_{t,b}) = \text{Association}(\boldsymbol{m}, \boldsymbol{z}_t) \tag{3-39}$$

这一步是将当前观测到的地标点与已观测到的地标点进行匹配，分别找出观测值中已存在的地标点 $\boldsymbol{z}_{t,a}$ 和新观测到的地标点 $\boldsymbol{z}_{t,b}$。地标用于机器人的定位，需要满足以下条件才可以称之为地标：可以在不同位置不同角度重复被观察到（被观察次数大于 N 次）；地标应该足够特殊，以便可以从不同时间步中区分出是否是同一地标；在环境中地标的数量应该很多；地标必须静止。

第三步，根据已存在的地标观测值进行量测更新：

$$\hat{\boldsymbol{x}}_{t|t} = \hat{\boldsymbol{x}}_{t|t-1} + \boldsymbol{K}_t \boldsymbol{\mu}_t \tag{3-40}$$

$$\boldsymbol{P}_{t|t} = (\boldsymbol{I} - \boldsymbol{K}_t \boldsymbol{H}_t) \boldsymbol{P}_{t|t-1} \tag{3-41}$$

式中

$$K_t = P_{t|t-1} H_x^{\mathrm{T}} (H_x P_{t|t-1} H_x^{\mathrm{T}} + R_a)^{-1} \tag{3-42}$$

$$\mu_t = z_{t,a} - \hat{z}_{t,a} \tag{3-43}$$

$$\hat{z}_{t,a} = \tilde{h}(\hat{x}_{t|t-1}) \tag{3-44}$$

$$H_x = \left[\frac{\partial \tilde{h}(\hat{x}_{t|t-1})}{\partial x} \right] \tag{3-45}$$

第四步，为系统状态增广：

$$\hat{x}_{t|t,new} = \begin{bmatrix} \hat{x}_{t|t} \\ m_b \end{bmatrix} \tag{3-46}$$

$$P_{t|t,new} = \begin{bmatrix} P_{t|t} & P_{m_b x} \\ P_{m_b x}^{\mathrm{T}} & P_{m_b} \end{bmatrix} \tag{3-47}$$

式中

$$m_b = \tilde{g}(\hat{x}_{t|t}, z_{t,b}) \tag{3-48}$$

$$G_x = \left[\frac{\partial \tilde{g}(\hat{x}_{t|t}, z_{t,b})}{\partial x} \right] \tag{3-49}$$

$$G_b = \left[\frac{\partial \tilde{g}(\hat{x}_{t|t}, z_{t,b})}{\partial z_{t,b}} \right] \tag{3-50}$$

$$P_{m_b} = G_x P_{t|t} G_x^{\mathrm{T}} + G_b R_b G_b^{\mathrm{T}} \tag{3-51}$$

$$P_{m_b,x} = P_{t|t} G_x^{\mathrm{T}} \tag{3-52}$$

式中，$Q = E[ww^{\mathrm{T}}]$ 为系统噪声方差矩阵；$R_a = E[v_a v_a^{\mathrm{T}}]$ 为已存在地标的观测噪声方差矩阵；$R_b = E[v_b v_b^{\mathrm{T}}]$ 为新地标的观测噪声方差矩阵。

从上述过程中可以看出，EKF-SLAM 相对于传统的 EKF 增加了数据关联和状态增广的过程，数据关联是 EKF-SLAM 中重要的一步，另外特征提取也是 EKF-SLAM 的前提条件。

该方案的缺点是计算量复杂，健壮性较差，构建的地图是特征地图而不是栅格地图，无法应用在导航避障上。

3.3.2 FastSLAM 算法

针对 EKF-SLAM 方案的不足，Montemerlo 等人提出了 FastSLAM 方案，该方案将 SLAM 问题分解成机器人定位问题和基于已知机器人位姿的构图问题，是最早能够实时输出栅格地图的激光 SLAM 方案。

FastSLAM 算法包含卡尔曼滤波和粒子滤波的特点，卡尔曼滤波用来对路标位置进行估计，粒子滤波用来对系统的位姿进行估计。FastSLAM 算法有 FastSLAM 1.0 和 FastSLAM 2.0 两种，其区别在于建议分布函数的不同。FastSLAM 算法一般分为 4 个步骤：

（1）采样阶段：根据建议分布对每一个粒子进行采样。

（2）地图估计：将地图估计分解为 N 个路标的估计问题，通过 EKF 估计地图中路标的条件概率分布。

（3）权重计算：根据 SLAM 的系统状态后验概率和建议分布计算每个粒子的权重，并将粒子的权重归一化。当轨迹的长度随着时间的推移增加时，计算的复杂度将会越来越高。因此，Doucet 通过式（3-53）限制重要性概率密度函数来获得递归公式去计算重要性权重。

$$\pi(\boldsymbol{x}_{1:t} \mid \boldsymbol{z}_{1:t}, \boldsymbol{u}_{1:t-1}) = \pi(\boldsymbol{x}_t \mid \boldsymbol{x}_{1:t-1}, \boldsymbol{z}_{1:t}, \boldsymbol{u}_{1:t-1})\pi(\boldsymbol{x}_{1:t-1} \mid \boldsymbol{z}_{1:t-1}, \boldsymbol{u}_{1:t-2}) \tag{3-53}$$

根据式（3-53）可得权重的计算公式：

$$w_{t,i} = \frac{p(\boldsymbol{x}_{1:t,i} \mid \boldsymbol{z}_{1:t}, \boldsymbol{u}_{1:t-1})}{p(\boldsymbol{x}_{1:t,i} \mid \boldsymbol{z}_{1:t}, \boldsymbol{u}_{1:t-1})} = \frac{p(\boldsymbol{x}_{1:t,i} \mid \boldsymbol{z}_{1:t}, \boldsymbol{u}_{1:t-1})}{\pi(\boldsymbol{x}_t \mid \boldsymbol{x}_{1:t-1}, \boldsymbol{z}_{1:t}, \boldsymbol{u}_{1:t-1})} w_{t-1,i} \tag{3-54}$$

（4）重采样：用权重高的粒子代替权重低的粒子。

该方案存在两个问题：① 由于每个粒子包含机器人的轨迹和对应的环境地图，对于大尺度环境，若里程计误差较大，即预测分布与真实分布差异较大，则需要较多粒子来表示机器人位姿的后验概率分布，严重消耗内存；② 由于重采样的随机性，随着重采样次数增多，粒子多样性散失，粒子耗散问题会严重影响地图的构建。

3.3.3 Gmapping 算法

为了对 FastSLAM 方案进行优化，Grisetti 等人提出 Gmapping 方案，以 Fast SLAM

方案为基本原理，在较小的环境中能实现较好的建图效果，是目前使用最为广泛的二维激光 SLAM 方案。本节主要介绍基于 RBPF 的 Gmapping 算法原理。

该算法利用 RBPF 来解决 SLAM 问题，先定位，后建图。Gmapping 依赖于传感器和里程计，通过传感器的观测数据和里程计数据来估计机器人的轨迹和环境地图。在 SLAM 问题中，联合后验概率分布函数可以通过 RBPF 算法将其分解为式（3-18）所示的形式。

由此将 SLAM 问题分为两步，即先通过里程计数据和传感器观测数据计算机器人轨迹，再通过机器人轨迹和已知观测值来计算地图的概率分布。因此，RBPF 可以先估计机器人的轨迹而后再去根据已知轨迹计算地图。由地图的概率密度函数可知地图依赖机器人的准确位姿。重要性权重计算如式（3-53）和式（3-54）所示。

Gmapping 是 2007 年发布在 ROS 中的 SLAM 软件包，是目前使用最广泛的 SLAM 软件包。Gmapping 应用改进的自适应 RBPF 算法来进行实时定位与建图，可应用于室内和室外环境。Doucet 等学者基于 RBPF 算法提出了改进重要性概率密度函数并且增加了自适应重采样技术。如 3.3.2 节所述，为了获得下一迭代步骤的粒子采样，需要在预测阶段从重要性概率密度函数中抽取样本。显然，重要性概率密度函数越接近目标分布，滤波器的效果越好。

典型的粒子滤波器应用里程计运动模型作为重要性概率密度函数。这种运动模型的计算非常简单，并且权值根据观测模型即可算出。然而，这种模型并不是最理想的。当机器人装备激光雷达时，激光测得的数据比里程计精确得多，因此，使用观测模型作为重要性概率密度函数将要准确得多。观测模型的分布明显小于运动模型的分布。由于观测模型的分布区域很小，样本处在观测的分布的概率很小，在保证充分覆盖观测的分布情况下所需的粒子数就会变得很多，这将会导致需要大量的样本来充分覆盖分布的区域。

为了克服这个问题，在生成下一次采样时将最近的观测考虑进去，通过将观测量整合到概率分布中，可以将抽样集中在观测似然有意义的区域。式（3-55）为粒子权重的最优分布。

$$p(\boldsymbol{x}_t \mid \boldsymbol{m}_{1:t-1}, \boldsymbol{x}_{1:t-1}, \boldsymbol{z}_t, \boldsymbol{u}_{t-1}) = \frac{p(\boldsymbol{z}_t \mid \boldsymbol{m}_{t-1,i}, \boldsymbol{x}_t)p(\boldsymbol{x}_t \mid \boldsymbol{x}_{t-1,i}, \boldsymbol{u}_{t-1})}{p(\boldsymbol{z}_t \mid \boldsymbol{m}_{t-1,i}, \boldsymbol{x}_{t-1,i}, \boldsymbol{u}_{t-1})} \tag{3-55}$$

改进 RBPF 后，Gmapping 的执行过程：

（1）根据运动模型对机器人下一时刻位姿进行预测，得到预测状态并对其采样。

（2）通过式（3-19）对各粒子权重进行计算，之后进行重采样，根据粒子权重重新分布粒子，作为下次预测输入。

（3）最后根据粒子的轨迹计算地图的后验概率。

该算法将最近的里程计信息与观测信息同时并入重要性概率密度函数中，使用匹配扫描过程来确定观测似然函数的分布区域，把采样的重点集中在可能性更高的区域。当由于观察不佳或者当前扫描与先前计算的地图重叠区域太小而失败时，将会用里程计运动模型作为重要性概率密度函数。

RBPF 使用粒子滤波来估计后验概率，因为轨迹与环境地图具有高度相关性，因此其中的每一个粒子都对应一条机器人轨迹和环境中一张单独的地图，最后筛选出最高概率的粒子。基于粒子滤波的 SLAM 需要大量的粒子来获取一个较好的结果，从而增加计算量。Gmapping 算法通过自适应重采样减少了粒子耗散（错误删除包含机器人轨迹和环境地图的粒子），计算粒子分布时不仅考虑了机器人的运动，而且将当前的观测信息也考虑了进去，减小了机器人位置在滤波中的不确定性。

该方案的不足是里程计模型在传播时，对所有的粒子同等对待，优的粒子在传播时可能变成差的粒子，粒子退化问题严重。因此，Gmapping 方案非常依赖于里程计信息，构建的地图也取决于里程计的精度。

3.3.4　HectorSLAM 算法

由于 Gmapping 强烈依赖里程计信息获得初始位姿，所以在地形不平的颠簸路面，Gmapping 算法就会失效。随着高扫描频率激光传感器的出现，基于扫描匹配的 SLAM 算法在各类环境下体现出极高的适应性，近年来也得到越来越多的应用。区别于前面介绍的两种基于概率的 SLAM 算法，基于优化的 SLAM 方法利用激光雷达数据直观简单、数据采集稳定、噪声小等特点，逐渐成为新的研究方向和热点，并且已经证明在某些应用场景优于基于 RAO-Blackwellized 的粒子滤波 SLAM 算法。

Kohlbrecher 等人提出了 HectorSLAM 方案，区别于 ICP 帧到帧的局部扫描匹配，HectorSLAM 利用高扫描频率的激光雷达实现帧到地图的全局扫描匹配，相比于帧到帧的局部扫描匹配，利用当前帧到现有地图的匹配可以获得机器人在现有地图中最佳的位置，减小了帧到帧的累计误差，在实际应用中体现出更好的健壮性。

　　该算法在初始时刻利用激光雷达的第一帧数据直接进行建图，然后利用激光雷达新获取的数据与已经获得的地图进行匹配，推导出机器人当前的最优位姿，最后用高斯牛顿方法求解机器人位姿的最优估计，找到激光雷达数据点集映射到已有地图的刚体转换。为了避免出现局部最优，地图采用多分辨率的形式。该方案仅有前端扫描匹配的模块，无后端优化的过程。

　　基于优化思想的 SLAM 算法，前端采用扫描匹配获得机器人在全局地图中的位姿，后端通过位姿优化进行回环检测，而 HectorSLAM 采用基于优化思想的前端，没有图优化思想的后端回环检测。HectorSLAM 要求远距离、高分辨率的激光雷达，才能保持很高的精度，同时由于在很多灾难救援场景下无法实现全局回环，所以 HectorSLAM 这种对硬件运算能力要求低、实时性好的算法有很好的应用意义。

　　HectorSLAM 算法依赖于高分辨率、高扫描频率的激光传感器，忽略了里程计信息。因为 Hector SLAM 算法进行三维运动估计时是基于二维平面的定位信息，所以它可以很容易扩展为普通的平面 SLAM 算法。

　　该算法假设地图模型为栅格地图，同时通过扫描匹配进行定位。在初始化阶段，激光传感器的第一帧数据直接进行构图，接下来的传感器数据与地图进行匹配，通过匹配推导出机器人最优位姿。利用高斯-牛顿梯度法进行最优解的搜索求解：

$$x_t^* = \arg\min_{x_t} \sum_{i=1}^{n} \{1 - M[S_i(x_t)]\}^2 \tag{3-56}$$

式中，$S_i(x_t)$ 表示激光传感器端点坐标 $s_i = (s_{i,x}, s_{i,y})^{\mathrm{T}}$ 在全局坐标系下的坐标。

$$S_i(x_t) = \begin{pmatrix} \cos\theta & -\sin\theta \\ \sin\theta & \cos\theta \end{pmatrix} \begin{pmatrix} s_{i,x} \\ s_{i,y} \end{pmatrix} + \begin{pmatrix} x \\ y \end{pmatrix} \tag{3-57}$$

　　$M[S_i(x_t)]$ 表示坐标为 $S_i(x_t)$ 的栅格地图值，根据高斯-牛顿梯度法思想，给一个初始估计 $\bar{x}_t$，需根据式（3-58）来估计 Δx_t。

$$\sum_{i=1}^{n} \{1 - M[S_i(\bar{x}_t - \Delta x_t)]\}^2 \to \min \tag{3-58}$$

对式（3-58）中的 $M[S_i(\bar{x}_t - \Delta x_t)]$ 进行一阶泰勒展开并对 Δx_t 求偏导可得：

$$\nabla_{x_t} \sum_{i=1}^{n} \{1 - M[S_i(\overline{x}_t - \Delta x_t)]\}^2$$

$$\overset{\text{Taylor}}{\approx} \nabla_{x_t} \sum_{i=1}^{n} \left\{ 1 - M(S_i(\overline{x}_t)) - \nabla M[S_i(\overline{x}_t)] \frac{\partial S_i(\overline{x}_t)}{\partial \overline{x}_t} \Delta x_t \right\}^2$$

$$= 2 \sum_{i=1}^{n} \left\{ \nabla M[S_i(\overline{x}_t)] \frac{\partial S_i(\overline{x}_t)}{\partial \overline{x}_t} \right\}^{\mathrm{T}} \left\{ 1 - M[S_i(\overline{x}_t)] - \nabla M[S_i(\overline{x}_t)] \frac{\partial S_i(\overline{x}_t)}{\partial \overline{x}_t} \Delta x_t \right\} \quad （3-59）$$

令式（3-59）取 0，可推出式（3-58）的解：

$$\Delta x_t = H^{-1} \sum_{i=1}^{n} \left\{ \nabla M[S_i(\overline{x}_t)] \frac{\partial S_i(\overline{x}_t)}{\partial \overline{x}_t} \right\}^{\mathrm{T}} \{1 - M[S_i(\overline{x}_t)]\} \quad （3-60）$$

式中，$H = \left\{ \nabla M[S_i(\overline{x}_t)] \frac{\partial S_i(\overline{x}_t)}{\partial \overline{x}_t} \right\}^{\mathrm{T}} \left\{ \nabla M[S_i(\overline{x}_t)] \frac{\partial S_i(\overline{x}_t)}{\partial \overline{x}_t} \right\}$。

式（3-60）中的 $\nabla M(P_m)$ 代表在全局地图中 P_m 点的梯度，为了计算方便可通过该点周边的四个已知点 P_{00}、P_{01}、P_{10}、P_{11} 进行双线性过滤得出估计值。在 x 轴和 y 轴进行双线性滤波，可得：

$$M(P_m) \approx \frac{y - y_0}{y_1 - y_0} \left[\frac{x - x_0}{x_1 - x_0} M(P_{11}) + \frac{x_1 - x}{x_1 - x_0} M(P_{01}) \right] +$$

$$\frac{y_1 - y}{y_1 - y_0} \left[\frac{x - x_0}{x_1 - x_0} M(P_{10}) + \frac{x_1 - x}{x_1 - x_0} M(P_{00}) \right] \quad （3-61）$$

将式（3-61）中的 $M(P_m)$ 分别对 x 轴和 y 轴求偏导可大大降低计算量，如下：

$$\begin{cases} \dfrac{\partial M(P_m)}{\partial x} \approx \dfrac{y - y_0}{y_1 - y_0} [M(P_{11}) - M(P_{01})] + \dfrac{y_1 - y}{y_1 - y_0} [M(P_{10}) - M(P_{00})] \\ \dfrac{\partial M(P_m)}{\partial y} \approx \dfrac{x - x_0}{x_1 - x_0} [M(P_{11}) - M(P_{01})] + \dfrac{x_1 - x}{x_1 - x_0} [M(P_{10}) - M(P_{00})] \end{cases} \quad （3-62）$$

通过上述步骤可求得 x_t 的最优估计，为了加快式（3-62）的收敛速度，并且防止由于初始估计 $\overline{x}_t$ 选取不合理造成高斯牛顿算法陷入局部最优解的弊端。借鉴图像金字塔的思想，将扫描匹配得到的地图存储于多个图层中，将图层按栅格精度由小到大排列。当进行爬山算法搜索时，从栅格精度最低的开始搜索，得到最优解，并将该最优解作为上一层精度栅格地图的初始估计，逐层进行爬山搜索。同时为了计算效率，避过高斯滤波及向下采样的方法，直接利用激光数据生成多幅精度不同的地图。

与 Gmapping 相比，HectorSLAM 不需要里程计数据，仅使用激光雷达就可以完成实时地图创建和定位，但要求激光雷达的更新频率较高，测量噪声较小。在 ROS 仿真环境中运行 HectorSLAM 方案，若机器人速度过快尤其是在强旋转的时候，HectorSLAM 方案会发生漂移现象。

3.3.5　Cartographer 算法

Cartographer 是 2016 年 10 月谷歌公司推出的基于激光雷达传感器的 SLAM 算法，Cartographer 的主要思路是融合多传感器数据的局部子图创建以及用于闭环检测，利用闭环检测来减少构图过程中的累积误差。Cartographer 是基于栅格地图的，其网格分辨率为 5 cm。激光雷达扫描（扫描由雷达的观测量组成）插入最佳位置估计的子图（子图由若干连续的扫描构成）中，当不再有新的扫描插入子图中时，视为一个子图构建完成，创建完成的子图数量会随着时间增多，子图之间的累积误差会越来越大，构建完成的子图会进入闭环检测中，利用闭环检测来消除子图位姿的累积误差。当已完成的子图和扫描与当前位姿估计值距离足够近时，扫描匹配就可以找到该闭环。如果在当前估计的位姿周围找到了更好的匹配，则将其作为闭环约束添加到闭环优化问题中。Cartographer 在实现二维 SLAM 的过程中结合了局部和全局的方法，两者都对雷达的观测位姿进行了优化。在局部方法中，连续的扫描被用来和子图做匹配，匹配时使用了一种非线性优化方法将扫描和子图联系起来，从而得到局部优化的子图。虽然局部的方法会累积误差，但在全局方法中这个误差会被去除。全局优化是通过闭环检测来实现的。所有已经完成的子图和其对应的扫描帧都会被用作闭环检测，每发现一个好的闭环匹配都会将其加入全局优化中去。同时，Cartographer 使用了网格预处理和分支定界算法来加速闭环的形成。

本书将详细介绍图优化 SLAM 算法的理论模型以及基于图优化框架的 Cartographer SLAM 算法理论及推导模型。

基于图优化 SLAM 算法与基于滤波方法的思路完全不同，它不再只修正机器人当前时刻的位姿，使当前时刻的位姿尽可能准确，还通过回环检测等来优化之前时刻的机器人位姿。图优化 SLAM 算法的基本思路是利用保存的所有传感器测量信息以及它们之间的空间约束关系，通过各个位姿间的约束关系来对移动机器人的运动轨迹及地图进行估计。这种方法用节点来代表移动机器人的位姿，而图中节点之间的边代表位姿间的空间约束关系，所得到的图被称为位姿图。在完成位姿图的构造后，通过对位姿序列进行调整，使其能够最优地满足边所表示的约束关系，优化后的结果即为机器人的运动轨迹及地图。

与上述过程所对应，图优化 SLAM 算法主要包括前端和后端两个过程。前端负责数据关联和闭环检测，数据关联主要来处理局部数据关系，解决连续数据帧间的匹配以及相关姿态估计的问题。闭环检测则主要针对全局数据关系，通过传感器所获得数据判断机器人当前位姿与之前已访问区域位姿之间的匹配及相对位姿估计问题。通过上述两个过程完成位姿图的创建，即图优化 SLAM 的前端。由于传感器与观测噪声和扫描匹配自身误差的缘故会导致前端获得的位姿图有偏差，需要后端图优化部分对位姿图进行修正。后端处理不直接对传感器的观测数据进行处理，而是仅对前端创建的位姿图进行优化，得到位姿的最大似然估计，即最优的位姿序列。图优化的原理及公式在 3.2.2 小节中已有介绍，此处不再赘述。

自主移动机器人的位姿可以用 $\xi = (\xi_x \quad \xi_y \quad \xi_\theta)$ 来表示，ξ_x 和 ξ_y 表示在 x 和 y 方向的平移量，ξ_θ 表示在二维平面的旋转量。将激光雷达传感器测量的数据记作 $\boldsymbol{q} = \{q_i\}, i = 1, 2 \cdots, n, q_i \in \boldsymbol{R}^2$，初始激光点为 $0 \in \boldsymbol{R}^2$。激光雷达扫描数据帧映射到子图的位姿变换记作 $\boldsymbol{T}_\xi$，可以通过式（3-63）映射到子图坐标系下。

$$\boldsymbol{T}_\xi p = \underbrace{\begin{pmatrix} \cos\xi_\theta & -\sin\xi_\theta \\ \sin\xi_\theta & \cos\xi_\theta \end{pmatrix}}_{R_\xi} p + \underbrace{\begin{pmatrix} \xi_x \\ \xi_y \end{pmatrix}}_{t_\xi} \tag{3-63}$$

一段时间内连续扫描的激光雷达数据帧能够生成一个子图，子图采用概率栅格的地图表达模型。当新的扫描数据插入概率栅格时，栅格的状态将会被计算，每一个栅格都有命中（hit）和丢失（miss）两种状态。命中的栅格，将相邻的栅格插入命中集合中，将扫描中心和扫描点连接射线上的所有相关点添加到丢失集合中。对每个之前没有观测到的栅格会设置一个概率值，对于已经观测到的栅格则会按照式（3-64）和式（3-65）对其进行概率更新。

$$odds(p) = \frac{p}{1-p} \tag{3-64}$$

$$M_{\text{new}}(x) = clamp\{odds^{-1}[odds(M_{\text{old}}(x))odds(p_{\text{hit}})]\} \tag{3-65}$$

在把激光扫描帧插入子图之前，需要对扫描帧位姿和当前的子图通过 CeresSolver 求解器进行优化，便可以将上述问题转化为求解非线性最小二乘问题。

$$\underset{\xi}{\arg\min} \sum_{i=1}^{n} [1 - M_{\text{smooth}}(\boldsymbol{T}_{\xi}q_i)]^2 \tag{3-66}$$

由于激光雷达扫描帧仅与当前子图进行匹配，环境地图是由一系列子图构成的，会存在累积误差。Cartographer 算法通过稀疏位姿调整方法（Sparse Pose Adjustment，SPA）来优化所有激光雷达数据帧和子图的位姿，激光雷达数据帧在插入子图时的位姿会被缓存到内存中进行闭环检测。当子图不再变化时，所有的扫描帧和子图都会被用来进行闭环检测。Cartographer 算法使用稀疏位姿调整方法构建的优化问题的数学表达式为

$$\underset{\Xi^m,\Xi^s}{\arg\min} \frac{1}{2} \sum_{ij} \rho[E^2(\xi_i^m, \xi_j^s; \sum_{ij}, \xi_{ij})] \tag{3-67}$$

式中，$\Xi^m = \{\xi_i^m\}, i = 1, 2, \cdots, m$，$\Xi^s = \{\xi_j^s\}, j = 1, 2, \cdots, n$ 分别表示在一定约束条件下，子图的位姿和扫描帧的位姿。相对位姿 ξ_{ij} 表示扫描帧 j 在子图 i 中的匹配位置，与其相关的协方差矩阵 $\sum_{ij}$ 共同构成优化约束。这个约束的代价函数使用残差 E 表示，可以由式（3-68）和式（3-69）计算：

$$E^2(\xi_i^m, \xi_j^s; \sum_{ij}, \xi_{ij}) = e(\xi_i^m, \xi_j^s; \xi_{ij}) \sum_{ij}^{-1} e(\xi_i^m, \xi_j^s; \xi_{ij}) \tag{3-68}$$

$$e(\xi_i^m, \xi_j^s; \xi_{ij}) = \xi_{ij} - \begin{pmatrix} R_{\xi_i^m}^{-1}(t_{\xi_i^m} - t_{\xi_j^s}) \\ \xi_{i;\theta}^m - \xi_{j;\theta}^s \end{pmatrix} \tag{3-69}$$

此外，Cartographer 算法还使用分支定界扫描匹配算法加速闭环检测和相对位姿的求解过程，确定搜索窗口，采用查找的方法构建回环。

$$\xi^* = \underset{\xi \in W}{\arg\max} \sum_{i=1}^{n} M_{\text{nearest}}(\boldsymbol{T}_{\xi}q_i) \tag{3-70}$$

式中，W 为搜索窗口，M_{nearest} 是上节中 M 函数的扩展。在一个新的栅格周围确定一个窗口，通过不断修改角度的增长值 ξ_{θ} 和传感器的最大测距范围 $d_{\max}$ 来确定点集的最大范围，由勾股定理可得：

$$d_{\max} = \max_{i=1,2,\cdots,n} \| q_i \| \qquad (3\text{-}71)$$

$$\xi_\theta = \arccos\left(1 - \frac{r^2}{2d_{\max}^2}\right) \qquad (3\text{-}72)$$

通过搜索窗口的大小计算整数倍步进长度，使它能够覆盖整个搜索窗口。

$$w_x = \left[\frac{W_x}{r}\right] \quad w_y = \left[\frac{W_y}{r}\right] \quad w_\theta = \left[\frac{W_\theta}{\xi_\theta}\right] \qquad (3\text{-}73)$$

以估计位姿 ξ_θ 为中心形成搜索窗口的有限集如下：

$$\bar{W} = \{-w_x,\cdots,w_x\}\times\{-w_y,\cdots,w_y\}\times\{-w_\theta,\cdots,w_\theta\} \qquad (3\text{-}74)$$

$$W = \{\xi_0 + (rj_x, rj_y, \xi_\theta j_\theta) : (j_x, j_y, j_\theta)\in\bar{W}\} \qquad (3\text{-}75)$$

3.3.6 LOAM 算法

在 3D 激光 SLAM 领域中，由 Zhang Ji 等人提出的 LOAM 方案，利用 3D 激光雷达采集数据，进行基于特征点的扫描匹配，利用非线性优化方法进行运动估计，激光里程计的输出与地图进行匹配，包括直线匹配和平面匹配，但无回环检测模块，点、面特征还不够可靠。LOAM 方案的框架如图 3-9 所示。

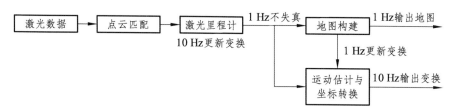

图 3-9 LOAM 方案框架

算出两帧之间机器人的相对位移的传统方法是直接在原始的点云上操作（如 ICP 算法），但 LOAM 采用了在点云的基础上提取出相对较少的特征点，然后再用特征点进行匹配。首先是特征点提取这一部分，主要是从点云图中提取特征点提供给后续模块。不同于一般的特征点提取方法（SURF、SIFT 等方法），LOAM 在点云匹配中主要考虑了点的曲率。假设 q_k^i 表示点云数据 $\boldsymbol{q}$ 中的一个点，$q_k^i \in \boldsymbol{q}$，该点的曲率的计算如下：

$$c = \frac{1}{|S| \cdot \|q_k^i\|} \| \sum_{i \neq j} (q_k^i - q_k^j) \| \tag{3-76}$$

式中，S 表示所在邻域的点的集合。根据该公式将各点的曲率计算出来后，算法会根据曲率给各点进行一次排序。然后算法会在其中挑选曲率高于边缘点的阈值的点作为边缘点，加入集合 E；挑选曲率低于平面点阈值的点作为平面点，加入集合 M。这两类点都是特征点，它们在后续的算法中会分别需要寻找对应的特征信息。提取出特征点之后，该部分的工作还没有结束。因为在提取出来的特征点中会存在一些不可靠或者无效的点。已有研究对如何找出这些无效或者不可靠的点进行了详细的研究。首先，激光雷达所提供的点云图的信息是高度冗余的。某一个区域内的点会同时出现曲率高或者曲率低的情况。如果算法只是根据曲率进行了特征点的提取，算法所提取出来的特征点很可能会集中在一个区域内。为了避免这一种情况，算法需要进行限制，保证当一个点被选作特征点时，它周围的点就不会再被选作特征点了。

点云匹配还需要考虑运动畸变产生的原因就是激光雷达在采集数据的过程中是出于运动状态的。但如果激光雷达的扫描频率很高，比自身的运动快得多，那么就可以假设运动畸变很小，从而忽略。但是大多数类的频率都不是很高，velodyne-16 线雷达常用频率为 10 Hz，这样的话，运动畸变就不能忽略了。LOAM 解决运动畸变的方法比较简单，就是根据每个点的相对时间进行补偿。雷达扫描一帧的时间是固定的，可以得到每个点的采集时刻，将所有点都统一到同一时刻，本书选择的是每完成一帧扫描的末尾时刻，一帧扫描开始的时刻，就是完成一次扫描的时刻。对每个特征点 i 计算它的补偿变换矩阵。在该 LOAM 实验中，是假设匀速运动的。需要注意的是，是对点云中所有的点都进行补偿，不单单是对特征点进行补偿。用变换矩阵对特征点 i 进行变换即可完成补偿。

激光里程计部分的工作主要是使用部分特征点进行一次粗略的定位信息的计算提供给建图模块和信息融合模块。激光里程计的输出频率是 10 Hz，所以它提供的定位的精确度会比较低。该模块需要点云匹配部分提供特征点。在接收到点云匹配部分提供的特征点后，该模块需要在前一帧数据中寻找当前特征点所对应的特征信息。这里需要注意的是，该模块所使用到的特征点是在连续两帧数据中都出现过的特征点，而不是多帧数据。在 LOAM 中点云匹配的方法是分别计算与特征点相接近的线或面，然后再计算点与线/面的距离，然后用这个距离对位姿 T 求雅可比，使用高斯牛顿法迭代优化 T，减少距离直到收敛。在点云匹配中，特征点被分成了两类点：边缘点和平面点。对于每一个边缘点，激光里程计模块都需要在前一帧数据中寻找该特征点对应的特征线段，线段可以由两个点 (l, m) 表示。l 是在前帧数据中 i 的最邻近的点，而 m 则是在与 i 所在的扫描线相邻的扫描上和 i 最邻近的点。算法会使用点到直线的距离公式建立求解方程，如下：

$$d_E = \frac{|(q_{k+1}^i - q_k^l) \times (q_{k+1}^i - q_k^m)|}{|q_{k+1}^l - q_k^m|} \qquad (3\text{-}77)$$

式中，q_{k+1}^i 表示在 $k+1$ 次扫描的点云图中的点 i，$k+1$ 次扫描也就是当前帧的数据；q_k^l 和 q_k^m 表示在 k 次扫描的点云图中的点 l 和 m。第 k 次扫描也就是前一帧数据。类似地，对于每一个平面点 i，里程计模块都需要在前一帧数据中找到对应的特征面。特征面可以由三个点 (l, m, n) 表示。点 l 是在前一帧数据中和点 i 最邻近的点，点 m 则是与点 l 在同一扫描线上与点 l 最邻近的点，而点 n 则是在连续的扫描线上与点 l 最邻近的点。算法对于该特征点的处理会使用到直线到面的距离来建立求解方程，如下：

$$d_H = \frac{|(q_{k+1}^i - q_k^l)[(q_k^l - q_k^m) \times (q_k^l - q_k^n)]|}{|(q_k^l - q_k^m) \times (q_k^l - q_k^n)|} \qquad (3\text{-}78)$$

相对运动可以由旋转角度和平移值进行表示，也就是说相对运动参数可以被表示成 $\boldsymbol{T}_k = [t_x, t_y, t_z, \theta_x, \theta_y, \theta_z]^{\mathrm{T}}$。$t_x$、$t_y$ 和 t_z 分别表示机器人的位姿变换中的平移值，θ_x、θ_y 和 θ_z 则表示机器人朝向角度发生的旋转大小。算法会利用到这一相对运动表示方式，将问题转换成一个非线性最小二乘的求解问题，如下：

$$f_E(q_k^i, \boldsymbol{T}_k) = d_E, i \in E_k \qquad (3\text{-}79)$$

$$f_H(q_k^i, \boldsymbol{T}_k) = d_H, i \in H_k \qquad (3\text{-}80)$$

地图构建模块除了要根据里程计提供的定位信息进行建图工作以外，还需要对定位信息进行修正。因为在激光里程计模块中，算法只使用到了连续两帧数据中部出现了的特征点，所以算法虽然能够高频率地提供定位信息，但是它所提供的定位信息的精确度会较差。地图构建模块会在已经建立的地图中寻找所有当前数据中特征点所对应的特征信息建立求解方程。经实际对比，该模块所使用到的特征点的数量约是激光里程计的 10 倍，故该模块的输出频率是 1 Hz。这个频率比里程计模块的频率低了很多，但是该模块所提供的定位信息的精确度会较高。

该模块进行特征信息的寻找和建立求解方程的方法会与前一个模块一样，所以本书在这里只讲一下该模块进行特征信息寻找的方法。算法需要将 m_k 存入一个边长为 10 m 的立方体中，m_k 表示 k 次扫描后算法所建立的环境地图。若这个立方体中的点与当前帧中的点云 q_k 有重叠的部分，算法就会把它们提取出来存入 3D 的 kdtree（一种树形数据结构）中。因此，当算法在点云图 m_k 中寻找特征点时，算法会需要在特征点附近宽为 10 cm 的立方体领域内搜索附近的特征点。算法在找到附近的特征点后，就通过匹配的方式将它与当前帧中的特征点进行匹配。对于这一个部分，算法主要是在 kdtree 中寻找最邻近的五个点，并对点云的协方差矩阵进行分析。如果这五个点分布在边缘线上，且协方差矩阵的特征值包含一个显著大于其他两个的元素，则对应的搜索方向是与该特征值相关的特征向量所处边缘线的方向；如果这五个点分布在平面上，协方差矩阵中存在一个显著小的元素，则搜索方向是与该特征值相关的特征向量所处的平面的方向。

因为激光里程计模块和地图构建模块都提供了定位信息。激光里程计的定位信息提供的频率高，但是精确度低。地图构建模块提供的定位信息准确，但是能提供的频率较低，所以需要将这个定位信息进行融合。如果在某一时刻，地图构建模块没有来得及提供定位信息，该模块就会使用到里程计模块提供的定位信息。这样，算法的实时性就能有一定的提高，大致可以满足应用的要求。

3.4　多传感器融合激光 SLAM 算法研究

变电站巡检机器人所面临的复杂电磁环境已经无法通过单一激光雷达传感器和图像传感器来实现精确地图构建和定位导航，变电站巡检机器人也可以通过轮式里程计和惯性导航来估计自身的位置信息，但它们都无法单独完成全局地图构建。因此，为了能够实现变电站巡检机器人在复杂环境中的精确定位和导航，避免环境光线变化、场景快速移动、动态物体等因素对地图构建和定位的影响，采用多传感器融合的 SLAM 将成为未来移动机器人 SLAM 技术的主要研究方向。

3.4.1　激光/惯性导航融合 SLAM 算法

仅依靠激光 SLAM 进行变电站巡检机器人位姿估计会存在诸多局限，输出位姿的频率过低，且随着行驶距离的增加，产生较大的累计误差，不能满足变电站巡检机器人快速定位与导航的需求。而惯性导航能够输出高频率的三轴加速度和三轴角速度信息，具有较高的角速度测量精度，可以在激光雷达扫描之间提供稳健的状态估计。

激光/惯性导航融合 SLAM 算法将惯性导航信息融合到基于 EKF 的优化算法中去。构成激光/惯性导航的状态向量包括与 IMU 相关的状态和地标点信息，而量测信息则为观测到的已有的地标点在激光雷达坐标系下的坐标与根据惯性导航推算的该地标点在激光雷达坐标系下的坐标之差。

由于激光/惯性导航组合导航状态向量中包含与 IMU 相关的状态向量和地标点的位置向量两部分，所以激光/惯性导航组合导航的 EKF 状态方程也分为两部分：第一部分为基于惯性导航误差方程的惯性导航状态模型；第二部分为地标点坐标的误差状态模型。其中，第二部分在状态向量中动态维持。

首先列出激光/惯性导航组合导航的 EKF 状态向量：

$$\boldsymbol{x} = (\delta\boldsymbol{p} \quad \delta\boldsymbol{v}^n \quad \boldsymbol{\phi} \quad \delta\boldsymbol{m})^{\mathrm{T}} \tag{3-81}$$

式中，$\delta\boldsymbol{p}$、$\delta\boldsymbol{v}^n$、$\boldsymbol{\phi}$ 为惯性导航位置误差、速度误差、姿态误差，具体误差方程如 3.3 节所示；$\delta\boldsymbol{m}$ 为地标点坐标误差，由于地标点为静止状态，具体的地标点误差方程如下：

$$\delta\boldsymbol{m}_{k+1} = \delta\boldsymbol{m}_k \tag{3-82}$$

根据惯性导航误差方程和式（3-82）可得

$$\boldsymbol{x}_{k+1} = \begin{bmatrix} \boldsymbol{\Phi}_{k+1|k} & \boldsymbol{O} \\ \boldsymbol{O} & \boldsymbol{I} \end{bmatrix} \boldsymbol{x}_k + \begin{bmatrix} \boldsymbol{w}_k \\ \boldsymbol{O} \end{bmatrix} = \tilde{\boldsymbol{\Phi}}_{k+1|k} \boldsymbol{x}_k + \tilde{\boldsymbol{w}}_k \tag{3-83}$$

至此，激光/惯性导航融合 SLAM 状态方程建立完毕。

第 i 个地标点的坐标为

$$\boldsymbol{m}_i = \begin{bmatrix} x_i \\ y_i \end{bmatrix} \tag{3-84}$$

激光雷达的观测值为观测到的已有的地标点在激光雷达坐标系（这里定义二维激光雷达坐标系为 x 轴指向载体右侧，y 轴垂直，z 轴指向载体前向）下的坐标与噪声之和：

$$\tilde{\boldsymbol{z}}_{i,k} = \begin{bmatrix} x^i \\ y^i \end{bmatrix} + \boldsymbol{v}_{i,k} \tag{3-85}$$

在组合导航解算时，根据惯性导航推算的传感器位置、姿态和已有的地标点坐标可以推算该地标点在激光雷达坐标系下的坐标：

$$\hat{z}_{i,k} = \begin{bmatrix} \cos\hat{\alpha}_{k|k-1} & \sin\hat{\alpha}_{k|k-1} \\ -\sin\hat{\alpha}_{k|k-1} & \cos\hat{\alpha}_{k|k-1} \end{bmatrix} \boldsymbol{M}_{pv}\left(\hat{m}_{i_{k|k-1}} - \begin{bmatrix} \hat{x}_{i,k|k-1} \\ \hat{y}_{i,k|k-1} \end{bmatrix} \right) \qquad (3\text{-}86)$$

式中，$\hat{\alpha}$ 为惯性导航推算的航向角；$\hat{x}$ 和 $\hat{y}$ 为惯性导航推算的地标位置。

在式（3-86）中对 $\hat{\alpha}$、$\hat{x}$ 和 $\hat{y}$ 添加误差扰动，进行整理，忽略二阶误差项可得

$$\hat{z}_{i,k} = \boldsymbol{H}\boldsymbol{x} + \begin{bmatrix} x^i \\ y^i \end{bmatrix} \qquad (3\text{-}87)$$

$\boldsymbol{H}$ 的求解实质上是求 $\hat{z}_{i,k}$ 相对于系统状态向量 $\boldsymbol{x}$ 的导数，即

$$\boldsymbol{H} = \frac{\partial \hat{z}_{i,k}}{\partial \boldsymbol{x}} \qquad (3\text{-}88)$$

式（3-85）减去式（3-87）做差即得

$$\tilde{z}_{i,k} - \hat{z}_{i,k} = \boldsymbol{H}\boldsymbol{x} + \boldsymbol{v}_{i,k} \qquad (3\text{-}89)$$

EKF 的量测模型观测值即为

$$\boldsymbol{z}_{EKF} = \tilde{z}_{i,k} - \hat{z}_{i,k} \qquad (3\text{-}90)$$

综合式（3-89）和式（3-90），利用观测到的多个已有地标点的坐标即可构建 EKF 的量测模型。

3.4.2　激光/GNSS 融合 SLAM 算法

激光/GNSS 融合 SLAM 可以利用激光雷达和 GNSS 的优势，弥补激光 SLAM 和 GNSS 的不足，进一步提高变电站巡检机器人 SLAM 自主导航的定位导航精度以及健壮性。

本书将详细介绍一种融合 GNSS 数据和激光雷达数据的位姿估计方法，直接在位姿优化部分融合 GNSS 数据进行基于 GNSS 路标的增量式位姿校准，而不引入额外 SLAM 地图整合模块。该方法适用于任意 SLAM 算法复用。算法框架如图 3-10 所示。

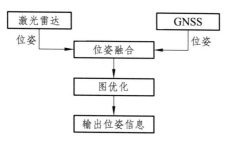

图 3-10　激光/GNSS 融合算法框图

图 3-10 中通过将激光雷达位姿估计结果直接与 GNSS 位置进行整合,构建位姿图,然后基于经典位姿图优化理论优化位姿图,继而输出最终位姿。算法适用于 ICP、基于特征匹配配准、随机采样一致性算法等激光雷达位姿估计方法。

GNSS 数据虽然并不精准,但具有不发散特性,这种特性可以用来进行激光 SLAM 概率路标设置。概率路标不是精准位置,但是它保证了 SLAM 轨迹漂移在一个可控范围之内,可以有效应对 SLAM 长时性漂移。所以,在传统 SLAM 位姿图中加入 GNSS 概率路标可优化位姿。

机器人初始时间及位置和 GNSS 对准后,经过 N 个位姿点得到位姿点和其对应 GNSS 数据观测值。先进行点云配准精度误差估计,然后在该估计上整合 GNSS 数据和对应位姿点,以控制整体误差在一定范围。假设点云配准位置估计精度与激光雷达移动速度为线性关系并且符合高斯分布模型,其估计精度与机器人移动速度呈反比,即当机器人运动过于剧烈时,单位时间内两帧点云间距离或旋转差异变大会造成点云位姿估计精度降低。

速度 $v = S/t$。其中,t 为点云配准采样周期常数,实际系统中为激光雷达数据采样频率;S 为位置估计两点真实曼哈顿距离。设 Σ_{r0} 为速度为 0 时点云位置估计协方差矩阵,定义 $\Sigma_{rv} = v\Sigma_{r0}/k$ 为速度为 v 的情况下点云位置估计协方差矩阵,其中 k 为点云位置估计误差增益常数。实际应用中只能得到带误差观测值 $S' = S + \delta S$,并且假设 δS 随 S 呈线性增加,将速度 v 情况下点位置估计协方差矩阵定义如下:

$$\Sigma_{rv} = (v + \lambda)\Sigma_{r0}/k \tag{3-91}$$

式中,λ 为速度 v 下位置协方差误差估计值。根据式(3-91)可以近似估计任一时刻位姿点协方差矩阵 $\Sigma_{ri}(i = 1, 2, \cdots, n)$,$i$ 表示机器人位姿序列,则任意位姿及 GNSS 位置数据整合精度估计矩阵可以表示如下:

$$A = \sum_{i=1}^{N} \mathbf{\Sigma}_{ri}^{-1} + \mathbf{\Sigma}_{gj}^{-1} \qquad (3\text{-}92)$$

式中，$\mathbf{\Sigma}_{ri}$ 为各个位姿节点协方差矩阵；$\mathbf{\Sigma}_{gj}$ 为当前时刻 GNSS 数据协方差矩阵；A 为数据整合精度估计矩阵。当前整合的机器人位置精度可信度如下：

$$\mathbf{A}_{ri} = \mathbf{A}^{-1} \mathbf{\Sigma}_{ri}^{-1} \qquad (3\text{-}93)$$

融合的 GNSS 位置精度可信度如下：

$$\mathbf{A}_{gj} = \mathbf{A}^{-1} \mathbf{\Sigma}_{gj}^{-1} \qquad (3\text{-}94)$$

当前位姿节点位置参数和 GNSS 数据整合后的位姿位置参数如下：

$$\boldsymbol{\xi}_{iT} = \mathbf{A}_{ri} \mathbf{T}_r + \mathbf{A}_{gj} \boldsymbol{g}_j \qquad (3\text{-}95)$$

式中，$\mathbf{T}_r$ 为当前机器人位置数据。式（3-93）和式（3-94）分别对机器人位置精度可信度和 GNSS 位置精度进行了估计，可以看出在 $\mathbf{A}^{-1}$ 一致的情况下 $\mathbf{A}_{ri}$ 和 $\mathbf{A}_{gj}$ 对当前位置节点 $\boldsymbol{\xi}_{iT}$ 的影响程度取决于两者精度，其精度越高，则其估计对当前节点影响占比越大，表现为位姿图中系统运行时间越长，点云位置估计整体可信度 $\sum_{i=1}^{N} \mathbf{\Sigma}_{ri}^{-1}$ 越低，从而使得结果越偏向于 GNSS 的位姿估计 $\mathbf{A}_{gj}$。为充分利用位姿估计中的点在短时间内的有效性，在每一次 GNSS 及位姿整合后更新当前位点误差估计协方差矩阵，如下：

$$\mathbf{\Sigma}_{ri} = \mathbf{A}^{-1} \qquad (3\text{-}96)$$

GNSS 数据和激光 SLAM 结合整体位姿优化主要是纠正明显错误。考虑一种机器人长时性运动无回环情况，这时机器人 SLAM 的误差累积随着时间增加，其漂移越来越大，最终对应点将明显漂出 GNSS 数据精度范围之外。

同步 GNSS 和 SLAM 数据采集设备时间后，确定一个初始点。随着机器人运动，基于点云配准进行里程计估计，同时存储位姿和轨迹数据。GNSS 位置和姿态数据整合在 SLAM 轨迹漂移变大时将其校正回一个可靠精度范围内，这种校正表现为式（3-92），其中 $\sum_{i=1}^{N} \mathbf{\Sigma}_{ri}^{-1}$ 表示位置累积精度，当处于长时性无回环运动时该精度会越来越低，而 GNSS 的精度则在一个稳定值，当位姿累积精度明显低于 GNSS 位姿位置可信度 $\mathbf{A}_{gj}$，此时当前位姿值将以 GNSS 数据为主导，从而保证轨迹漂移在一个稳定的范围内。

当 GNSS 数据和位姿节点数据进行整合后，得到一个纯位姿构成图，然后对该图进行优化，整体算法流程如下：

（1）构建位姿图。

根据 GNSS 测试参数，初始化 Σ_g；静态点云配准测试，初始化 Σ_{r0}；初始化点云位置估计误差增益 k 及速度误差增益 λ；固定轨迹及速率下调整 k 和 λ；GNSS 雷达时间对齐，求解累积位姿信息矩阵；GNSS 位姿数据整合，更新位姿信息矩阵。

（2）构建目标函数。

任意两个雷达位姿间的变换可以表示为

$$\Delta\xi_{ij} = \xi_i^{-1}\cdot\xi_j^{-1} = \ln[\exp(-\zeta_i^{\wedge})\exp(-\xi_j^{\wedge})]^{\vee} \tag{3-97}$$

式中，符号 ^ 为向量反对称矩阵化运算；符号 ∨ 为反对称矩阵到向量的运算；$\xi_i(i=1,2,\cdots,n)$ 表示 i 时刻雷达输出的机器人在三维空间下的位姿；$\Delta\xi_{ij}$ 表示相邻位姿之间的运动，该运动也可以用变换矩阵来描述：

$$T_{ij} = T_i^{-1}T_j \tag{3-98}$$

式中，T_i、T_j 分别表示节点 i、j 对应的位姿变换矩阵。误差的存在使得实际中式（3-97）或者式（3-98）并不会精确成立。针对该问题，采用位姿优化思路，即构造最小二乘误差对变量进行优化以使得误差平方和最小。

根据式（3-97）和式（3-98）可以构造误差方程：

$$e_{ij} = \ln(T_{ij}^{-1}T_i^{-1}T_j)^{\vee} = \ln\{\exp[(-\xi_{ij})^{\wedge}]\exp(-\xi_i^{\wedge})\exp(\xi_j^{\wedge})\}^{\vee} \tag{3-99}$$

对 e_{ij} 关于各位姿节点优化变量进行求导，即给 ξ_i 和 ξ_j 各施加一个左扰动，使得误差方程转换为

$$\hat{e}_{ij} = \ln\{T_{ij}^{-1}T_i^{-1}\exp[(-\delta\xi_i)^{\wedge}]\exp(\delta\xi_j^{\wedge})T_j\}^{\vee} \tag{3-100}$$

式中，$\hat{e}_{ij}$ 为加扰动后的误差。

李代数在变换矩阵（特殊欧氏群）上的伴随性质可表示为

$$\begin{cases}\exp[Ad(T)] = T\exp(\xi^{\wedge})T^{-1}\\ \exp(\xi^{\wedge})T = T\exp\{[Ad(T^{-1})]\xi^{\wedge}\}\end{cases} \tag{3-101}$$

其中 $Ad(T)$ 运算式为

$$Ad(\boldsymbol{T}) = \begin{bmatrix} R & t^{\hat{}}R \\ 0 & R \end{bmatrix} \tag{3-102}$$

根据式（3-101）对式（3-100）进行化简及变换，可得

$$\hat{\boldsymbol{e}}_{ij} \approx \boldsymbol{e}_{ij} + \frac{\partial \boldsymbol{e}_{ij}}{\partial \delta \boldsymbol{\xi}_i} \delta \boldsymbol{\xi}_i + \frac{\partial \boldsymbol{e}_{ij}}{\partial \delta \boldsymbol{\xi}_j} \delta \boldsymbol{\xi}_j \tag{3-103}$$

$$\frac{\partial \boldsymbol{e}_{ij}}{\partial \delta \boldsymbol{\xi}_i} = -\boldsymbol{J}_r^{-1}(\boldsymbol{e}_{ij}) Ad(\boldsymbol{T}_i^{-1}) \tag{3-104}$$

$$\frac{\partial \boldsymbol{e}_{ij}}{\partial \delta \boldsymbol{\xi}_j} = -\boldsymbol{J}_r^{-1}(\boldsymbol{e}_{ij}) Ad(\boldsymbol{T}_j^{-1}) \tag{3-105}$$

$$-\boldsymbol{J}_r^{-1} \approx \boldsymbol{I} + \frac{1}{2} \begin{bmatrix} \boldsymbol{\varphi}_e & \boldsymbol{p}_e \\ 0 & \boldsymbol{\varphi}_e \end{bmatrix} \tag{3-106}$$

式中，$\boldsymbol{I}$ 为单位矩阵；$\boldsymbol{J}_r^{-1}$ 为变换矩阵李代数右乘可比矩阵；$\boldsymbol{\varphi}_e$ 和 $\boldsymbol{p}_e$ 分别是 $\hat{\boldsymbol{e}}_{ij}$ 旋转和平移部分反对称矩阵。

对误差函数关于优化变量进行求导后，位姿优化算法可表示为

$$\min_{\xi} \frac{1}{2} \sum_{i,j \in \varepsilon} \boldsymbol{e}_{ij}^{\mathrm{T}} \boldsymbol{\Sigma}_{ij}^{-1} \boldsymbol{e}_{ij} \tag{3-107}$$

式中，$\boldsymbol{\Sigma}_{ij}^{-1}$ 为信息矩阵，为位姿估计变量协方差矩阵的逆；ε 为位姿集合。

根据式（3-100），构建误差函数，然后根据步骤（1）的信息矩阵依次求解节点误差并进行求和，得到式（3-107）所示的目标函数。

（3）求解目标函数。

根据式（3-104）对目标函数关于各优化变量求一阶偏导，令所求导数为 0，然后线性化误差方程，使用迭代法求解该线性方程，使误差平方和最小，最后输出校正位姿，并根据该位姿变换将对应激光点云变换到地图坐标系下。

3.4.3 激光/视觉融合 SLAM 算法

目前，激光雷达和视觉融合是 SLAM 研究的热点之一，激光 SLAM 局部定位精度高但全局定位能力差且对环境特征不敏感，而视觉 SLAM 全局定位能力好但局部定位

相对激光雷达较差，因此激光雷达和视觉融合 SLAM 可以大大提高变电站机器人 SLAM 的精度和健壮性。虽然激光和视觉融合的 SLAM 是目前的研究热点，但现阶段还没有一套成熟完备的方案。

现阶段大多数的激光和视觉融合 SLAM 方案都采用松耦合方式，如图 3-11 所示。具体地，通过将激光雷达数据进行滤波处理生成栅格地图与相机经过图像配准、点云拼接生成的点云地图先进行部分变电站地图融合，然后进行变电站局部地图融合及更新，完成激光和视觉融合的 SLAM 自主导航定位。

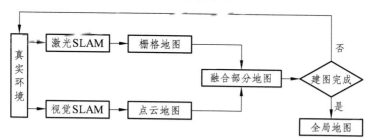

图 3-11　激光/视觉松耦合算法框图

下面详细介绍一种激光/视觉松耦合算法。由于 SLAM 系统的独立性以及各个传感器对环境的抗干扰能力的差异，采用激光雷达构建的二维栅格地图能够较为精确地反映实际室内场景的障碍物信息，而采用相机生成的三维点云地图不能有效反映场景的障碍物信息且视觉 SLAM 系统相对于激光 SLAM 其位姿估计误差较大。综上所述，这种方案将视觉 SLAM 和激光 SLAM 作为独立的模块进行环境地图构建。系统实时获取视觉关键帧对应的时间戳以及二维激光 SLAM 的相机实时估计位姿，视觉 SLAM 算法在构建稀疏点云地图的同时会将关键帧通过时间戳与激光雷达 SLAM 估计的相机实时位姿进行匹配，激光 SLAM 估计的机器人实时位姿作为视觉关键帧的最优位姿替换视觉 SLAM 对应关键帧的位姿。由于各传感器采用时间不能完全同步，系统采用时间线性插值的方式对视觉关键帧位姿进行插值计算，最后利用插值后的视觉关键帧作为约束对三维地图点进行非线性优化，使得优化后的三维地图点与二维栅格地图对齐。

在计算机系统中，机器人连续运动的位姿都会在离散时间间隔进行采样。系统中的各个模块处于异步运行状态且各传感器数据获取时刻也不完全相同，因此，当某一模块需要获取某一时刻的机器人位姿时可以采用在已知离散采样位姿间进行线性插值获得。

视觉 SLAM 中关键帧采样时间与激光 SLAM 估计机器人位姿的时间可能存在不重

合的情况，因此在位姿替换过程中需要根据时间差对激光 SLAM 估计的两个时刻的位姿进行线性插值，以求得最佳匹配的关键帧位姿。

由于关键帧位姿的变化会使得与关键帧对应的三维地图点重投影到图像平面时与图像中对应特征点位置存在误差，最小化三维点重投影误差的问题实际上可以称作"Bundle Adjustment"。该问题是通过调整相机位姿和特征点三维空间位置，使得三维空间点在图像平面的投影点与三维空间点实际对应的图像特征点之间的距离误差达到最小。

三维点云地图非线性优化在滑动窗口中运行，处在滑动窗口内的关键帧和地图点用于构建局部图优化问题，滑动窗口内的关键帧数据采用动态调节的方式进行设置，系统根据进入滑动窗口的最新关键帧选取与其具有共同观测的一级、二级邻接关键帧作为局部地图中的关键帧，系统将滑动窗口中最大关键帧数目限定在 50 帧，以保证系统运行的效率。由滑动窗口中的关键帧所观测到的地图点建立重投影误差代价函数，系统内使用 G2O 库构建图优化问题。采用高斯牛顿法或列文伯格-马夸尔特法进行梯度下降寻找最优解。优化算法仅对滑动窗口中的地图点位置进行调整使重投影误差达到最小，该优化算法的目的是将地图点位置调整到与二维栅格地图对齐的位置，从而实现二维栅格地图与三维点云地图的对齐。

第4章　路径最优规划技术

路径规划作为变电站巡检机器人研究的重要问题，主要指通过环境感知，智能规划一条从起点到目标点的路径，且尽量确保该路径最短、最为合理。对于巡检机器人的路径规划，概括其关键问题主要有：

（1）全局路径规划问题：已知全局环境信息，如何通过合理的路线设置，规划可行驶范围，规避静态障碍物。

（2）最短路径搜索问题：针对已规划的路径，如何求解地图中两点间的最短距离。

关于全局路径规划问题：最直接且可靠的方式是人工路径设置，即结合实际环境，人为进行路径的设计，充分考虑静态障碍物的分布范围，设置巡检机器人的可行驶区域。此方法适用于具有比较明显的机器人可行驶路面的地图环境，并且人工设置路径需借助可视化工具。除去人工设置的方法，自由空间法用结构空间的方法对周围环境进行建模，并将巡检机器人视为一个质点，保证其在建模环境中避开障碍物从起始点朝着目标点移动。同时，基于人工智能的研究推进，多种智能路径规划方法也被提出，如蚁群算法、遗传算法、神经网络算法和模糊控制算法等。

关于最短路径搜索问题：根据先验地图环境模型和全局路径信息寻找从起点至目标点的最优路径。A*算法是常用的一种使用代价函数描述地图上两点间路径通过代价，递归搜索通过代价最小的路径的方法。Dijkstra 算法是图论中求取最短路径的经典算法，主要寻找一点至其余各点的最短路径。Floyd 算法是经典的动态规划算法，可以解决有向图中任意两点间的最短路径问题。

4.1　全局路径规划

在路径规划问题中，寻找最短路径是图论研究中的一个经典问题，旨在寻找图中两结点之间的最短路径。算法具体形式包括：

确定起点的最短路径问题：已知起点，求最短路径问题。

确定终点的最短路径问题：与确定起点问题相反，该问题是已知终点，求最短路径。在无向图中该问题与确定起点问题完全等同，在有向图中等于把所有路径方向反转确定起点的问题。

确定起点、终点的最短路径问题：即已知起点和终点，求两节点之间的最短路径。

全局最短路径问题：求图中所有的最短路径。

常用的路径算法有：Dijkstar 算法、A*算法等。

4.1.1　Dijkstar 算法

Dijkstar 算法是最典型的最短路径算法，用于计算一个节点到其他所有节点的最短路径。主要特点是以起始点为中心向外层层扩展，直到扩展到终点为止。Dijkstar 算法可以得出最短路径的最优解，但是由于其遍历计算的节点很多，所以效率低。

1．Dijkstar 算法思想

Dijkstar 算法思想为：设 $G = (V, E)$ 是一个带权有向图，把图中顶点集合 V 分为两组。第一组为已经求出最短路径的顶点集合，用 S 表示。在初始时，S 仅有一个源点，在求得一条最短路径后，将其加入 S 中，当全部顶点都加入 S 中后，算法结束。第二组为其余未确定最短路径的顶点集合，用 U 表示，按照最短路径长度递增次序以此把第二组中的顶点加入 S 中。在加入过程中，总保持源点到 S 点中各顶点的最短路径长度不大于从源点到 U 中任何顶点的最短路径长度。此外，每个顶点对应一个距离，S 中顶点的距离即为从 v 到此顶点的最短路径长度，U 中顶点的距离，是从 v 到此顶点只包含 S 中的顶点为中间项的当前最短路径长度。

2．Dijkstar 算法步骤

（1）初始时，S 仅包含源点，v 的距离为 0。U 包含除 v 外的其他所有顶点，U 中顶点 u 的距离为边上的权。

（2）从 U 中选取一个距离 v 最小的顶点 k，把 k 加入 S 中。

（3）以 k 为新考虑的中间点，修改 U 中各顶点的距离，若从源点 v 到顶点 u 的距离比原来距离短，则修改顶点 u 的距离值，修改后的距离值为 v 和 k 的距离加上 k 到 u 的距离。

（4）重复步骤（2）和（3），直到所有顶点都包含在 S 中，如图 4-1 所示。

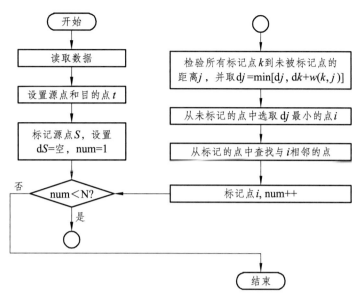

图 4-1　Dijkstra 算法流程图

4.1.2　A*算法

在最佳优先搜索的研究中，最广为人知的形式称为 A*搜索，其基本思想是：它把到达节点的代价 $g(n)$ 和从该节点到目标节点的代价 $f(n)$ 结合起来对节点进行评价：

$$f(n) = g(n) + h(n) \qquad (4-1)$$

因为 $g(n)$ 给出了从起始节点到节点 n 的路径代价而 $h(n)$ 给出了从节点 n 到目标节点的最低代价路径的估计代价值。因此，$f(n)$ 就是经过节点 n 到目标节点的最低代价解的估计代价。如果想要找到最低代价解，首先尝试找到 $g(n) + h(n)$ 值的最小节点是合理的。并且倘若启发函数 $h(n)$ 满足一定的条件，则 A* 搜索既是完备的，又是最优的。将 A* 方法用于移动机器人的路径规划时，机器人首先按照已知的环境地图规划出一条路径，然后沿着这条轨迹运动，当机器人传感器探测到的环境信息和原有的环境信息不一致时，则新规划从当前位置到目标点的路径，如此循环，直至机器人到达目标点或者发现目标点不可达。机器人在动态环境或者未知环境中运动时，很可能非常频繁地遇到当前探测环境信息和先验环境信息不匹配的情形，这就需要进行路径再规划。重新规划算法仍然是一个从当前位置到目标点的全局搜索的过程，其运算量较大。在重新规划期间，机器人或者选择停下来等待新的生成路径，或者按照错误的路径继续运动。因此，快速的重新规划算法是非常重要的。A*方法采用栅格表示地图，栅格粒度越小，障碍物的表示也就越精确，但是同时算法搜索的范围会按指数增加。采用改进人工势场的局部路径规划方法对 A*方法进行优化，可以有效增大 A*方法的栅格粒度，达到降低 A*方法运算量的目的。

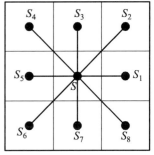

图 4-2　　A*方法中相邻节点角度示意图

对于移动机器人而言，不仅需要采用上述方法规划出二维路径点序列，还需要能够控制机器人按照所生成的序列点运动，并且尽量保证机器人的运动轨迹是最优的和平滑的。A*方法是在二维 XY 平面进行路径规划的相邻两点之间的夹角，一定是 $\pi/4$ 的整倍数。如图 4-2 所示，采用 A*方法规划出的最优路径并没有考虑到机器人的运动学约束，即使机器人可以采用 A*方法规划出一条最优路径，机器人也未必可以沿着这条路径运动。

4.2　局部路径规划

4.2.1　局部路径规划指标

局部路径规划算法生成的路径由一系列的路径节点依次相连而成。设算法生成的路径节点集为 $p = \{p_0, p_1, p_2, \ldots, p_n, p_{n+1}\}$，其中 p_0、p_{n+1} 分别为路径起点和目标点，$p_1 \sim p_n$ 为路径中间节点，下面分别给出各项路径评价指标的定义。

评价指标 1：路径长度，即移动机器人沿着生成的路径移动的路程。路径长度表示为路径节点集中相邻路径节点连接线段的长度之和，理论公式如下：

$$L(p) = \sum_{i=0}^{n} |p_i p_{i+1}| = \sum_{i=0}^{n} \sqrt{(x_{i+1} - x_i)^2 + (y_{i+1} - y_i)^2} \tag{4-2}$$

式中，$L(p)$ 表示路径长度的大小；(x_i, y_i)、(x_{i+1}, y_{i+1}) 分别表示节点 p_i、p_{i+1} 在运动空间中的坐标。

评价指标 2：路径平滑度，即移动机器人沿着生成的路径移动的转向代价。当不考虑移动机器人起始点与目标点的姿态角时，转向代价表示为路径节点连接线段中相邻路径段矢量的方向角差值的绝对值之和，转向代价越小，则路径越平滑。转向代价以弧度值表示，以 2π 为单位，理论公式如下：

$$S(p) = \sum_{i=0}^{n-2} \frac{|\theta_i|}{2\pi} = \sum_{i=0}^{n-2} \frac{\left| \arctan \dfrac{y_{i+2} - y_{i+1}}{x_{i+2} - x_{i+1}} - \arctan \dfrac{y_{i+1} - y_i}{x_{i+1} - x_i} \right|}{2\pi} \quad (4\text{-}3)$$

式中，$S(p)$ 表示为路径平滑度；θ_i 为相邻两条路径段矢量的方向角差值。

评价指标 3：路径安全度，即移动机器人沿着生成的路径移动的安全程度。通常认为路径节点距障碍物的最小距离作为路径安全度的标准，但是对于复杂环境来说，最小障碍物距离并不能充分表示路径安全度。因此，设立移动机器人与障碍物的安全距离 S_d，当路径节点集里的路径节点与障碍物之间的距离小于安全距离 S_d 时，则认为该路径节点具有一定的危险性。以此类推，计算出路径节点集中的所有具有危险性的路径节点数目并作为路径安全度的评价标准。具有危险性的路径节点数越少，则表明路径安全度越高，理论公式如下：

$$N(p) = \sum_{i=0}^{n} k_i$$
$$k_i = \begin{cases} 1; d_i \leqslant S_d \\ 0; d_i > S_d \end{cases} \quad (4\text{-}4)$$

式中，$N(p)$ 表示路径安全度；d_i 表示节点 p_i 与最近障碍物的距离。

评价指标 4：算法规划时长，即避障算法完成路径规划的时间长短。算法运行时长在一定程度上影响着移动机器人避障的实时性，因此需要将此项考虑到路径评价指标中，算法运行时长记为 $T(p)$。

评价一条路径的优劣需要对路径长度、路径平滑度、路径安全度及算法规划时长进行综合评价，单一针对某项指标进行评价存在一定的弊端。本书采用权重分配法建立路径评价函数，将多目标优化问题转化为单目标优化问题，路径评价函数 $E(p)$ 如下：

$$E(p) = w_L \cdot L(p) + w_S \cdot S(p) + w_N \cdot N(p) + w_T \cdot T(p) \quad (4\text{-}5)$$

式中，w_L、w_S、w_N、w_T 分别为路径长度、路径平滑度、路径安全度、算法规划时长的权重系数，根据不同的任务需求分别赋予相应的权重大小。$E(p)$ 值越小表明生成的路径质量越好。

4.2.2　人工势场法局部路径规划

4.2.2.1　人工势场法原理

Khatib 提出的 APF（人工势场法）的基本思想是将移动机器人的运动空间抽象成一种虚拟势场，移动机器人在势场力的驱动下运动。由于虚拟势场类似于静电场，静电场模型是势场模型最常用的描述方法。静电场模型如图 4-3（a）所示，在静电场中放入正电荷，它将受到静电力的作用而沿着电场线运动，且在不受外力的作用下总是从高电势向低电势运动。在虚拟势场中，移动机器人等同于正电荷，周围障碍物对移动机器人产生虚拟斥力，目标点对移动机器人产生虚拟引力，障碍物斥力和目标点引力的矢量和便是移动机器人所受到的合力，合力的大小决定移动机器人的加速度，方向决定移动机器人的航向，移动机器人受力示意图如图 4-3（b）所示。由于 APF 具有规划速度快、计算量小、规划路径较平滑等特点而被广泛应用。

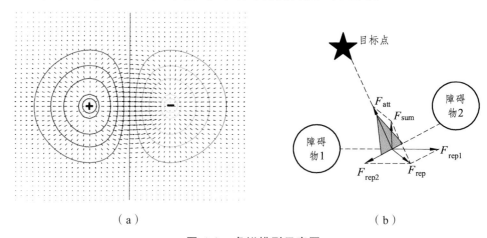

（a）　　　　　　　　　　　　　　　（b）

图 4-3　虚拟模型示意图

4.2.2.2　势场函数

APF 的虚拟势场由两种势场叠加而成，即目标点产生的引力势场和障碍物产生的斥力势场。障碍物所处位置的势能较高，而目标点所处的势能较低，移动机器人从势能高的位置向势能低的位置移动，最终找到一条从起始点到目标点的无碰撞路径。假设移动机器人在二维运动空间的位置矢量表示为 $q(x, y)$，下面给出 APF 的引力势场函数 $U_{att}(q)$ 和斥力势场函数 $U_{rep}(q)$。

$$U_{\text{att}}(\boldsymbol{q}) = \frac{1}{2} K_{\text{att}} \rho^2(\boldsymbol{q}, \boldsymbol{q}_{\text{goal}}) \tag{4-6}$$

$$U_{\text{rep}}(\boldsymbol{q}) = \begin{cases} \frac{1}{2} K_{\text{rep}} \left(\dfrac{1}{\rho(\boldsymbol{q}, \boldsymbol{q}_{\text{obs}})} - \dfrac{1}{\rho_0} \right), \rho(\boldsymbol{q}, \boldsymbol{q}_{\text{obs}}) \leq \rho_0 \\ 0, \rho(\boldsymbol{q}, \boldsymbol{q}_{\text{obs}}) > \rho_0 \end{cases} \tag{4-7}$$

式中，K_{att}、K_{rep} 分别表示引力增益系数和斥力增益系数；$\boldsymbol{q}_{\text{goal}}$、$\boldsymbol{q}_{\text{obs}}$ 分别表示目标点位置和障碍物位置；$\rho(\boldsymbol{q}, \boldsymbol{q}_{\text{goal}})$、$\rho(\boldsymbol{q}, \boldsymbol{q}_{\text{obs}})$ 分别表示移动机器人与目标点和移动机器人与障碍物之间的欧几里得距离；ρ_0 为障碍物的影响距离，超出这个影响距离，移动机器人将不再受障碍物的虚拟斥力作用。以上只是考虑单个障碍物的影响，当运动空间存在 n 个障碍物的情况时，采用势场叠加的方式计算运动空间的总势场，合成势场函数 $U_{\text{sum}}(q)$ 如下：

$$U_{\text{sum}}(\boldsymbol{q}) = U_{\text{att}}(\boldsymbol{q}) + \sum_{i=1}^{n} U_{\text{rep}}(\boldsymbol{q}_i) \tag{4-8}$$

由式（4-6）可知，引力势能的大小随着移动机器人与目标点距离的缩短而减小，当移动机器人距离目标点越远，移动机器人所处位置的引力势能就越大。由式（4-7）和式（4-8）可知，当移动机器人进入障碍物影响距离之内时才会受到虚拟斥力的作用，并且斥力势能的大小随着移动机器人与障碍物距离的缩短而增大，从而使得移动机器人不会碰撞到障碍物。由于起始点势能较高，目标点处势能最低，则移动机器人将会从高势能点（即起始点）向低势能点（即目标点）运动。

通过引力势场函数、斥力势场函数以及合力势场函数可以得到运动空间中的势能分布如图 4-4 所示。图（a）表示运动空间，标注了障碍物 1、障碍物 2 以及起始点和目标点位置。图（b）表示引力势场的势能分布，由子图（b）可知，引力势能随着与目标点距离变化呈渐变型，距离目标点越近引力势能越小。图（c）表示斥力势场的势能分布，由图（c）可知，障碍物所处位置的势能最大，以障碍物为中心向周围呈渐变趋势减小，即越靠近障碍物势能越大。图（d）表示运动空间引力势场和斥力势场的叠加势能分布，从起始点位置至目标点位置势能逐渐减小。正是依靠这种类似静电场模型的优势，移动机器人利用势能下降原理避开障碍物从势能最高处向势能最低处运动。

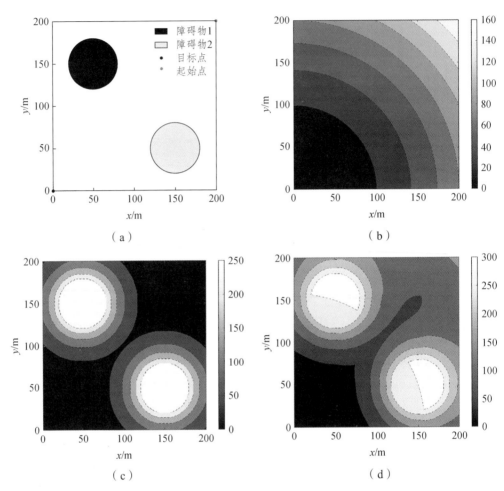

图 4-4 势能分布示意图

4.2.2.3 力场函数

APF 是通过虚拟力作用在移动机器人上来决定其运动方向和运动速度。一般对引力势场和斥力势场的求负梯度就能得到移动机器人所受到的引力和斥力，采用梯度法求解力场函数，对式（4-6）和式（4-7）求负梯度得到引力场函数 $F_{att}(q)$ 和斥力场函数 $F_{rep}(q)$。

$$F_{att}(q) = -\nabla[U_{att}(q)] = -K_{att}\rho(q,q_{goal}) \qquad (4-9)$$

式中，负号表示方向，即引力由移动机器人指向目标点。

$$F_{\text{rep}}(\boldsymbol{q}) = -\nabla[U_{\text{rep}}(\boldsymbol{q})] = \begin{cases} \dfrac{K_{\text{rep}}}{\rho^2(\boldsymbol{q}, \boldsymbol{q}_{\text{obs}})} \left(\dfrac{1}{\rho(\boldsymbol{q}, \boldsymbol{q}_{\text{obs}})} - \dfrac{1}{\rho_0} \right), \rho(\boldsymbol{q}, \boldsymbol{q}_{obs}) \leqslant \rho_0 \\ 0, \rho(\boldsymbol{q}, \boldsymbol{q}_{obs}) > \rho_0 \end{cases} \quad (4\text{-}10)$$

式中，斥力方向由障碍物指向移动机器人。由式（4-9）可以看出，移动机器人受到的引力 $\boldsymbol{F}_{\text{att}}(\boldsymbol{q})$ 与移动机器人和目标点的距离有关，当移动机器人距离目标点越远，所受引力越大，这样才能保证从起始点开始移动机器人就会朝着目标点方向运动。当移动机器人靠近目标点时，移动机器人所受到的引力逐渐减小。由式（4-10）可知，移动机器人受到的斥力 $\boldsymbol{F}_{\text{rep}}(\boldsymbol{q})$ 与移动机器人和障碍物的距离有关，在障碍物影响范围之外，移动机器人不受斥力作用；在障碍物影响范围之内，移动机器人越靠近障碍物所受到的斥力就越大，这样就尽可能地减小移动机器人与障碍物碰撞的概率。以上只是考虑单个障碍物的影响，当运动空间存在 n 个障碍物的情况时，采用矢量合成法计算移动机器人所受到的合力，合力函数 $\boldsymbol{F}_{\text{sum}}(\boldsymbol{q})$ 如下：

$$F_{\text{sum}}(\boldsymbol{q}) = F_{\text{att}}(\boldsymbol{q}) + \sum_{i=1}^{n} F_{\text{rep}}(\boldsymbol{q}_i) \quad (4\text{-}11)$$

通过式（4-9）、式（4-10）和式（4-11）可以计算出目标点和障碍物对移动机器人产生合力的大小，引力的方向由移动机器人指向目标点，斥力的方向由障碍物指向移动机器人。下面分别计算引力和斥力与运动空间坐标系的方向夹角并推导移动机器人所受合力分别在运动空间坐标系 X 轴和 Y 轴上的分量。

$$\theta_{\text{att}}(\boldsymbol{q}) = \arcsin\left[\frac{q(y) - q_{\text{goal}}(y)}{\rho(\boldsymbol{q}, \boldsymbol{q}_{\text{goal}})} \right] \quad (4\text{-}12)$$

$$\theta_{\text{rep}}(\boldsymbol{q}) = \arcsin\left[\frac{q(y) - q_{\text{obs}}(y)}{\rho(\boldsymbol{q}, \boldsymbol{q}_{\text{obs}})} \right] \quad (4\text{-}13)$$

$$F_x(\boldsymbol{q}) = F_{\text{att}}(\boldsymbol{q})\cos\theta_{\text{att}}(\boldsymbol{q}) + \sum_{i=1}^{n} F_{\text{rep}}(\boldsymbol{q}_i)\cos\theta_{\text{rep}}(\boldsymbol{q}) \quad (4\text{-}14)$$

$$F_y(\boldsymbol{q}) = F_{\text{att}}(\boldsymbol{q})\sin\theta_{\text{att}}(\boldsymbol{q}) + \sum_{i=1}^{n} F_{\text{rep}}(\boldsymbol{q}_i)\sin\theta_{\text{rep}}(\boldsymbol{q}) \quad (4\text{-}15)$$

式（4-12）和式（4-13）中，$\theta_{\text{att}}(\boldsymbol{q})$、$\theta_{\text{rep}}(\boldsymbol{q})$ 分别表示引力、斥力与运动空间坐标系 X 轴的夹角；$q(y)$、$q_{\text{goal}}(y)$、$q_{\text{obs}}(y)$ 分别表示移动机器人当前位置、目标点位置以及障碍物位置的纵坐标值。式（4-14）和式（4-15）中，$F_x(\boldsymbol{q})$、$F_y(\boldsymbol{q})$ 分别表示移动机器人所受合力在运动空间坐标系 X 轴和 Y 轴上的分量。

综上所述，由式（4-8）和式（4-15）知，APF 本质上是把运动空间中障碍物的分布、具体位置和几何形状等信息，与虚拟势场中每一点的势能值一一对应。在整个势场中，引力势场的作用随着移动机器人与目标点的远离而迅速增大，并在目标位置处引力场最小，而斥力势场的作用随着移动机器人与障碍物的逐渐靠近而迅速增大，并且接近障碍物边缘的点对应的斥力势场最大，斥力就最大。如此一来，既可加强移动机器人对目标点的跟踪，又避免了移动机器人与障碍物的碰撞。

4.2.2.4　人工势场法的缺陷

通过对 APF 进行理论分析可知，APF 确实可以进行路径规划，但在面对复杂障碍物环境时存在着一些缺陷，如障碍物距离目标点过近导致目标不可达、距离目标点过远而引力较大导致避障不及时、势场中存在合力为零的位置导致极易发生局部极小值情况。以下将对 APF 存在的不足进行分析。

1．目标不可达

当目标点附近存在障碍物时，移动机器人在靠近目标点的过程中所受到的引力作用在逐渐减小而目标点附近的障碍物斥力作用在逐渐增大，当移动机器人所受到的斥力作用大于引力作用时，移动机器人会偏离目标点。当偏离目标点较远时，移动机器人所受到的引力大于斥力，故移动机器人又会向目标点运动。如此往复，便会导致移动机器人在目标点附近转圈或者振荡，这种情况称为目标不可达。目标不可达情况下移动机器人的受力分析如图 4-5 所示。

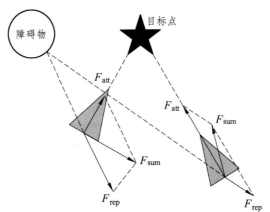

图 4-5　移动机器人受力分析

２．局部极小值

在运动空间中同时存在引力势场和斥力势场，因此在运动空间中可能存在除目标点外的多个势能零点，这些势能零点被称为局部极小值点。当移动机器人在势场中运动时极易陷入局部极小值点，陷入局部极小值点的移动机器人由于所受合力为零，会停止运动或者在点附近来回振荡，无法脱离，如图4-6所示。

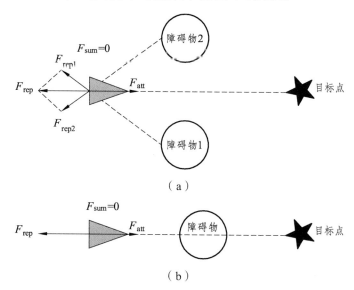

（a）

（b）

图 4-6　局部极小值情况示意图

由图 4-6 可知，当移动机器人、障碍物以及目标点位于同一直线上时，移动机器人所受目标点引力和所受障碍物斥力大小相等、方向相反，移动机器人因此所受合力为零，移动机器人陷入局部极小值点则默认为局部路径规划失败。由于本节采用的探测障碍物模型从多个方向进行搜索并对搜索区域进行划分处理，使得移动机器人在运动过程中可能会受到多个区域内的斥力作用，因此可以有效降低移动机器人陷入局部极小值点的概率，但并不能从根本上解决移动机器人无法逃离局部极小值问题。

4.2.2.5　改进人工势场法

前面介绍了 APF 存在着目标不可达和极易陷入局部极小值的缺陷。因此，后面将针对 APF 存在的缺陷进行改进处理，通过修改势场函数模型以及建立斥力偏转模型进行解决。

1．修正势场函数

通过对引力势场函数式（4-6）和引力函数式（4-9）分析可知，当移动机器人距离目标点较远时，移动机器人所受引力较大，由于移动机器人受自身运动特性约束，可能会导致避障不及时而撞向障碍物。因此，针对移动机器人距目标点较远引力过大问题，对式（4-6）进行改进。

$$U_{att}(\boldsymbol{q}) = \begin{cases} \dfrac{1}{2}K_{att}\rho^2(\boldsymbol{q},\boldsymbol{q}_{goal}), \rho(\boldsymbol{q},\boldsymbol{q}_{goal}) \leqslant \eta_0 \\ K_{att}[2\eta_0\rho(\boldsymbol{q},\boldsymbol{q}_{goal}) - \eta_0^2], \rho(\boldsymbol{q},\boldsymbol{q}_{goal}) > \eta_0 \end{cases} \quad (4\text{-}16)$$

式中，η_0 为正常数，在移动机器人距离目标点较远时，起削弱目标引力势的作用。由式（4-16）可推导出引力函数式。

$$\boldsymbol{F}_{att}(\boldsymbol{q}) = \begin{cases} -K_{att}\rho(\boldsymbol{q},\boldsymbol{q}_{goal}), \rho(\boldsymbol{q},\boldsymbol{q}_{goal}) \leqslant \eta_0 \\ -2K_{att}\eta_0, \rho(\boldsymbol{q},\boldsymbol{q}_{goal}) > \eta_0 \end{cases} \quad (4\text{-}17)$$

由式（4-17）可知，当移动机器人与目标点距离大于 η_0 时，其所受引力为常值，因此避免了由于引力过大导致避障不及时而碰撞障碍物的情况。

以上是针对引力势场函数进行的改进，下面将针对目标不可达问题对斥力势场函数进行修正，对于移动机器人在靠近存在障碍物的目标点的过程中所受障碍物斥力作用影响较大的问题，需要削弱目标点附近障碍物的斥力作用而不影响其他障碍物的斥力作用。因此，本书在式（4-7）即斥力势场函数中引入关于目标距离的高斯函数，使移动机器人在靠近目标点的过程中引力和斥力同时逐渐减小，以此来解决目标不可达问题。修正后的斥力势场函数如式（4-19）所示，并根据式（4-19）推导斥力函数方程式。

$$G(\boldsymbol{q}) = e^{-\left[\frac{\rho(\boldsymbol{q},\boldsymbol{q}_{goal})}{a}\right]^2} \quad (4\text{-}18)$$

$$U_{rep}(\boldsymbol{q}) = \begin{cases} \dfrac{1}{2}K_{rep}\left[\dfrac{1}{\rho(\boldsymbol{q},\boldsymbol{q}_{obs})} - \dfrac{1}{\rho_0}\right]^2 \cdot [1 - G(\boldsymbol{q})], \rho(\boldsymbol{q},\boldsymbol{q}_{obs}) \leqslant \rho_0 \\ 0, \rho(\boldsymbol{q},\boldsymbol{q}_{obs}) > \rho_0 \end{cases} \quad (4\text{-}19)$$

$$F_{rep}(\boldsymbol{q}) = \begin{cases} \dfrac{k_{rep}}{\rho^2(\boldsymbol{q},\boldsymbol{q}_{obs})}\left[\dfrac{1}{\rho(\boldsymbol{q},\boldsymbol{q}_{obs})} - \dfrac{1}{\rho_0}\right] \cdot [1 - G(\boldsymbol{q})] \\[4mm] -K_{rep}\left(\dfrac{1}{\rho(\boldsymbol{q},\boldsymbol{q}_{obs})} - \dfrac{1}{\rho_0}\right)^2 \dfrac{\rho(\boldsymbol{q},\boldsymbol{q}_{goal})}{a} \cdot G(\boldsymbol{q}), \rho(\boldsymbol{q},\boldsymbol{q}_{obs}) \leqslant \rho_0 \\[4mm] 0, \rho(\boldsymbol{q},\boldsymbol{q}_{obs}) > \rho_0 \end{cases} \quad (4\text{-}20)$$

式（4-18）中，a 为正常数，决定高斯函数的影响范围。

2．斥力偏转模型

针对移动机器人极易陷入局部极小值的情况，最好的解决办法就是在移动机器人上施加一个逃逸力，使其迅速逃离局部极小值点，但是该方法需要在判断移动机器人陷入局部极小值后再去采取措施，具有一定的滞后性。因此，本书建立斥力偏转模型并引入振荡函数进行预测，使移动机器人受力减小至一定程度时逐渐改变移动机器人的斥力方向，使其偏离原来的运动方向，避免陷入局部极小值点，并且对避障时路径的平滑度有一定的改善作用。

首先，给出振荡函数模型：

$$S(\boldsymbol{q}) = \frac{\arctan\left[\dfrac{1}{\alpha F_{sum}(\boldsymbol{q})}\right]^2}{\dfrac{\pi}{2}} \quad (4\text{-}21)$$

式中，$S(\boldsymbol{q})$ 为振荡函数。α 为正常数，用于调整振荡函数的变化趋势。

当移动机器人所受合力 $F_{sum}(\boldsymbol{q})$ 趋近于 0 时，$S(\boldsymbol{q})$ 趋近于 1，即移动机器人所受合力越小所得到的振荡函数值越大。移动机器人靠近局部极小值点时，其所受合力大小必将趋近于 0，因此通过振荡函数来预测局部极小值点，当移动机器人距离局部极小值点越近，振荡函数值就越大，产生的效果就越大。

其次，建立斥力偏转模型，将振荡函数和旋转矩阵相结合，通过合力的大小来确定振荡函数值，并以振荡函数值来确定斥力偏转角度大小。斥力偏转模型构建如下：

$$F_{spin}(\boldsymbol{q}) = \begin{bmatrix} \cos(\theta \cdot S(\boldsymbol{q})) & \sin(\theta \cdot S(\boldsymbol{q})) \\ -\sin(\theta \cdot S(\boldsymbol{q})) & \cos(\theta \cdot S(\boldsymbol{q})) \end{bmatrix} \cdot F_{rep}(\boldsymbol{q}) \quad (4\text{-}22)$$

式中，$F_{spin}(\boldsymbol{q})$ 是一个 2×2 的二维矩阵；θ 为顺时针旋转角度，设置为 $\pi/2$。

斥力偏转模型主要是通过预测移动机器人所受合力的大小来控制振荡函数的数值，通过振荡函数来调控斥力偏转模型中旋转矩阵的旋转角度，当移动机器人所受合力逐渐减小低于阈值时，振荡函数值会逐渐增大，进而使得斥力偏转的角度逐渐增大。这样不仅可以使移动机器人能够远离局部极小值点，还有一定的预测效果，在移动机器人斥力减小的同时，斥力偏转模型已经开始发挥作用，提前做出运动方向改变，斥力偏转模型作用效果如图 4-7 所示。

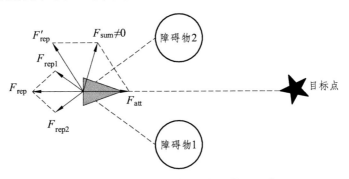

图 4-7　引入斥力偏转模型前后效果示意图

由图 4-7 可知，当移动机器人靠近局部极小值点位置时，在斥力偏转模型的作用下，移动机器人的斥力方向会偏转一定的角度使得移动机器人所受合力方向和大小发生变化，因此可以改变移动机器人的航向和加速度方向使得移动机器人逃离"局部陷阱"。故移动机器人不会因为陷入局部极小值而产生振荡或者路径规划失败的情况，斥力逆时针偏转产生新的合力方向，并逃离局部极小值点重新进行路径规划，能够更快到达目标点。

4.2.3　动态窗口法

4.2.3.1　动态窗口法原理

DWA 是在曲率速度法（Curvature Velocity Method ，CVM）的基础上提出的，该方法根据移动机器人的位置和速度的对应关系，将移动机器人的位置控制转化为速度控制。DWA 将避障问题描述为速度空间带约束的优化问题，其中包含两类约束：其一，移动机器人的速度和加速度约束；其二，运动环境和障碍物约束。

DWA 的核心思想是根据移动机器人自身的运动特性约束以及障碍物的安全距离

等约束形成一个可达的线速度 v 和角速度 w 的速度空间。在单位时间内对速度空间进行采样，采样多组线速度和角速度即 (v, w)，以下均简称为速度，并根据移动机器人运动学模型模拟每组速度在一定时间内的运动轨迹。一组速度唯一确定一条弧线轨迹，且弧线轨迹半径 R_i 与行为向量满足：

$$R_i = \frac{v_i}{w_i} \qquad (4\text{-}23)$$

式中，当 $w_i \neq 0$ 时，$R_i < \infty$，此时为弧线轨迹；当 $w_i - 0$ 时，$R_i - \bullet\bullet$，此时为直线轨迹。通过轨迹评价函数来得到速度空间里的最优速度控制指令，控制移动机器人每个时刻的速度。该算法充分考虑到移动机器人的运动特性、环境约束以及当前速度等因素，实现了优化与反馈的合理结合，对未知环境具有良好的适应性。

4.2.3.2　速度空间

速度空间由多组可达的速度 (v, w) 组成，移动机器人的速度指令就是从速度空间中搜索产生。在二维空间中存在无穷多组速度 (v, w)，但可根据移动机器人自身限制以及环境因素的限制对速度空间进行约束。速度空间受到移动机器人自身的运动特性约束、最大速度和最小速度约束以及安全约束，以下将分别进行介绍。

1．最大最小速度约束

移动机器人速度约束包括线速度大小 v 和角速度大小 w。根据移动机器人受自身最大速度和最小速度的限制，最大速度空间表示为 v_m。

$$v_m = \{v \in [0, v_{max}], w \in [-w_{max}, w_{max}]\} \qquad (4\text{-}24)$$

式中，v_{max}、w_{max} 分别表示移动机器人所能达到的最大线速度和最大角速度。

2．运动特性约束

考虑移动机器人自身机的动性，移动机器人受驱动力的限制，故速度空间受到线加速度和角加速度的约束。给定当前线速度大小 v_c、当前角速度大小 w_c 以及时间间隔 Δt，下一时刻移动机器人所能达到的速度空间表示为 v_d。

$$v_d = \left\{ (v, w) \,\middle|\, \begin{array}{l} v \in [v_c - a_m \Delta t, v_c + a_m \Delta t] \\ w \in [w_c - \alpha_m \Delta t, w_c + \alpha_m \Delta t] \end{array} \right\} \qquad (4\text{-}25)$$

式中，a_m、α_m 分别表示移动机器人最大线加速度和最大角加速度。

3．安全约束

为了能够保证移动机器人在碰到障碍物前能够停下来，从安全性考虑，在最大加速度条件下，不发生碰撞的允许速度为 v_d。

$$v_a = \left\{ (v,w) \,\middle|\, \begin{array}{l} v \leqslant \sqrt{2 \cdot \mathrm{dist}(v,w) \cdot a_m} \\ w \leqslant \sqrt{2 \cdot \mathrm{dist}(v,w) \cdot \alpha_m} \end{array} \right\} \tag{4-26}$$

式中，$\mathrm{dist}(v,w)$ 表示为当前速度所模拟的轨迹末端位置与障碍物最近的距离。

综合以上考虑，由上述 3 个速度约束构成的交集作为最终的速度空间，用 v_s 表示速度空间。

$$v_s = v_m \bigcap v_d \bigcap v_a \tag{4-27}$$

采样速度下的模拟轨迹如图 4-8 所示。

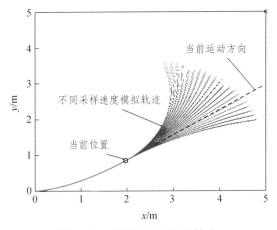

图 4-8　采样速度的模拟轨迹

可以看出，带约束的速度空间所模拟出的轨迹呈现弧线和直线形状，通过轨迹评价函数对各个速度所模拟出的轨迹进行评价，选出最为合适的轨迹对应的速度指令作为下一时刻移动机器人的速度控制指令。

4.2.3.3　轨迹评价函数

带约束的速度空间内有多组采样速度是可行的，如何选择下一时刻的速度指令，需要对其相对应的模拟轨迹进行评估。设计轨迹评价函数来选取最优轨迹对应的速度指令。评价函数的设计准则是在局部避障过程中，使移动机器人尽量避开障碍物，朝着目标点快速前进。设计的评价函数为

$$G(v,w) = \alpha \cdot \text{head}(v,w) + \beta \cdot \text{dist}(v,w) + \gamma \cdot \text{vel}(v,w) \tag{4-28}$$

$$\alpha + \beta + \gamma = 1 \tag{4-29}$$

$$v_{\text{cmd}} = \{(v,w) \in \max G(v,w)\} \tag{4-30}$$

式（4-28）中，$\text{head}(v,w)$ 是方向角评价函数，表示在当前速度下，模拟轨迹终点方向与目标之间的方向角偏差；$\text{dist}(v,w)$ 是距离评价函数，表示速度对应轨迹上离障碍物的最近距离；$\text{vel}(v,w)$ 是当前速度大小的评价函数。式（4-29）中，α、β、γ 是 3 个评价函数的权重。式（4-30）表示评价函数取得最大值所对应的速度 (v,w) 即为下一时刻的速度指令。以下将分别介绍方向角评价函数、距离评价函数以及速度评价函数的定义。

评价项 1：方向角评价函数。方向角评价函数 $\text{head}(v,w)$ 是评价移动机器人在选定采样速度指令的驱动下，模拟一个周期内移动机器人运动轨迹末端的方向角和目标方向角的角度差 θ。

选择方向角评价函数是为了让移动机器人能够朝着目标点的方向运动，计算公式为

$$\text{head}(v,w) = \pi - \theta \tag{4-31}$$

式中，由于移动机器人的预测位置随着速度变化，评价函数 $\text{head}(v,w)$ 也随着速度发生变化。方向角差值 θ 越大，方向角评价函数 $\text{head}(v,w)$ 的值会越小。

评价项 2：距离评价函数，距离评价函数 $\text{dist}(v,w)$ 表示在一段模拟轨迹上移动机器人与障碍物之间的最小距离。障碍物距大小由探测障碍物模型获取，距离越小，移动机器人与障碍物碰撞的概率越大。距离评价函数 $\text{dist}(v,w)$ 的值越大，则当前选定的速度指令在模拟周期内产生的模拟轨迹越可靠，当前方探测范围内没有障碍物时，将 $\text{dist}(v,w)$ 的值设置为常数，选择距离评价函数是为了保证移动机器人在运动过程中避开障碍物。

评价项 3：速度评价函数。速度评价函数 $\text{vel}(v,w)$ 表示移动机器人的前进速度的大小，用于评估移动机器人向目标点行进过程中的前进速度，通常希望在障碍物比较稀

疏的区域移动机器人能够以更快的速度到达目标点，减小运行时间。

评价函数 $G(v,w)$ 中的三个评价项缺一不可，若仅仅最大化距离和速度这两个评价函数，移动机器人会进入一个自由空间但不会向目标点移动。若最大化方向角，移动机器人在行进过程中很快会被遇到的障碍物阻拦，无法绕过障碍物。由于评价函数的量级不统一，评价函数中的三个评价值不能进行简单求和，而需要通过归一化处理后再进行计算，归一化的目的是防止其中某项值占比过高，归一化公式为

$$\text{norm\_head}(v_i, w_i) = \frac{\text{head}(v_i, w_i)}{\sum\limits_{i=1}^{n} \text{head}(v_i, w_i)} \qquad (4\text{-}32)$$

$$\text{norm\_dist}(v_i, w_i) = \frac{\text{dist}(v_i, w_i)}{\sum\limits_{i=1}^{n} \text{dist}(v_i, w_i)} \qquad (4\text{-}33)$$

$$\text{norm\_vel}(v_i, w_i) = \frac{\text{vel}(v_i, w_i)}{\sum\limits_{i=1}^{n} \text{vel}(v_i, w_i)} \qquad (4\text{-}34)$$

式中，n 表示一个模拟周期内的所有采样轨迹，i 表示当前待评价的采样轨迹。

4.2.3.4　动态窗口法的缺陷

DWA 由于考虑到移动机器人的运动特性约束以及障碍物环境约束，其能够确保在未知环境中不与任何障碍物发生碰撞的情况下自主地朝着目标点运动。但是 DWA 也存在着一些理论上的不足，首先对于轨迹评价函数的方向角评价项来说，当移动机器人距离障碍物较近时，其避障角度受到移动机器人航向角与目标方向角差值的约束，避障路径可能会出现振荡。另外，DWA 通过轨迹评价函数 $G(v,w)$ 选取速度空间里的最优速度指令，进而实现自主导航。Fox 认为 $\alpha = 0.1$、$\beta = 0.8$、$\gamma = 0.1$ 的权重组合能够给算法带来较好的效果，但是评价函数 $G(v,w)$ 的各部分权重 α、β、γ 直接影响最优速度指令的选取，而 DWA 通常采用单一的评价权重，在移动机器人面临复杂环境下的障碍物时难以做出最优的路径规划，甚至出现避障失败的情况。

1. 避障路径不平滑

在移动机器人靠近目标点的过程中，如果存在障碍物阻挡移动机器人前进的方向，

移动机器人自然会进行避障操作，但是在避障过程中会导致评价项中的移动机器人航向角与目标点的方向角的差值增大，此时的速度指令选择在进行避障以增大与障碍物之间的距离还是减小方向角差值上存在分歧，因此导致避障路径振荡的情况发生。

根据理论分析发现，移动机器人在避障过程中受到两个作用：一是避障距离，在遇到障碍物时移动机器人要增大与障碍物的安全距离使其远离障碍物；二是方向角差值，移动机器人在运动过程中始终要保持方向角差值较小的状态。由于两个评价项具有一定的分歧，所以导致避障路径不平滑。另外，在移动机器人离目标点较近时，移动机器人的航向与目标的夹角 θ 有逐渐增大的趋势，在方位角评价函数 head(v, w) 的作用下，移动机器人会增大自身的角速度 w 使夹角 θ 减小，但移动机器人的运动会不平稳，甚至出现振荡。

2．复杂环境适应力差

DWA 的速度控制指令的选取与评价函数的各部分权重有很大关系，而单一的评价函数权重对于简单环境下的障碍物避障可能具备较好的效果，但是并不能说明其具备通用性，在保证避障成功的条件下也要尽可能地优化避障路径。因此，单一的权重找到的路径并不理想，需要对轨迹评价函数的权重进行实时调整。

Fox 认为 $\alpha = 0.1$、$\beta = 0.8$、$\gamma = 0.1$ 的权重组合能够给算法带来较好的效果，在这种权重组合下，移动机器人在运动过程中有较大的自由空间去绕开障碍物，但是可能导致移动机器人不会通过由两个障碍物构成的自由空间而从其边缘绕开障碍物使得路径长度增加。而改变权重使 $\alpha = 0.8$、$\beta = 0.1$ 时，移动机器人能够穿过狭窄的通道，但是由于避障权重的减小可能使得移动机器人不能绕过障碍物而导致避障失败。总之，较大的 α 和较小的 β 值设定能够使得移动机器人通过狭窄的航道，而较大的 β 和较小的 α 值更适合障碍物集中的港口，但没有任何一组权重可以在任何环境下通用，固定的权重会严重影响 DWA 的避障效果。

4.2.3.5 改进动态窗口法

对于以上问题，本书引入目标距离的导数替换方向角评价项，改善移动机器人在避障时出现的振荡情况，根据障碍物探测模型获取的障碍物分布信息作为模糊逻辑控制器的输入来动态调控轨迹评价函数各部分的权重大小，以提高算法的环境适应能力。

1．优化评价项

针对 DWA 避障路径不平滑的缺陷，对原方向角评价项进行替换，引入目标距离的导数来替代方位角改进后的轨迹评价函数如下：

$$G(v,w) = \alpha \cdot \mathrm{gdist}(v,w) + \beta \cdot \mathrm{odist}(v,w) + \gamma \cdot \mathrm{vel}(v,w) \qquad (4\text{-}35)$$

$$\mathrm{gdist}(v,w) = \rho'_{\mathrm{goal}} = \frac{1}{2\sqrt{(x_c - x_g)^2 + (y_c - y_g)^2}} \qquad (4\text{-}36)$$

式（4-35）中，$\mathrm{gdist}(v,w)$ 表示速度 (v,w) 对应的模拟轨迹末端与目标点距离的导数；$\mathrm{odist}(v,w)$ 表示速度 (v,w) 对应的模拟轨迹末端与最近障碍物的距离。式（4-36）中，(x_c,y_c)、(x_g,y_g) 分别表示移动机器人当前位置坐标和目标点坐标。由式（4-36）可以看出，目标距离的导数值随着移动机器人与目标点距离的减小而增大，当移动机器人距离目标点较远时，其所占比重值较小，评价函数将以避障和速度为优化目标，当移动机器人距离目标点较近时，其所占比重开始增大，评价函数将以靠近目标点和避障为优化目标，因此解决了避障过程中路径不平滑的缺陷。

2．融合模糊控制算法

通常情况下路径规划中障碍物环境相对复杂，移动机器人要顺利完成各种环境下的避障任务，就需要具备相当的灵活性。如果轨迹评价函数 $G(v,w)$ 中的各部分权重系数 α、β、γ 保持恒定不变，那么 DWA 对于复杂环境的适应能力就会变差。因此，需要对各个权重进行动态调控。

移动机器人在复杂多变的环境中无法建立精确的数学模型，而模糊逻辑控制系统是基于规则的控制算法，在设计的过程中不需要建立准确的数学模型，仅根据语言控制就可以模拟人类思维。并且模糊逻辑控制算法具有处理不确定信息的优点，模糊逻辑"模糊"比"清晰"所拥有的信息容量更大，内涵更丰富，更符合客观世界。模糊逻辑控制器包含 5 个主要部分，即定义变量、模糊化、知识库、逻辑判断和反模糊化。

定义变量就是指定义控制系统的输入、输出语言变量。模糊化是将输入值以适当的比例转换到论域的数值，利用口语化变量来描述测量物理量的过程，根据适合的语言值求该值对应的隶属度。知识库包括数据库和规则库，其中数据库提供处理模糊数据的相关定义，而规则库则借一群语言控制规则描述控制目标和策略。逻辑判断是模仿人类下判断时的模糊概念，运用模糊逻辑控制和模糊推论法进行推论，得到模糊逻辑控制信号。解模糊化将推论所得到的模糊值转化为明确的控制信号作为系统的输入值。

4.2.4 RTT 算法

快速扩展随机树（rapidly exploring random tree，RTT）路径规划算法，通过对状态空间中的采样点进行碰撞检测，避免了对空间的建模，能够有效地解决高维空间和复杂约束的路径规划问题。该方法的特点是能够快速有效地搜索高维空间，通过状态空间的随机采样点，把搜索导向空白区域，从而寻找到一条从起始点到目标点的路径规划，适合解决复杂环境下和动态环境中的路径规划问题。

4.2.4.1 RTT 算法思想

RTT 算法是一种基于采样的规划算法，是概率完备且不最优的。RTT 算法的思想是快速扩张一组像树一样的路径以探索空间的大部分区域，伺机寻找可行的路径。

RTT 算法的优点是搜寻快速，缺点是难以在空间包含大量障碍物或狭窄通道的环境中找到路径。并且由于随机采样引入的随机性，无法对规划结果进行预判，每次规划结果不一样，使得移动机器人无法在追求极端算法稳定性的场景中使用。

4.2.4.2 RTT 算法步骤

（1）二维和三维空间中，环境包含静态障碍物、初始化快速随机搜索树 T，只包含根节点，即初始状态 S。

（2）在自由空间中随机选取一个状态点，遍历当前的快速搜索树 T，找到 T 上距离 X_{rand} 最近的节点 X_{near}，考虑到机器人的动力学约束，从控制输入集 U 中选择输入 $u \in U$，从状态 X_{near} 开始作用，经过一个控制周期 dt 到达新的状态 X_{new}。满足 X_{new} 和 X_{rand} 的控制输入 u 为最佳控制 量，将新的状态 X_{new} 添加到快速随机搜索树 T 中。

（3）按照上述方法不断产生新的状态，直到到达目标状态 G。

（4）完成搜索树构建后，从目标点开始，逐次找到父节点直到初始状态，如图 4-9 和图 4-10 所示。

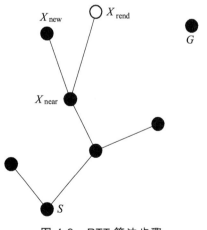

图 4-9 RTT 算法步骤

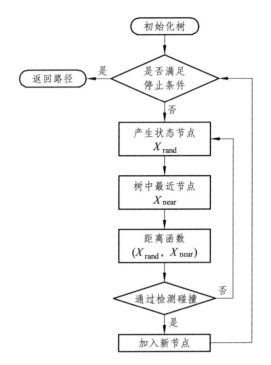

图 4-10　RTT 算法流程图

　　随机点一般为均匀分布，所以没有障碍物时，树会近似均匀向各方向生长，这样可以快速探索空间。

4.3　多任务点路径规划

　　机器人得到整个栅格地图的各个观测点位最短距离后，便是需要解决任务规划问题和旅行商问题，此种问题属于 NP 完全问题（NP-Complete），所以旅行商问题大多集中在启发式解法中。可以将旅行商问题的启发式解法分成以下几种。

4.3.1　途程建构法

　　算法的核心是从距离矩阵中产生一个近似最佳解的途径，有以下几种解法：

　　近邻点法：一开始以寻找离场站最近的需求点为起始路线的第一个顾客，此后寻找离最后加入路线的顾客最近的需求点，直到最后。

节省法：以服务每一个节点为起始解，根据三角不等式两边之和大于第三边的性质，其起始状况为每服务一个顾客后便回场站，而后计算路线间合并节省量，将节省量以降序排序而依次合并路线，直到最后。

插入法：如插入法、最省插入法、随意插入法、最远插入法、最大角度插入法等。

4.3.2 途程改善法

先给定一个可行途程，然后进行改善，直到不能改善为止。有以下几种解法：

K-Opt（2/3-Opt）：把尚未加入路径的 K 条节线暂时取代如今路径中 K 条节线，并计算其成本（或距离），如果成本降低（距离减少），则取代之，直到无法改善为止（K 通常为 2 或 3）。

Or-Opt：在相同路径上相邻的需求点，将它和本身或其他路径交换且仍保持路径的方向性。

4.3.3 合成启发法

先由途程建构法产生起始途程，然后再使用途程改善法去寻求最佳解，又称为两段解法。有以下几种解法：

起始解求解+2-Opt：以途程建构法建立一个起始的解，再用 2-Opt 的方式改善途程，直到不能改善为止。

起始解求解+3-Opt：以途程建构法建立一个起始的解，再用 3-Opt 的方式改善途程，直到不能改善为止。

针对智能算法中的遗传算法进行旅行商问题优化，对其在 TSP 问题求解应用上加以改进，加强其寻优能力。改进的遗传算法在种群规模较小的情况下具有更可靠的寻优能力，选择遗传算法作为路径寻优问题的优化方法。

4.3.4 遗传算法

遗传算法是以适应度为依据的逐代搜索过程，主要由编码机制、控制参数、适应度函数和遗传算子 4 部分组成。简单遗传算法求解 TSP 问题的主要计算过程如下：

（1）确定编码机制，生成初始种群。解决 TSP 问题通常采用城市序号对路径进行编码，按照访问城市的顺序排列组成编码。

（2）计算种群中每个个体的适应度值。TSP 求解是要寻找使目标函数最小的个体，因此选择适应度函数 fitness(i) = D / $f(R_i)$。设置常数 D，防止路径值过大而导致适应度函数倒数接近于 0。可以看出，巡游路径越小，适应度值越大。

（3）选择算子。通常采用精英个体保存策略和赌轮选择算子，即适应度最高的个体一定被选择。计算每个个体在整个种群适应度中的被选择概率和累计概率。通过随机数 r 所在的区间范围选择遗传个体。

（4）交叉算子。由交叉概率 p_c 选择若干父体并进行配对，按照交叉算法的规则生成新个体，常用的规范方法有单点交叉、部分映射交叉、循环交叉等。

（5）变异算子。为保持种群个体的多样性，防止陷入局部最优，需要按照某一变异概率 p_m 随机确定变异个体，并实行相应变异操作，通常采用逆序变异算子。

（6）迭代终止条件。若满足预定的终止条件（达到最大迭代次数），则停止迭代，所得的路径认为是满意的路径；否则，转至步骤（2）计算新一代种群中每个个体的适应度值。简单遗传算法往往存在收敛速度慢、易陷入局部最优和优化精度低等明显不足。如何在提高算法收敛速度的同时确保种群多样性，使寻优结果接近最优解是项目应用遗传算法的改进目标。

简单遗传算法通过随机方法生成初始种群，初始种群个体适应度较低，在一定程度上会制约算法的收敛速度。采用贪婪算法对初始个体进行优化，利用贪婪算法局部寻优的优势产生新个体。首先随机选择一个城市作为旅行商当前所在城市 $c_{current}$，并加入个体中，搜索所有未加入个体中的城市，找到距离当前城市 $c_{current}$ 最近的城市 c_{next}，将其添加至个体中并作为当前城市，继续搜索并添加下一最近城市，直至所有城市都加入个体，由此得到初步优化的个体。贪婪算法生成的初始种群不失随机性，同时整体质量有所提高，有助于加快寻优速度。

在简单遗传算法中，参数交叉概率 p_c 和变异概率 p_m 在进化过程中固定不变，但实际研究表明二者是影响遗传算法性能的关键。许多学者对参数的自适应控制进行研究，在此基础上分别对交叉概率和变异概率设置调节机制。

交叉算子对种群实现不断更新，p_c 的大小决定种群个体的更新速率，其值过大会破坏优良的遗传模式，而取值过小会导致算法搜索速度缓慢，种群难以得到进化。在进化前期，为扩大整体搜索范围，加快种群更新速度应该增大 p_c 的值；在进化后期，种群整体解集趋于稳定，为使优良基因结构得以延续保存，应适当降低 p_c。另外，交叉算子可以改变甚至破坏基因结构，对适应度较差的个体而言，更多地参与交叉操作可以促进其不断优化，所以应给予较高的 p_c。相应地，适应度越高的个体，为防止基因结构被破坏，进行交叉操作的概率应当越小。

p_m 影响种群的变异情况，个体的适当变异可以保持种群多样性，防止陷入局部最优。但是，如果 p_m 取值过大，算法则近似于随机搜索，失去遗传进化特性。应用自适应变异概率调节机制，在进化初期，个体发生变异的可能性较小，在进化末期，提高种群个体变异操作的概率，有利于扩大搜索范围，跳出局部最优。

交叉算子的性能直接影响种群的进化速度和群体质量，规范化的交叉算子按照某种交换模式，并没有考虑如何使后代更加优化。结合文献引入一种启发式交叉算子，该算子结合贪婪算法和淘汰机制，以得到更好的进化后代。假设交叉配对的父代染色体为 P_1 和 P_2 生成的子代个体为 O_1 和 O_2。随机产生起始出发城市 C_{start} 作为 O_1 和 O_2 的起始城市，按照贪婪规则生成个体 O_3 作为备选子代个体。由贪婪算法产生的个体属于局部最优，具有较好的基因结构。

项目应用的遗传算法按照正向添加的规则生成 O_1，分别计算在父代 P_1 和 P_2 中出发城市 C_{start} 与下一邻近城市 C_{next1} 和 C_{next2} 的距离选择距离最近的城市（C_{next1} 或 C_{next2}）加入子个体 O_1 中，并将该城市作为出发城市，继续寻找下一最近邻城市直至个体基因添加完毕。

机器人应用的遗传算法按照逆向添加的规则生成 O_2，分别计算在父代 P_1、P_2 中出发城市 C_{start} 与上一邻近城市 $C_{previous1}$ 和 $C_{previous2}$ 的距离，选择距离最近的城市（$C_{previous1}$ 或 $C_{previous2}$）加入子个体 O_2 中，并将该城市作为出发城市，继续寻找上一最近邻城市直至个体基因添加完毕。计算并比较备选子代个体 O_3 与 O_1、O_2 的适应函数值大小，用 O_3 替换适应函数值较小的个体，从而得到优化后的子代个体。

机器人应用的遗传算法在进行选择操作时，采用精英个体保留策略，将适应函数值最高的个体直接复制纳入交叉配对的父代群体中。当所有父代个体执行完交叉算子后，再次沿用精英个体保留机制，用交叉前的精英个体替换交叉后群体中适应函数值最差的个体，剔除质量低的个体，使得精英个体得以延续。

第5章　图像自主采集识别技术

变电站巡检机器人在巡检过程中，极其重要的工作就是采集设备仪表图像，如常见的电流表、电压表、气压表、温度表等仪表的示数以及变压器套管等图像。巡检机器人在读取现场仪表示数的过程中，存在较大的难度。大部分现场仪表由于成本和历史的原因都是选择现场指示仪表，并不具有智能仪表的远传功能，只能是巡检机器人通过计算机视觉的方法去读取仪表示数。这些仪表的示数有的是数字式的，有的又是指针式的，而且每个变电站的工况不一样，用的仪表种类不一样，即使是监控同样指标的仪表，也存在不同品牌不同样式情况。即使是同一个变电站的同一个监测点，还存在室外不同光照、巡检机器人不同拍摄角度、不同程度的遮挡和模糊等情况，这又给巡检机器人实现仪表检测和示数识别功能带来了极大的难度。

在变电站中，变电站巡检机器人通过定位导航算法到指定位点后，需要在图像中检测是否存在对应的目标设备仪表。若未检测到目标设备仪表，则调整机器人姿态，重新获取图像，直到检测到对应的目标设备仪表。否则，经过多次调整仍未检测到对应的设备仪表，则当作异常情况处理，通过网络远传回控制室，由人工接管。若输入图片中已经检测到对应的目标设备仪表，则将检测到的位置输入后续的识别算法中，提取刻度区域和指针区域，最后通过识别模块识别出仪表的指针示数和数字示数。

综上所述，目前常见的设备仪表识别方法在实际使用中或多或少都存在问题，不能达到巡检机器人在变电站对现场设备仪表准确识别的要求。因此，急需一种更具健壮性的，能够适应在不同姿态、光照、阴影、尺度，部分遮挡等复杂背景等现实条件下精确识别和检测的方法。

5.1　图像采集与提炼技术

5.1.1　光学成像过程

基于图像处理的图像目标检测及分类方法大多存在着对场景光学环境不适应的局限。随着光学成像探测区域越来越广，探测所面对的光学环境逐渐增多，这一问题将日益突出。为了提高稳健性，理想图像处理算法特别是那些针对复杂场景的图像处理研究的发展必须建立在对光学成像过程充分建模并分析的基础上，充分学习图像信息特征"表象"背后所隐藏的"本因"，以更加稳健的知识或模型指导图像目标检测研究。

　　光学成像场景受到一个或多个光源的独立或共同照射，光源主要包括天体发光（日光、月光或星光）、生物发光和人工照明光。加之风力的影响，图像目标检测将更多地面对较为困难的成像场景。成像场景中的光学环境常具有复杂性、随机性和多样性的特点。从物理光学的角度分析，这主要是由于光线能量衰减和散射两种物理现象共同作用所造成的，会产生下述一种或多种光学效应。其中，光线的衰减是由于光线传输介质对光波振动幅度的调制，使光波能量降低，反映在图像上表现为图像强度减弱及对比度下降。此外，由于不同光谱段光线能量衰减程度的差异，使光线的光谱成分发生变化，光波振动频率随之发生改变，反映在图像上表现为颜色的畸变。光线散射是由于光线传输介质和悬浮颗粒物使光线传播方向发生改变所造成的，反映在图像上表现为图像细节模糊，同时也可造成图像对比度的下降。另一方面，光线的散射作用也会使光波的振动方向发生变化，产生较为明显的偏振效应。综合上述现象，反映在图像上表现为图像信息的衰减和扰动，较强的叠加噪声以及图像信息的畸变（见图 5-1）。

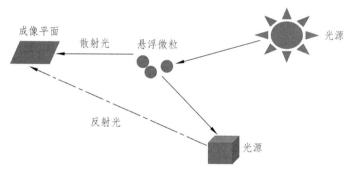

图 5-1　光线传播

　　为了对上述现象进行形式化描述，围绕成像场景，对光线衰减进行数学建模，建立一般光线传播成像模型，分析自然光在传播中所形成的不同的成像环境，为后续的图像处理、图像特征提取、图像目标检测及分类奠定基础。

　　光线传输介质的光学传播特性多通过准直光照射实验研究进行分析。光线传输介质的光学特性主要反映在光线能量衰减和传播方向改变两个方面。对于能量衰减，通过准直光照射均匀光线传输介质，当传播距离达到 r，在没有因任何散射过程而发生光路变化的情况下，其残余能量 P_r^0 和入射能量 P_0 间服从指数衰减规律。

$$P_r^0 = P_0 e^{-\alpha r} \tag{5-1}$$

式中，P_0 为光线入射的初始能量；P_r^0 为零散射项；α 为吸收系数，表达为每单位距离（米或英寸）的对数值。α 为标量值，在非均匀的光线传输介质中会随着不同场景的变化而发生变化。

在光线衰减模型中，吸收系数 α 值的确定是其中的核心。总体上，在传输介质光线传播过程中光线能量的衰减作用起源于两种相互独立的机制：散射和吸收。其中，散射是一种随机过程，在这一过程中光线仅传播方向发生变化。而吸收是指光线在传播中的热力学不可逆过程，在这一过程中光子的物理属性已经发生改变。因此，光衰减系数是由吸收量系数 α 和散射量系数所共同决定的。

此外，这种衰减窗的选择同介质本身的物理光学属性、悬浮物质组成及浓度密切相关，例如海水的选择性吸收窗位于蓝绿色波段上，然而悬浮的水生植物和动物组织又会使这种衰减窗波段向着黄色波长的方向偏移。在实际应用中，多是根据先验经验通过查表方式获得。

光线的散射主要是由于光线射入大气中遇到尺度大于光波波长的悬浮透明生物组织或粒子后，由于介质折射率差异导致光线传播方向发生变化，散射度同波长无关。不同于吸收作用，光线散射现象仅能使光线传播方向发生变化而不改变光线本身的物理属性，而由于散射所造成的能量衰减的主因是光束发生分散，导致照准点上光线能量降低。

对于光线传播过程中的散射现象可以从光线能量衰减和光线传播方向调制两个方面进行讨论。以大气场景为例，在纯净的大气中，光线的衰减符合瑞利散射模型：

$$J(\vartheta) \sim (1 + 0.835 \cos^2 \vartheta) \tag{5-2}$$

由于光线散射所造成光线衰减的衰减系数可以计算为

$$s = 2\pi \int_0^\pi \sigma(\vartheta) \sin \vartheta \, d\vartheta \tag{5-3}$$

式中，$\sigma(\vartheta)$ 为光线的在大气传播过程中的体散射函数，表示单位介质体积内光子群散射的辐射能随散射方向分布的无量纲函数。由于散射现象对光线传播方向产生调制，准直光线在光路传播的末端通常变为服从指数分布的能量场。

不同大气情况中，散射角和散射光强的关系大体上保持一致，仅在后向散射中会体现出一定的差异。在光线传播过程中，最为复杂的是多次散射现象。多次散射是指单位大气受到的光照辐射不仅来自光束范围内的散射光，还来自光束外的散射光线。成像平面上的每一点均会受到来自光束外散射光线的照射。由于多次散射光线的随机性，很难对其进行精确的建模和预测。目前，主要采用的技术策略包括：

（1）多重整合法，该方法利用体散射函数来模拟多次散射问题，计算复杂度极高且很难得到解析解，目前仅能通过优化的方式进行逼近。

（2）扩散理论，该理论的局限在于仅适用于各项同质的介质，而对于非均质的介质，该理论仅能够预测较长视距下的多次散射现象，且计算误差较大。

（3）辐射转移函数，该方法基于转移函数建立，可以通过反复迭代得到解析解。

（4）蒙特卡洛过程，该过程将多次散射视为一个随机过程，通过一阶状态方程的转移能够求得散射结果的解析解。

尽管取得了部分的成果，上述方法无一能够普适于所有的环境和光照条件，尤其是在点照明和准直光照明条件下，均存在着不同程度的局限。

5.1.2 采集图像质量恢复

雾霾、雨雪、逆光等的存在极大地降低了在恶劣天气下拍摄的室外图像的可见度，影响了许多高层次的计算机视觉任务，如检测和识别。这些都使得单幅图像质量提升成为一种广泛需求的技术。尽管从一幅图像中估计出许多物理参数是一个挑战，但最近的一些工作已经朝着这个目标取得了进展。下面以图像去雾为例来简单介绍采集图像质量恢复工作。

在图像去雾工作中，除了估计全球大气光强度外，实现除雾的关键是恢复透射矩阵，为此采用了各种统计假设和复杂模型。然而，估计并不总是准确的，一些常见的预处理（如岭回归或软回归）会进一步扭曲模糊图像的生成过程，导致次优的恢复性能。另外，透射矩阵和大气光这两个关键参数的非联合估计在一起应用时可能会进一步放大误差。

属于质量恢复工作的除雾，可以尝试建立一种有效的端到端去杂卷积神经网络模型。虽然之前的一些雾霾消除模型讨论了"端到端"的概念，但下面给出的模型的主要优势在于它首先建立从朦胧图像到清洁图像的端到端优化处理流程，而不是需要估计中间参数的分阶段处理。架构的除雾网络是基于重新建立的大气散射模型为基础设计的。通过对合成的模糊图像进行训练，使用合成图像和真实自然图像进行测试。

深度学习已经在计算机视觉任务中取得了普遍的成功，并且最近被引入烟雾去除中利用多尺度，首先生成一个粗尺度传输矩阵，然后对其进行细化。研究以模糊图像作为输入，输出其传输矩阵。结合经验规则估计的全球大气光照，通过大气散射模型恢复无霾图像。

根据大气散射模型，得到清晰的图像，即

$$I(x) = J(x)t(x) + A[1 - t(x)] \tag{5-4}$$

如研究现状中所述，以前的方法和分别估计 $t(x)$ 和 A，并得到干净的图像。

$$J(x) = \frac{1}{t(x)}I(x) - A\frac{1}{t(x)} + A \tag{5-5}$$

它们不直接最小化 $J(x)$ 上的重建误差，而是优化 $t(x)$ 的质量。这种间接优化会导致次优解。这里操作的核心思想是将两个参数 $t(x)$ 和 A 统一为一个公式，即式中的 $K(x)$，并直接在图像像素域最小化重建误差。为此，将式（5-5）重新表示为

$$J(x) = K(x)I(x) - K(x) + b$$
$$K(x) = \frac{\frac{1}{t(x)}[I(x) - A] + (A - b)}{I(x) - 1} \tag{5-6}$$

这样，$t(x)$ 和 A 都被集成到新变量 $K(x)$ 中。由于 $K(x)$ 依赖于 $I(x)$。因此，我们的目标是建立一个输入自适应的深度模型，并通过最小化其输出 $J(x)$ 和地面真实图像之间的重建误差来训练模型。

为了整合上面的参数图估计和带雾图像恢复处理流程，统一为一个端到端的可微除雾工作。整个除雾工作分为两部分，即参数图估计模块和带雾图像恢复模块。其中使用卷积神经网络来估计参数图 $K(x)$，整个估计过程中使用五个卷积层来估计 $K(x)$，接着是一个生成干净图像的带雾图像恢复模块，该模块由一个元素级乘法层和几个元素级加法层组成，通过计算上面式子生成恢复图像。

参数图 $K(x)$ 估计模块是除雾工作的关键组成部分，负责对深度和相对霾度进行估计。如图 5-2 所示，使用全卷积结构进行特征提取和细节重构，并通过融合不同大小的一般卷积核和膨胀卷积核来形成多尺度特征提取。

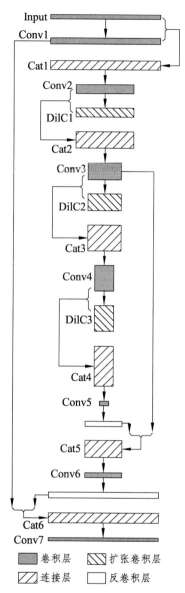

图 5-2　雾霾污染下图像恢复模块

　　参数图 $K(x)$ 估计模块的"Cat1"层将来自"Input"和"Conv1"层的特性连接起来。类似地，"Cat2"将来自"Conv2"和"DilC1"层的特性连接起来。这样的多尺度设计捕获了不同尺度的特征，中间连接也补偿了卷积过程中的信息丢失。一般来说用 3×3 粒大小的卷积层可以逐渐增加感受野。目标检测和图像分割等任务中感受野很重要，比如目标检测一般情况下要在最后一层特征图上做预测，那么特征图上的一个点能过映射到原图的多少像素，决定了网络能检测到的尺寸上限，而保证感受野就要靠下采样，下采样的结果就是小目标不容易被检测到。扩张卷积能够在保持分辨率和减少参数负担的同时增加上下文区域。通过扩张卷积获得的特征定义为

$$F_{DF} = K_{DF} * F_{in} + b \qquad\qquad (5\text{-}7)$$

式中，DF 是扩张因子；K_{DF} 是卷积核；F_{in} 是输入特征图；F_{DF} 是 K_{DF} 与 F_{in} 卷积的输出特征。

处理流程中将来自高维的升采样层与保有纹理细节的浅层特征图连接起来。这样的多尺度设计捕获了不同尺度的特征，密集连接也补偿了连续卷积降采样过程中的信息丢失。参数图 $K(x)$ 估计模块全程使用 8 个卷积层和 2 个反卷积层，在不大幅折损恢复精度的情况下保证整个模型的轻量。

模型的优化目标设置为通过最小化重建误差，从端到端学习 $t(x)$，目标函数的表述不需要使用变换过后的形式。

5.1.3　图像数据提炼处理与数据集建立

深度学习技术在计算机视觉领域取得了巨大的成功，其标志性事件之一就是计算机算法在 ImageNet 竞赛中的目标识别准确率已经超过了人类。在学术圈创新成果爆发式涌现的同时，各大企业也利用深度学习技术，推出了众多图像分析相关的人工智能相关产品及应用系统。这些成果所采用的技术路线，很多都是利用海量的已标注样本数据，在深度神经网络上训练相应的识别或检测模型。就企业算法应用而言，往往需要根据实际的应用场景，构建自己的训练样本集，以提升算法的有效性。在深度学习大行其道的今天，能够获得大量高质量标注样本，更是搭建高效应用算法系统的重要前提。一方面，深度学习与传统算法相比，其突出特征之一就是提供的训练样本越多，算法的精准性越高；另一方面，尽管无监督的深度学习算法在学术领域也获得了相当大的进步，但就目前而言，有监督的深度学习算法仍然是主流，对于企业级应用更是如此。

实地拍摄相关物品，此类方法效率比较低，适用于类别较少，每类需要大量高质量样本的情况，如目标检测。识别对象如果是商品，可以利用其商品主图，但商品主图经过图像处理，且较为单一，与实际场景不符。在不同网站通过文本搜索或匹配获取相关的网络图像，此类方法可以获得大量的图像样本。

通过图像生成的方式来获得样本图像，如近年来发展很快的生成对抗网络（GAN），此类方法的前景较好，但目前来说在大量不同类别上的效果还有待提升。

目前而言，第三种获取网络图像的方式是常规采用的样本收集方案。网络来源的图像样本，其存在的一个主要问题是噪声图像非常严重，如果采用主题词搜索得到待选图像集合，里面的不相关图像占据了很大的比例，且来源较为随机；如果采用电商网站晒单图作为待选图像集合，里面同样包含着发票、外包装、聊天记录等大量无关图像以及顶视图或近视图等不合规图像。因此，必须要对得到的图像集进行过滤，筛查出其中的噪声图像。这种过滤如果用人工进行筛选则过于低效，很难满足实际要求，应该用算法自动筛选为主、人工校验为辅的方式来实现。下面针对这一问题，介绍一种实用的基于多重处理的图像样本过滤方法。

通过网络直接得到的图像样本集合，一般有以下两个特点。

（1）噪声图像可分为重复图像和极相似图像、常见噪声图像、无规律的杂乱噪声图像，各自均占有一定比例；

（2）目标样本图像也占有一定比例，且相对于噪声图像而言，其类内相似度较高。

参照以上特点，可以针对性地得到一些解决的思路：

对于多且杂的噪声数据，采取多重处理的方式来逐步筛除。噪声数据类型比较多变，采用单一的方法很难全部加以筛除。根据其特点加以多轮粗筛和精筛，逐批处理不同类型的噪声数据，可以降低每个环节的技术风险，保证每个环节的有效性。

由于目标在样本空间中分布较为集中，如果对待选样本集进行无监督聚类，目标样本会集中在较为紧凑的聚类上。相比于噪声图像的无序杂乱而言，目标样本自身的类内差距还是比较小的，通过对大量实际数据的观察可以印证这一点。

对于某一样本，分类器返回的类别置信度可以作为样本与该类别相关度的度量。普通聚类算法不易量化样本点与所属聚类的相关度，无法做更为精细的样本筛选。相比之下利用分类器得到的类别置信度，可以作为相关度的合适度量，用来精细挑选剩余的噪声样本。图像样本过滤流程如图 5-3 所示。

图 5-3　图像样本过滤流程

　　根据以上的解决思路，设计出一个多重过滤的技术方案，其具体流程可分为以下几个步骤。

　　（1）图像去重：去除重复图像及极相似图像；

　　（2）常见噪声图像过滤：过滤掉人脸、包装、发票等无关的常见类型噪声图像；

　　（3）基于聚类的样本挑选：在深度特征空间上进行聚类，选取合适的聚类作为目标样本，并将其他聚类作为噪声图像去除；

　　（4）基于分类的样本筛选：利用分类器返回的置信度来评估样本与相应类别的相关度，进一步筛选样本。

　　1．图像去重及常见噪声图像过滤

　　待选样本集里含有较多的重复图像或极相似图像，可以通过不同的方式去重：提取图像的直方图特征向量，利用特征向量之间的相似性进行去重；或者构建一个哈希表，提取图像的简单颜色和纹理特征，对特征量化后利用哈希表进行查询，能够查询到的就是重复或极相似图像，查询不到的加入表中。前一种方法对于微小差异表现更好，后一种方法的计算性能优势明显。

　　待选样本集里往往会含有一些常见的噪声图像模式，如人脸、纸箱外包装、发票、聊天记录图、商品或店铺 Logo（商标）图等，占有相当高的比例。对于这些常见噪声图像，先提取其 HOG（方向梯度直方图）特征，并用提前训练好的 SVM（支持向量机）分类器对其进行分类。为了保证精度，对于不同类的噪声图像，分别训练 1vN（一双多法）的 SVM 分类器，只要图像判别为其中任一类噪声图像，即将其筛出。

　　以上两步，只利用了图像的简单特征，只能够去除样本集里的重复图像和常见噪声图像，对于更复杂的噪声图像模式，需要利用更有效的图像特征，并对复杂类别采用无监督聚类来挖掘。

　　2．基于聚类的样本挑选

　　要利用图像本身的丰富信息对其进行聚类，首先需要提取更为丰富的图像特征。因此，可利用深度网络模型来提取图像特征，得到的特征融合了常见的图像基本特征，并包含更为高阶的图像语义信息，具有更强的表现能力。这里借助在 ImageNet 数据集上训练得到的网络模型，并利用已有的样本集进行微调，这样模型对于特定品类的表达能力得到增强。这里对于一个图像样本，通过深度网络得到的特征是 1 024 维向量，进一步通过 PCA 降维成 256 维的特征向量。这样图像样本集就构成了一个特征数据空间。

接下来，在降维后的特征数据空间，利用一种基于密度的聚类算法进行聚类。该算法最突出的特点是采用了一种新颖的聚类中心选择方法，其准则可描述为：聚类中心附近的点密度很大，且其密度大于其任何邻居点的密度；聚类中心和点密度比它更大的数据点，它们的距离是比较大的。选择了合适的聚类中心之后，再将各数据点分类到离其最近的聚类上，并根据各点距离相应聚类中心的远近，把它们划分成核心数据点和边缘数据点。

该聚类算法思路简单，效率较高，并且对于不同的场景具有较好的健壮性。在所得的聚类结果中，进一步选出密度较大且半径较为紧凑的聚类，其中的样本作为待选的目标样本数据，而其他聚类对应的样本则作为噪声样本予以筛除。

3．基于分类的样本筛选

以上聚类所得的目标样本中，可能还含有少数的不相关样本，需要进一步筛选。这里利用分类器的置信度评估样本的类别相关度，其中与所属类别不相关或弱相关的样本可以进一步去除。

具体方法是从目标样本中随机可放回地选取若干样本，并打上新的类别标签，作为新的训练样本，对一个已有的卷积神经网络模型进行 fine-tune，这个卷积神经网络模型与前面提取特征的网络模型必须有一定差异（模型结构和训练数据都不同）。利用这个新的模型，对目标样本进行识别，得到其类别置信度。如果某个样本在所属类别上置信度很低，则将该样本作为不相关样本予以筛除。

经过以上筛选之后，最终得到的目标样本经过人工简单校验，就可以作为高质量样本集用于训练和测试。

一个深度学习项目是从收集和整理数据集开始的。正如我们要做一件事情，总是从收集素材、收集资料开始。但一般的教程都是使用之前别人已经做好的数据集，使得即使读者完全重复了教程中的实例，在面对一个新的项目时仍然不知道如何去下手。下面介绍一些构建深度学习项目的数据集时要注意的问题。

通常人们认为，有了一堆数字、图片、视频或音频的数据后把它们放在一个文件夹里不就是一个数据集了吗？然而，对应于应用体验良好的数据集，其在制作时需要考虑的内容通常会更加精细和丰富。一般的数据集，核心可以看作是数据组成的集合，通常以表格的形式出现，每一行表示一个成员，每一列表示一个特征。也就是说，可以这么理解数据集，数据集是一个整理好的有一定结构的数据的集合，它其中有很多成员，而每个成员又有很多特征。

除此之外，数据集的结构是针对读取对象而言的。下面就拿一个图片数据集来举例：对于人来说，我们认为整理好的数据就是把收集到的图片放在一个文件夹里并按编号进行命名。或者对所有图片进行分类，如将植物的图片全放在一个文件夹里，再把动物的图片放到另一个文件夹里。这样的一个数据集对于人来说是已经整理好的有一定结构的。但是将这样的数据放到程序面前直接让其读取原始数据，必将带来运行逻辑的冗长。这就像把计算机整理好的认为有条理的二进制代码放到人面前，人也会认为这段代码是一堆没有条理结构的乱码一样。

从上面我们可以知道，数据集就是根据读取的对象，将现在已有的数据组织成方便使用对象读取的、有结构的数据的集合。而对于一个项目来说，我们也应该将我们已经收集到的数据制作成方便程序进行读取的有条理的数据集合。以上便是构建数据集的基本思想。

为了评估学习算法的能力，我们必须设计其性能的定量度量。通常性能度量是特定于系统执行任务而言的。我们会更关注学习算法在未观测数据上的性能如何，因为这将一定程度上决定其在实际应用中的性能。因此，我们使用另外的测试集数据来评估系统性能，就将其与训练学习系统的训练数据分开。

大多数学习算法都有超参数，可以设置来控制算法行为。超参数的值不是通过学习算法本身学习出来的。有时候一个选项被设置为学习算法不用学习的超参数，是因为它太难优化了。更多的情况是，该选项必须是超参数，因为它不适合在训练集上学习。这适合于控制模型容量的所有超参数。如果在训练集上学习超参数，这些超参数总是趋向于最大可能的模型容量，导致过拟合。例如，相比低次多项式和正的权重衰减设定，更高次的多项式和权重衰减设定，更高次的多项式和权重衰减参数设定总能在训练集上更好的拟合。

为了解决这个问题，我们需要一个训练算法观测不到的验证集样本。测试集中的样本并不能组成测试集，因此，我们可以使用训练数据来构建验证集。特别地，可以将训练数据分为两个不相交的子集：其中一个用于学习参数；另外一个作为验证集，用于估计训练中或训练后的泛化误差，更新超参数。用于学习参数的数据子集通常被称为训练集。用于挑选超参数的数据子集被称为验证集。通常，80% 的训练数据用于训练，20% 用于验证。由于验证集是用来"训练"超参数的，尽管验证集的误差通常比训练集小，验证集会低估泛化误差。所有超参数优化完成之后，泛化误差可能会通过测试集来估计。

5.2　视觉伺服配准技术

现有巡检机器人都是通过事先预设的观测角度调整机器人摄像云台方位，完成对设备图像的采集。机器人未采取针对设备图像的识别判定，因此极易出现待巡检设备偏移采集图像中心的情况，极易发生采集画面仅仅包含设备局部图像，更有甚者会发生未入视场的情况，严重影响了对设备状态的判别与巡视效果。变电站巡检机器人实现全自主巡检要求自主识别所处场景，自主识别各类待检设备和部件。利用目标设备视觉特征进行目标检测，实现待检设备的准确完整采集，是实现变电站设备图像自主采集需要解决的关键问题。对于设备目标的视觉检测算法，研究增强对于遮挡目标和小目标的检测能力，并进一步提升定位和分类精度，提升变电站设备图像自主采集的可靠性。

YOLOv3 的主干网采用了新的特征提取网络 Darknet-53 架构。Darknet-53 在精度上可以与最先进的分类器相当，同时它的浮点运算更少，计算速度也更快。与 ReseNet-101 相比，Darknet-53 网络的速度是前者的 1.5 倍；虽然 ReseNet-152 和它性能相似，但是用时却是它的 2 倍以上。而对基于 YOLOv3 算法的目标检测，随着网络的不断深化，可以通过引入残差层来解决在训练过程中出现的诸如梯度消失和梯度爆炸之类的问题。将进入残差层前的特征与残差层输出的特征相结合，可以提取出更深层次的特征信息。其中 Darknet-53 主要由 53 个卷积层组成，并包含大量 3×3、1×1 卷积核，步长为 1。与 YOLOv1 和 YOLOv2 的网络结构相比，YOLOv3 依靠残差层来设计跳跃连接层，用于提取深层次的特征信息。YOLOv3 中跳跃连接层的引入，不仅解决了网络层过多导致的梯度消失的问题，而且使整个网络的总层数达到了 106 层，更有利于特征的提取，对深度特征图的连接有利于大目标特征信息的学习，对浅特征图的连接更有利于小目标特征信息的学习。其中残差层结构如图 5-4 所示。可以用公式表示为

$$H(x) = F(x) + x \tag{5-8}$$

式中，x 和 $F(x)$ 是残差层的两个输入，x 经过两次卷积操作后得到 $F(x)$。为了进一步改善网络模型的性能，在每层卷积网络之后都做批正则化，用于加快收敛速度，以及添加 LeakyReLU 激活函数，避免梯度消失。

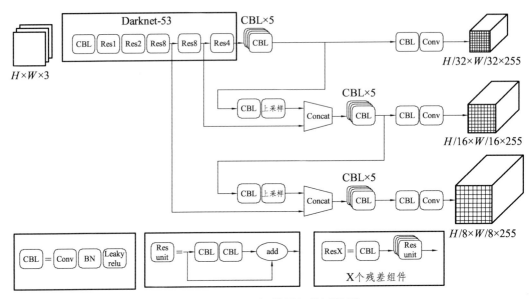

图 5-4　YOLO 视觉目标检测模型

对于 Darknet-53 特征提取网络的网络结构参数图，它主要由卷积层和残差层结构所组成。最终可获得 $\frac{H}{2} \times \frac{W}{2}$、$\frac{H}{4} \times \frac{W}{4}$、$\frac{H}{8} \times \frac{W}{8}$、$\frac{H}{16} \times \frac{W}{16}$、$\frac{H}{32} \times \frac{W}{32}$ 五种尺度的特征图。

算法模型的复杂度相较改进前进一步提高，并采用多尺度融合方法进行预测。在多尺度特征图上进行位置及类别预测，可以达到一定程度上提高目标检测精度的目的。同时，算法使用多尺度预测机制分别预测 $\frac{H}{8} \times \frac{W}{8}$、$\frac{H}{16} \times \frac{W}{16}$、$\frac{H}{32} \times \frac{W}{32}$ 的特征图，在一定程度上增强了提取小目标的能力，YOLOv3 使用这三种不同尺度的特征图来预测检测结果。

对于一种图像分辨率的输入图像，基本尺度特征图的大小是原始图像分辨率的 1/32，其余 2 个尺度大小分别是原始图像分辨率的 1/16 和 1/8。例如，一个 1 920 × 1 080 的训练图像，其基本尺度的特征图的大小为 60 × 34，通过上采样得到一个 120 × 68 的尺度 2 特征图。将其与前一卷积层的输出融合，然后在尺度 2 特征图基础上，用同样的方法得到尺度 3 的特征图 240 × 135 × W。最后通过对每个尺度特征图的边界框、目标得分和类别预测结果来预测输出的三维张量编码。对于这 3 个不同尺度的特征图，特征图上每个像素点预测 3 个边界框，每个边界框都预测中心坐标 (x, y)、宽度 w、高度 h 目标预测置信度 p、C 个类别的分数。每个尺度特征图会预测 3 组信息，即预测

$3\times(4+1+C)$ 维信息。该向量包含边框坐标（4 个数值）、边框置信度（1 个数值）及对象类别的概率。

为了防止预测得到的边界框出现多余的情况，YOLOv3 架构提出有必要对每个预测边界框执行置信度计算，然后为该置信度设置阈值。阈值以上的边界框保留用于回归，低于阈值的边界框将被直接删除。在原始模型中每个边界框的置信度由两部分组成：预测目标类别概率以及预测边界框与实际框架之间的重合度。其公式为

$$R = \mathrm{Pr(class\,|\,object)} \times \mathrm{Pr(object)} \times \mathrm{IOU}_{\mathrm{pred}}^{\mathrm{truth}} \qquad (5\text{-}9)$$

式中，R 表示置信度的分数；$\mathrm{Pr(class\,|\,object)}$ 是对象在边界框中进行分类的概率；$\mathrm{Pr(object)}$ 是用于确定划分的网格中是否存在要检测的对象的中心点的参数，如果存在则为 1，如果不是则为 0；$\mathrm{IOU}_{\mathrm{pred}}^{\mathrm{truth}}$ 是预测边界框和实际边界框之间的交面积与并面积的比率。为预测边界框设置阈值可以消除大多数无用的边界框，但是单个对象可能存在同时容纳多个边界框用于预测该对象的情况，从而导致特征图上会有冗余的预测边界框。可以使用非极大值抑制（Non-Maximum Suppression，NMS）算法通过判断多个预测边界框与实际边界框之间的比率，根据区域重合度消除预测边界框中置信度较低边界框。将具有较高置信度得分的预测边界框保留为目标检测框。

基于图像复原预处理的目标检测网络模型如图 5-4 所示，图中给出的是目标检测处理算法流程图。其中卷积单元和残差单元包括卷积层、批正则层以及 LReLU 激活函数层，张量拼接是指将 Darknet-53 的中间层和后面的某一层的上采样进行拼接，能够达到扩充张量维度的目的。

数据增强是训练深度学习模型的关键策略。常用的数据增强策略包括旋转、平移和翻转。对于增强重叠小目标检测能力的考量，使用多种增强策略（如光照扰动、图像镜像、目标图粘贴和多尺度训练）来增强检测数据集。

在变电站内巡检过程中，将多降质因素目标检测数据集中的训练图片先导入前述的多降质因素图像质量复原算法中进行图像复原预处理，然后继续将复原后的训练图片导入目标检测网络模型中进行目标检测。通过添加这种通过结合图像复原算法和目标检测算法的联合处理过程，得到的模型能够进一步提高对自然条件下的检测效果。

原始 YOLO 算法中给出的预测边界框损失函数由四部分组成，包括预测中心坐标的损失函数、预测边界框的宽度和高度的损失函数、预测置信度的损失函数以及预测类别的损失函数。原始算法通过采用这四种损失函数相结合的方式进行训练优化。其

总损失函数的组成形式如下：

$$L = L_{\text{cen}} + L_{\text{size}} + L_{\text{c}} + L_{\text{p}} \tag{5-10}$$

其中，损失函数的各个部分的计算公式如下：

$$
\begin{cases}
L_{\text{cen}} = \lambda_{\text{coord}} \displaystyle\sum_{i=0}^{s^2} \sum_{j=0}^{B} l_{ij}^{\text{obj}}[(x_i^j - \widehat{x_i^j})^2 + (y_i^j - \widehat{y_i^j})^2] \\[2mm]
L_{\text{size}} = \lambda_{\text{coord}} \displaystyle\sum_{i=0}^{s^2} \sum_{j=0}^{B} l_{ij}^{\text{obj}}[(\sqrt{w_i^j} - \sqrt{\widehat{w_i^j}})^2 + (\sqrt{h_i^j} - \sqrt{\widehat{h_i^j}})^2] \\[2mm]
L_{\text{c}} = -\displaystyle\sum_{i=0}^{s^2} \sum_{j=0}^{B} l_{ij}^{\text{obj}}[C_i^j \log(C_i^j) + (1 - C_i^j)\log(1 - C_i^j)] - \\[2mm]
\qquad \lambda_{\text{coord}} \displaystyle\sum_{i=0}^{s^2} \sum_{j=0}^{B} l_{ij}^{\text{obj}}[C_i^j \log(C_i^j) + (1 - \hat{C}_i^j)\log(1 - \hat{C}_i^j)] \\[2mm]
L_{\text{p}} = -\displaystyle\sum_{i=0}^{s^2} l_{ij}^{\text{obj}} \sum_{C \in class}[\hat{p}_i^j \log(p_i^j) + (1 - \hat{p}_i^j)\log(1 - p_i^j)]
\end{cases}
\tag{5-11}
$$

式中，L_{cen} 包含预测边界框和实际边界框的 x，y 坐标，是预测中心坐标的损失函数，该函数计算每个单元网格 $i(i = 0, 1, \cdots, S^2)$ 的每个边界框预测值 $j^{th}(j = 0, 1, \cdots, S^2)$ 的总和。L_{size} 包含预测边界框和实际边界框的宽度 w 和高度 h，是预测边界框的宽度和高度的损失函数。L_{c} 表示预测置信度的损失函数，它前半部分的回归目标是预测边界框与实际边界框的 IoU 值，后半部分表示没有目标物体存在的边界框的置信度损失函数，其中后半部分还增加了权重系数。添加权重系数的原因是，对于一幅图像，一般而言大部分内容是不包含待检测物体的，这样会导致没有物体的计算部分贡献会大于有物体的计算部分，进而会使网络倾向于预测单元格不含有物体。因此，需要减少没有物体计算部分的贡献权重。而 L_{p} 是预测类别的损失函数，只有当单元中存在目标物体时，才会计算类别损失函数。在损失函数中与前代模型最大的不同是，L_{p} 和 L_{c} 都选择采用二元交叉熵作为损失函数。i 表示第 i 个网格单元，j 表示该网格单元中预测得到的第 j 个预测边界框；obj 表示预测边界框中存在目标物体；(x_i^j, y_i^j) 是从训练数据中获得的实际坐标位置；$(\widehat{x_i^j}, \widehat{y_i^j})$ 分别表示预测边界框的宽度和高度；w_i^j 和 h_i^j 分别表示实际边界框的宽度和高度；C_i^j 和 $\hat{C}_i^j$ 表示预测置信分数和实际置信分数；p_i^j 和 $\hat{p}_i^j$ 则表示预测类别概率和实际类别概率；λ_{coord} 是为了协调损失函数中预测边界框位置准确性的权值惩罚，边界框的位置包括预测中心坐标和预测边界框的宽高，对于坐标预测的最高惩罚为 $\lambda_{\text{coord}} = 5$；$\lambda_{\text{coord}}$ 也是为了协调损失函数中单个网格单元中是否存在目标的权值惩罚，当没有探测到目标时，存在最低的置信度预测惩罚为 $\lambda_{coord}=0.5$ ；l_{ij}^{obj} 的定义为如果在网格单元 i 中存在目标物体，则第 j 个预测边界框的预测值是有效预测，若网格单元 i 中不存在目标物体，则第 j 个预测边界框的预测值无效；l_{ij}^{obj} 定义为网格单元 i 中是否存在目标物体，如果网格单元 i 中存在目标物体，那么 $l_{ij}^{obj}=1$ ，否则 $l_{ij}^{obj}=0$ ，表示当网格单元 i 中没有对象时，不会惩罚类别误差。

在原始的 YOLOv3 算法的源码中，其利用 MSE（ L_2 距离）作为损失函数来进行目标框的回归，MSE 为对应位置差值的平方和。从图 5 5 中可以看出，对于图中给出的两组明显不同的质量预测效果，在图中三张图有一样的 L_2 距离，但是 IoU 值却完全不同。其坐标表示方法为 (x_1,y_1,x_2,y_2) ， (x_1,y_1) 为左上角坐标， (x_2,y_2) 为右下角坐标。图 5-5 中三张图有一样的 L_1 距离，IoU 值也完全不同。其坐标表示方法为 (x,y,w,h) ， (x,y) 为中心点坐标， (w,h) 为宽、高。因此，说明对于不同质量的预测结果，利用 MSE 评价指标有时候并不能区分开来。更重要的一点是，MSE 损失函数对目标的尺度相当敏感，不具有尺度不变性，在原始的论文中采用对目标的长宽开根号的方式降低尺度对回归准确性的影响，但并没有根本解决该问题。

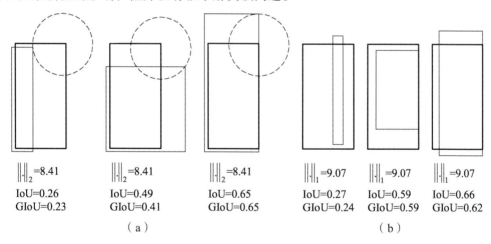

图 5-5　固定 L_1 或 L_2 的不同边界框距离比较

由于 IoU 计算的是交并比，更能体现目标框的质量，而且 IoU 在目标尺度上具有较好的健壮性。有研究提出，使用 IoU 替代 MSE 进行目标框的回归。通过实验结果，用 IoU 作为损失函数进行回归，相较于 MSE 的结果有提升，但将 IoU 值与 GIoU 值进行比较，如图 5-6 所示，图中三幅图预测框与真实框的相交图中，它们之间的 IoU 值相同，但 GIoU 却不同，因此 GIoU 值更能反映实际的预测框与真实框之间的距离。

从以上分析中可以发现采用 IoU 作为损失函数时会遇到以下两个问题。

（1）无法衡量两边界框是相邻还是甚远。如果两个目标没有重叠，IoU 将会为 0，并不能反映出预测框与真实框之间的距离（临近还是相离很远），在这种无重叠目标的情况下，梯度将为 0，无法优化。

（2）无法反映相交方式。如果对齐方式不同，但是交叉区域相同的话，其 IoU 将完全相等。

基于 IoU 回归策略存在的这些弊端，引入 GIoU 来改进回归目标框的损失函数。假设 A 为预测框，B 为真实框，S 为 A,B 所在空间，不管 A 与 B 是否相交，C 是包含 A 与 B 的最小包围框，C 也属于 S 集合，$A,B,C \subseteq S \in R^n$，其中 A,B,C 的关系如图 5-7 所示。

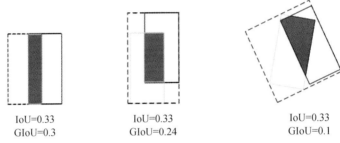

IoU=0.33　　　　　IoU=0.33　　　　　IoU=0.33
GIoU=0.3　　　　　GIoU=0.24　　　　　GIoU=0.1

图 5-6　不同相交情况下的 IoU，GIoU 比较

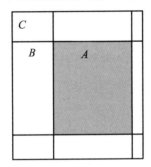

图 5-7　最小包围示意图

因此，IoU、GIoU 的计算公式如下：

$$IoU = \frac{|A \cap B|}{|A \cup B|}$$
$$GIoU = IoU - \frac{|C \setminus (A \cap B)|}{|C|}$$

（5-12）

作为一个度量评价标准，GIoU 与 IoU 类似，具有尺度不变性，且 GIoU 计算得到的值总是小于 IoU，并且能够更好地反映预测框 A 和真实框 B 的相交情况。对于预测框 A 和真实框 B 来说，存在 $0 \leqslant \text{IoU}(A,B) \leqslant 1$，而 $-1 \leqslant \text{GIoU} \leqslant 1$，即只有当预测框 A 与真实框 B 完全重合时，才有 GIoU $=1$，而且当预测框 A 与真实框 B 的 IoU 为 0 时，GIoU 转化为

$$\text{GIoU} = -1 + \frac{A \cup B}{C} \tag{5-13}$$

此时预测框 A 与真实框 B 相离越远，GIoU 越接近 -1，而 $A \cup B$ 也不变，要对 GIoU 进行优化必须使最小包围框 C 逐渐变小，即预测框与真实框越来越接近。另外在预测框 A 与真实框 B 没有达到较好对齐情况时，会导致最小包围框 C 的面积也随之得到扩大，这样 GIoU 的值也会变小，而当两边界框不发生相交情况时，GIoU 值也能得到，从而解决了将 IoU 取值当作损失函数所存在的弊端，因此研究采用 GIoU 损失函数优化目标检测算法。

将 GIoU 作为边界框的损失函数，输入预测框 B^p 的 $(x_1^p, y_1^p, x_2^p, y_2^p)$ 坐标值和真实框 B^g 的 $(x_1^g, y_1^g, x_2^g, y_2^g)$ 坐标值，输出为 L_{GIoU}，其具体的损失函数计算流程将包括以下部分：

（1）因为预测框 B^p 中的各个坐标是独立预测出来的，所以需要确保预测框 B^p 坐标的有效性，即将预测框 B^p 的坐标值 $x_1^p, y_1^p, x_2^p, y_2^p$ 进行排序，使得满足 $x_2^p > x_1^p, y_2^p > y_1^p$，故进行如下转换：

$$\begin{cases} \hat{x}_1^p = \min(x_1^p, x_2^p) \\ \hat{x}_2^p = \max(x_1^p, x_2^p) \\ \hat{y}_1^p = \min(y_1^p, y_2^p) \\ \hat{y}_2^p = \max(y_1^p, y_2^p) \end{cases} \tag{5-14}$$

（2）分别计算预测框 B^p 的面积以及真实框 B^g 的面积：

$$A^p = (\hat{x}_2^p - \hat{x}_1^p) \times (\hat{y}_2^p - \hat{y}_1^p) \tag{5-15}$$

$$A^g = (\hat{x}_2^g - \hat{x}_1^g) \times (\hat{y}_2^g - \hat{y}_1^g) \tag{5-16}$$

（3）计算预测框 B^p 与真实框 B^g 的交面积：

$$\tau = \begin{cases} (x_2^\tau - x_1^\tau) \times (y_2^\tau - y_1^\tau), \text{ if } x_2^\tau > x_1^\tau, y_2^\tau > y_1^\tau \\ 0, \text{ else} \end{cases} \tag{5-17}$$

$$\begin{cases} x_1^\tau = \min(\hat{x}_1^p, x_1^g) \\ x_2^\tau = \max(\hat{x}_2^p, x_2^g) \\ y_1^\tau = \min(\hat{y}_1^p, y_1^g) \\ y_2^\tau = \max(\hat{y}_2^p, y_2^g) \end{cases} \tag{5-18}$$

（4）找出最小包围框 B^c 的坐标为 $(x_1^c, y_1^c, x_2^c, y_2^c)$：

$$\begin{cases} x_1^c = \min(\hat{x}_1^p, x_1^g) \\ x_2^c = \max(\hat{x}_2^p, x_2^g) \\ y_1^c = \min(\hat{y}_1^p, y_1^g) \\ y_2^c = \max(\hat{y}_2^p, y_2^g) \end{cases} \tag{5-19}$$

（5）计算最小包围框

$$A^c = (x_2^c - x_1^c) \times (y_2^c - y_1^c) \tag{5-20}$$

（6）分别根据公式计算 IoU 和 GIoU 的值：

$$\begin{cases} \mu = A^p + A^g - \tau \\ \text{IoU} = \dfrac{\tau}{\mu} \end{cases} \tag{5-21}$$

$$\text{GIoU} = \text{IoU} - \frac{A^c - \mu}{A^c} \tag{5-22}$$

（7）最后计算损失：

$$Loss_{\text{GIoU}} = 1 - \text{GIoU} \tag{5-23}$$

将 GIoU 作为目标检测算法中目标框回归的损失函数，替代原有 MSE 损失函数应用在训练中，其中计算 GIoU 损失的方式就是计算 GIoU 的值，但最终结果返回的是 $1 - \text{GIoU}$ 的值，因此 $1 - \text{GIoU}$ 的取值范围在[0，2]上，且有一定的"距离"性质，即两个边界框重叠区域越大，其损失越小，反之越大。因此，新的网络损失函数将由三部分组成，其公式为

$$L = L_{\text{GIoU}} + L_{\text{size}} + L_p \tag{5-24}$$

其中，新的损失函数的各个部分的计算公式如式中所示，与原始损失函数不同的是，不再预测边界框中心坐标以及边界框的宽度和高度，而是采用 GIoU 损失函数替代。

因此，L_{GIoU}表示 GIoU 损失函数，L_{c}表示预测置信度的损失函数，L_{p}表示预测类别的损失函数。

$$
\begin{cases}
L_{\text{GIoU}} = \lambda_{\text{coord}} \sum_{i=0}^{s^2} \sum_{j=0}^{B} l_{ij}^{\text{obj}}(1-\text{GIoU}) \\
L_{\text{c}} = -\sum_{i=0}^{s^2} \sum_{j=0}^{B} l_{ij}^{\text{obj}}[C_i^j \log(C_i^j)+(1-C_i^j)\log(1-C_i^j)] - \\
\qquad \lambda_{\text{coord}} \sum_{i=0}^{s^2} \sum_{j=0}^{B} l_{ij}^{\text{obj}}[\hat{C}_i^j \log(C_i^j)+(1-\hat{C}_i^j)\log(1-C_i^j)] \\
L_{\text{IoU}} = -\sum_{i=0}^{s^2} l_{ij}^{\text{obj}} \sum_{C \in class}[\hat{p}_i^j \log(p_i^j)+(1-\hat{p}_i^j)\log(1-p_i^j)]
\end{cases}
\qquad （5\text{-}25）
$$

5.3　基于图像的设备识别技术

5.3.1　基于图像的设备状态判别技术

变电站的重要设备，其状态的自动识别对于电网智能化设备状态巡视、设备告警联动等电网生产运行监控具有重要意义。现有的变电站设备状态检测功能都是基于视检和电测。在设备出现表观迹象时，这种迹象不易从一般的大范围视检中检出，同时因为这种表观损坏迹象有时会提前于电参数的变化，从而使本应提前探查得到的设备问题被长期延误。

传统的视频监控技术只是将变电站的远程视频传输到监控室，通过人工查看并确认每个设备的状态，对于设备状态识别效率低下，这极大地增加了运维人员的工作量。因此，应用移动智能机器人对变电站设备状态进行有效自动识别，成为提高变电站视频监控的智能化水平和变电站运维效率和安全的关键。例如图 5-8 所示的隔离开关开合状态，是有所不同的。

图 5-8　隔离开关开合状态

　　基于 Faster R-CNN 的目标检测方法在场景识别领域已经有了初步的应用。变电站设备识别算法属于目标检测领域中相对成熟的算法，采用的是深度学习平台 pytorch。Faster R-CNN 是 Ross Girshick 团队在 2015 年提出，其网络目标检测速度达到 17 fps，在 Pascal VOC 上准确率为 59.9%，复杂网络达到 5 fps，准确率 78.8%。mAP 在 Pascal VOC 2007 数据集上达到了 73.2%。基于 Faster R-CNN 的变电站设备识别方法实现了端到端的检测，在同一个网络中实现特征提取，候选区域生成，分类以及目标位置精修。Faster R-CNN 可以分为 4 个主要内容，流程如图 5-9 所示。

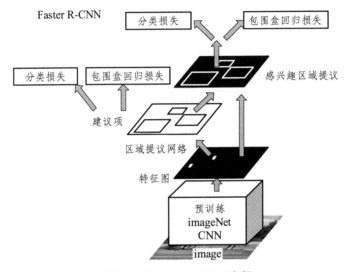

图 5-9　Faster R-CNN 流程

　　（1）共享网络。Faster R-CNN 首先利用卷积层 + 池化层 + ReLU 层提取图像的特征图，特征图被后续 RPN 层和全连接层共享。

　　（2）区域提案网络。RPN 网络用于生成区域提议，利用 Softmax 函数判断锚属于目标还是背景，再利用边框回归算法修正锚获得精确的提议。

　　（3）RoI Pooling。该层收集输入的特征图和提议框，分析提取建议特征图，利用全连接层判定目标类别。

　　（4）分类。利用建议特征图计算提议框的类别，再次利用边框回归获得检测框。

　　VGG 网络模型如图 5-10 所示。

　　该网络包括 13 个卷积层，13 个 ReLU 层、4 个池化层以及 3 个全连接层。卷积层的目的是进行特征提取，池化层通过降维提高网络的计算速度，全连接层起到一个"分类器"的作用，做分类处理。Faster R-CNN 的共享卷积层就是利用 VGG16 网络模型中的前 13 个卷积层对图片进行特征提取。

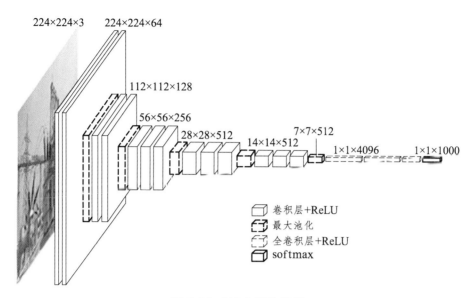

图 5-10　VGG 网络模型

Faster R-CNN 主要包括提议区域的深度全卷积网络，第二个模块是使用提议区域的 Faster R-CNN 检测器。原始图像经过 VGG16 共享网络提取特征后分别送入 RPN 网络和 Faster R-CNN 中进行处理。

模型采用 60 000 张图片的数据集进行训练，经过 70 个轮次循环，应用 Adam 优化器。最终实现了对 20 种变电站设备的共 31 种表观故障识别，该目标检测模型的故障状态识别正确率为 92%。图 5-11 所示为电容器状态检测的两次结果。

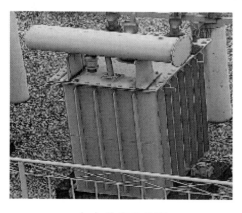

（a）检出无故障

（b）检出漏油

图 5-11　电容器的状态检测

5.3.2　基于图像的仪表读数度量技术

变电站中存在着大量仪表用于监测各类电力设备的工作状态，对变电站中的仪表进行定时巡检是维护电力系统安全的重要环节。由于变电站复杂的电磁环境和年代问题，其中的仪表多为模拟式仪表而非网络式仪表，因而仪表的读数工作不能通过简单的联网在线获取，需要实地进行仪表读数工作。随着巡检机器人技术的不断发展和推广使用，变电站中的仪表读数巡检方案已经朝着无人化、自动化方向升级优化，当前基于巡检机器人的仪表读数巡检方案主要有半自动化方案和自动化方案两种。半自动化方案是指由巡检机器人所携带的图像采集设备获取仪表图像并传输到管理中心进行人工读数，这种方案虽然极大地降低了劳动力消耗和环境限制，但是最终的读数识别工作仍需通过人工完成，效率并未得到显著提升，而且由于其对所采集的图像数据要求较高，所以需要巡检机器人具有很高的定位精度，基本上只适用于采用有轨巡检方式的巡检机器人，使得巡检工作受到了较大的限制，不利于变电站的自动化建设。而自动化方案则采用图像处理技术和人工智能技术通过计算机程序实现具体的仪表读数识别工作，相对于半自动化方案有着高效率、高精度、低漏检率以及多环境适用等优势，因此，研发一种适用于巡检机器人的高泛化性、高精确度、高健壮性的智能化仪表读数度量系统对于保障电力系统稳定高效运行具有十分重要的理论意义和实用价值。

各类仪表中指针式仪表的指针位置信息对于其仪表读数计算来说极其重要，基于指针位置信息才可以应用角度法、刻度距离法或各类改进方法进行指针式仪表的读数计算。而指针位置信息主要包括指针中心位置和指针区域信息两类，确定好这两类信息即可对指针中心线的位置信息和方向信息进行精确估计，从而为仪表读数计算准备准确无误的参数，以提高指针式仪表读数识别的精度。

对于指针式仪表的读数计算任务来说，指针区域与刻度区域的位置信息尤其重要，只有获取了指针区域与刻度区域才能通过角度法或刻度距离法等指针式仪表读数方法实现读数计算。指针区域与刻度区域的提取任务可视为图像分割任务，即将指针所在区域从整体图像中分割出来。而位置信息主要包括指针中心位置、刻度首尾位置与指针指示位置信息三类，确定好这三类信息即可对指针中心线的盘面刻度分布信息进行精确估计，从而为仪表读数计算准备准确无误的位置参数，以提高指针式仪表读数识别的精度。

图 5-12 所示为指针式仪表的视觉读数度量流程。

图 5-12　指针式仪表的视觉读数度量流程

在进行指针式仪表的视觉读数度量的过程中，目标仪表的影像采集需要完成目标检测提取和尺寸缩放，通过使用高质量指针仪表影像进行对指针、刻度区域的区域分割。这一图像分割操作通过抗失真全卷积网络来实现。通过对带有两区域的分割结果以及原始图像联合特征提取，得到综合了局部特征和结构特征的仪表关键点位置。接着对定位仪表关键点的工作目标包含得到指针中心、刻度交点以及刻度端点。面对某些仪表对指针中心遮挡的现实问题，提出应用表盘刻度的形态特征来辅助指针中心的定位，根据特征点显著度来融合两工作的测量结果或隔离定位失败的测量结果。读数度量综合图像关键点位置以及刻度范围，确定刻度椭圆以及刻度范围，进而得到计算指针指示的相对刻度值。

本研究采用基于全卷积网络（FCN）的图像分割技术作为刻度指针区域提取方法的基础技术。基于神经网络的图像分割技术，该方法泛化能力和抗噪能力较强且实现像素级区域分割，但是通常易造成过分割破坏目标结构，且其对数据集要求较高，这些方面是模型设计和训练中需要注意的。考虑到拍摄角度对视觉几何测量的形变影响以及周围仪表的视觉干扰，在特征提取环节中加入全图形变变换器单元来对感兴趣区域进行透视失真矫正。

FCN 与 CNN 的区别在于把与 CNN 最后的全连接层转换成卷积层，输出的是一张已经 Label（标记）好的图片，而这个图片就可以做语义分割。CNN 的强大之处在于它的多层结构能自动学习特征，并且可以学习到多个层次的特征。较浅的卷积层感知域较小，学习到一些局部区域的特征，同时较深的卷积层具有较大的感知域，能够学习到更加抽象一些的特征。高层的抽象特征对物体的大小、位置和方向等敏感性更低，从而有助于识别性能的提高，所以我们常常可以将卷积层看作是特征提取器。然而，对于 CNN 的像素级别的分类工作，存储开销很大。例如，对每个像素使用的图像块的大小为 15×15，然后不断滑动窗口，每次滑动的窗口给 CNN 进行判别分类，因此所需的存储空间根据滑动窗口的次数和大小急剧上升。相邻的像素块基本上是重复的，针对每个像素块逐个计算卷积，这种计算也有很大程度上的重复，导致计算效率低下。同时像素块的大小限制了感知区域的大小。通常像素块的大小比整幅图像的尺寸小很多，只能提取一些局部的特征，从而导致分类的性能受到限制。

全连接层和卷积层之间唯一的不同就是卷积层中的神经元只与输入数据中的一个局部区域连接，并且在卷积列中的神经元共享参数。然而在两类层中，神经元都是计算点积，所以它们的函数形式是一样的。因此，将此两者相互转化是可能的。即对于任一个卷积层，都存在一个能实现和它一样的前向传播函数的全连接层。权重矩阵是一个巨大的矩阵，除了某些特定块，其余部分都是零。而在其中大部分块中，元素都是相等的。任何全连接层都可以被转化为卷积层。换句话说，就是将滤波器的尺寸设置为和输入数据体的尺寸一致，这样输出就变为，本质上和全连接层的输出是一样的。这样的转化可以在单个向前传播的过程中，使得卷积网络在一张更大的输入图片上滑动，从而得到多个输出。

由于 FCN 与 SegNet 等图像分割网络在处理多尺度问题上能力较差，同时上采样解码方式过于简单，不利于整个网络对图像的理解。为了解决这些问题，提出基于改进的全卷积网络完成图像分割。该网络通过多路膨胀卷积来解决图像中物体尺度变化问题，并且使用注意力机制构建了自适应上采样模块来更好地在解码器部分对图像进行理解与恢复尺寸。

图像分割网络的总体结构示意图如图 5-13 所示。图中主干网络为 ResNet-34，将

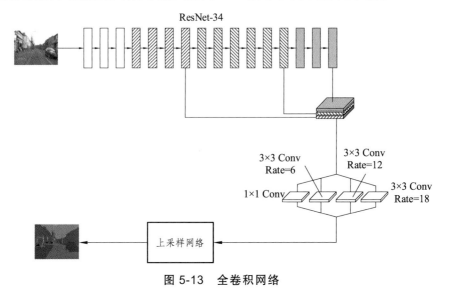

图 5-13　全卷积网络

其分为 4 个部分，每个部分中的一个彩色矩形表示一个残差块结构，每个部分分别有 3、4、6、3 个残差块。将第 2、3、4 部分输出的最后一个特征图在通道上进行融合，其中第 3、4 部分需要通过上采样后才能进行融合。通过将深层网络的全局信息与浅层网络的局部信息结合起来，从而获得信息更丰富的特征图。然后将该特征送入一个四路的膨胀卷积进一步优化特征，使其具有不同的感受野。之后再将特征图输入自适应上采样模块中，最后对输出进行上采样后得到与原图大小相同的分割结果。

为了使网络学习到的特征更抽象以便于获得建模能力更强的网络，需要加深网络。而事实证明较深的网络容易产生梯度消失问题，这会使网络参数在训练时不再更新，为了解决这一问题，使用 ResNet-34 作为特征提取的主干网络，将网络的浅层特征与深层特征进行融合。之后使用的四路并行的膨胀卷积主要作用是利用不同的感受野来处理多尺度问题。对于一张待分割的图像，其中具有很多物体，而分割的重点在于正确出分割出仪器、部件等重要物体。为了使得网络对图像的训练有侧重点，在网络模型的最后加上通道注意力机制网络来为特征图不同部分分配权重，以提升最终分割效果。

为了解决变电站场景下常见的尺度变化问题，网络使用多路膨胀卷积，并进行两次通道上的融合。这样可以获得大的感受野，不会将近处大物体分割成两个物体，同时也保留了小感受野的普通 1×1 卷积来分割远处小物体。

特征融合模块的网络结构如图 5-14 所示。其中 Input1、Input2、Input3 分别为 ResNet-34 的第 4、第 3 和第 2 阶段的输出，C 为通道域上的融合，虚线框矩形代表卷积层，$n \times n$ 表示卷积核大小，Rate 为膨胀率大小。

首先，将第 2、3、4 阶段网络输出的特征图进行通道域上的叠加，在叠加之前要注意的是各个阶段特征图尺寸不同，所以要先进行上采样。然后，将融合好的特征图输入一组级联的膨胀卷积得到 4 个特征图，其中第一个卷积为 1×1 的普通卷积，其余是膨胀率分别为 6、12 和 18 的 3×3 卷积。最后，再将这 4 个特征图在通道域上进行叠加。

网络经过由主干网络和特征融合模块组成的编码器部分对图像进行特征提取、降维操作后，接下来需要进行解码操作，即通过上采样操作来逐渐理解图像内容并将分割图像逐渐恢复到原图大小。与传统的直接对解码器输出的特征图进行线性插值、反卷积或反池化等操作来恢复特征图尺寸大小，不同的是，借鉴注意力机制提出应用自适应上采样模块，该模块网络结构如图 5-15 所示。

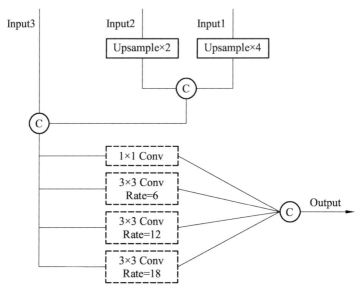

图 5-14　特征融合模块网络结构

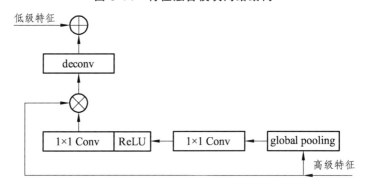

图 5-15　上采样模块

首先，深层次网络生成的高级特征图进入一个全局池化层，使用全局池化层可以代替全连接层以减少模型参数。然后，输出的特征图再进入两个相连的 1×1 卷积层，其中第二个卷积层后连接一个 ReLU 激活函数来增加模型的非线性。再将得到的每个通道有不同权重的注意力特征图与原图相乘，最终将特征图经过一个反卷积层进行二倍上采样，使其与上一阶段输出的低一级的特征图尺寸相同并与低级特征图相加后输出。该模块主要作用是在上采样之前，使用注意力机制来对解码器生成的特征图进行一个更细化的训练，即从特征图的众多信息中找到针对当前任务场景更重要的信息进行训练，从而提升整个网络的分割效果。

前述技术获取的仪表表盘信息包括刻度区域信息和指针区域信息，这些信息若要供仪表读数计算方法使用，还需进行更进一步的提取和精化，其中指针区域位置需要进行指针中心的提取，以获取更加精确的表盘分度信息，且在实际采集的仪表图像数据中经常会出现表盘倾斜的情况，对表盘进行倾斜校正则更有利于提高各类表盘信息位置的精确程度，减少仪表读数方法的误差。仪表表盘信息的精定位主要包括如指针中心等关键几何点的提取、表盘倾斜校正和读数度量计算三部分。

对于仪表图像的关键点定位从两条技术路线出发，即通过再次图像分割以及图像形态学处理。

一是提出通过对目标检测网络输入复合图像进而得到细化的关键点区域。输入的复合图像在通道维度上连接了原始的采集图像以及带有指针和刻度区域分割的分割图像。通过聚类算法与区域中心计算进而得到刻度端点、指针中心和刻度交点几个关键点在图像中的位置。对图像分割网络的关键点区域提取任务的训练，其损失函数应适当增加位置误差的正则权重。

二是从已经划分出的刻度区域入手，根据区域集合的骨架提取得到表盘刻度的大致圆弧段。再经过通过椭圆拟合来得到刻度圆，同时获取椭圆中心位置，即指针中心位置和其他一些椭圆参数，以供后续倾斜校正选取特征点使用。

区域集合 A 的骨架 $S(A)$ 定义：

（1）如果 z 是 $S(A)$ 的一个点，而且 $(D)_z$ 是 A 内以 z 为中心的最大圆盘，则不存在包含 $(D)_z$ 且位于 A 内的更大圆盘（不必以 z 为中心）。圆盘 $(D)_z$ 称为最大圆盘。

（2）圆盘 $(D)_z$ 在 2 个或多个不同位置与 A 的边界接触。

A 的骨架可以用腐蚀和开操作来表达，即骨架可以表示为

$$S(A) = \bigcup_{k=0}^{K} S_k(A) \tag{5-26}$$

其中

$$S_k(A) = (A \ominus kB) - (A \ominus kB) \circ B \tag{5-27}$$

B 是一个结构元，而 $(A \ominus kB)$ 表示对 A 的连续 k 次腐蚀：

$$((\cdots(A \ominus B) \ominus B) \ominus \cdots) \ominus B \tag{5-28}$$

K 是 A 被腐蚀为空集前的最后一次迭代步骤，便有

$$K = \max\{k \mid (A \ominus kB) \neq \varnothing\} \tag{5-29}$$

同时在骨架生成时容易产生寄生成分，因此需要使用后处理来清除寄生成分，达到获得刻度区域的精确骨架集合。选用裁剪方法来实现骨架算法的后处理补充。裁剪形态学处理通过不断删除寄生分支的终点来抑制寄生分支。使用一系列检测端点的机构元，对输入集合 A 进行细化可以达到期望的结果。也就是说，令

$$X_1 = A \otimes \{B\} \tag{5-30}$$

式中，$\{B\}$ 表示结构元序列。这个机构元序列由两种不同的结构组成，每种结构对全部 8 个元素旋转 $90°$。连续对 A 应用式（5-30）多次，可以得到集合 X_1。进而是将骨架"恢复"为原来的形状，但要去掉寄生分枝。为做到这一点首先形成一个包含 X_1 中所有端点的集合 X_2。

$$X_2 = \bigcup_{k=1}^{8} (X_1 \odot B^k) \tag{5-31}$$

式中，B^k 是与上相同的端点检测子。下一步是用集合 A 作为限定器，对端点进行三次膨胀：

$$X_3 = (X_2 \oplus H) \bigcap A \tag{5-32}$$

式中，H 是元素值为 1 的 3*3 结构元，且在每一步之后都要与 A 求交集。如区域填充和提取联通分量的情况一样，这种有条件的膨胀可以防止在我们关注的区域外产生值为 1 的元素。最后的裁剪结果经由 X_3 与 X_1 的集合并操作得到。

$$X_4 = X_1 \bigcup X_3 \tag{5-33}$$

由于前面已获得具体的刻度骨架位置信息，而刻度骨架通常分布在以仪表表盘中心为圆心的圆周之上，即使表盘有一定的倾斜角度，所有刻度所构成的椭圆等形状的中心仍与表盘中心相差甚少，故研究采用刻度骨架拟合椭圆的方法来获取椭圆中心位置以作为表盘中心，从而得到指针中心位置信息。采用应用较为广泛的基于最小二乘法的椭圆拟合方法完成指针中心位置的提取，该算法原理如下：

首先可设椭圆方程如下：

$$ax^2 + bxy + cy^2 + dx + ey = 1 \tag{5-34}$$

式中，a、b、c、d、e 为椭圆参数，可令 $A=[a,b,c,d,e]^{\mathrm{T}}$，$x$、$y$ 为椭圆上点的坐标，可令 $X=[x^2,xy,y^2,x,y]^{\mathrm{T}}$，则可将式（5-34）简化为 $AX=1$，则椭圆拟合的最优化问题可描述为如下形式：

$$\min\|DA\|^2$$
$$s.t.\ A^{\mathrm{T}}CA=1 \tag{5-35}$$

式中，D 为拟合数据样本集合，其中样本数为 n，维度为 6；C 为常数矩阵，其形式如下：

$$C=\left[\begin{array}{c|c} C & \overrightarrow{0_{3,3}} \\ \hline \overrightarrow{0_{3,3}} & \overrightarrow{0_{3,3}} \end{array}\right] \tag{5-36}$$

式中

$$C=\begin{bmatrix} 0 & 0 & 2 \\ 0 & -1 & 0 \\ 0 & 0 & 0 \end{bmatrix}$$

由拉格朗日乘子法可引入拉格朗日因子 λ，得到如下方程：

$$2D^{\mathrm{T}}DA-2\lambda CA=0$$
$$A^{\mathrm{T}}CA=1 \tag{5-37}$$

求解第一个方程的特征值和向量 (λ_i,u_i)，则 $(\lambda_i,\mu u_i)$ 也可为该方程的特征解，其中 μ 为任意实数，由式中第二个方程可找到一个实数 μ 使得 $\mu^2 u_i^{\mathrm{T}}Cu_i=1$，即可求得 μ 值为

$$\mu_i=\sqrt{\frac{1}{u_i^{\mathrm{T}}Cu_i}}=\sqrt{\frac{\lambda_i}{u_i^{\mathrm{T}}D^{\mathrm{T}}Du_i}} \tag{5-38}$$

最终令椭圆参数解为 $\overline{A}_i=\mu_i u_i$，u_i 取 $\lambda_i>0$ 时所对应的特征向量，即可得到最优椭圆方程。基于最小二乘法的椭圆拟合法具有计算高效、抗噪声干扰能力强、椭圆解的特异性以及对欧式变换具有不变性等优势，可以得到较为精确的椭圆拟合结果，以获取椭圆中心位置，即指针中心位置和其他一些椭圆参数，以供后续倾斜校正选取特征点使用。椭圆拟合效果如图 5-16 所示。

（a）刻度区域及其形态学骨架　　　　　　　（b）骨架的椭圆拟合

图 5-16　对刻度区域骨架的椭圆拟合

指针中心位置同样是指仪表表盘的中心位置，该位置信息有助于指针中心线信息的提取、指针式仪表读数计算以及指针式仪表表盘的校正等过程的实现。一般来说，大部分方法直接使用仪表表盘检测之后的图像中心作为表盘中心（即指针中心），这种方法虽然简便易行，但是由于仪表表盘检测所检测的表盘图像的中心并不能总是与实际表盘中心准确吻合，且仪表表盘通常具有一定的倾斜角度，故这类方法会对指针中心位置的提取造成较大影响，甚至会干扰仪表读数的计算和仪表表盘校正的精度，从而使得得到的仪表读数具有较大的误差。

面对透视失真导致的指针中心定位问题，提出从两个方面解决：椭圆拟合与联合定位（见图 5-17）。通过对刻度区域骨架的曲线拟合获得图像形态角度上的指针中心，一定程度上抵抗了表盘形变带来的定位不准。进而通过融合关键点目标分割结果可以得到更加可靠的指针中心定位结果。两路线的定位结果融合根据指针中心的分类概率进行加权融合。针对指针遮挡导致目标检测失败的情况，通过目标的分类概率、定位偏差和接受阈值进行异常剔除。

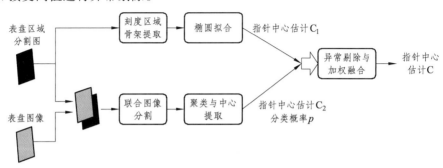

图 5-17　指针中心定位流程

在实际采集图像过程中，巡检机器人不能保持时刻正对仪表表盘方向，而且由于光照、仪表自身的物理偏移以及一些场合的特殊限制（如场景空间不足以完成正面采集图像工作）等原因，使得所采集的仪表图像并不能保证仪表表盘时刻位于图像中心且角度没有畸变，故若要完成精度较高的仪表读数识别，就必须先对仪表表盘进行倾斜校正，以修正仪表表盘上各信息的位置和相对关系，从而减少由于角度畸变而产生的读数误差。对于仪表表盘所存在的角度畸变，畸变校正的流程主要为：获取畸变前后对应点并由对应点求取变换矩阵、再由变换矩阵通过具体的倾斜校正方法实现畸变校正。

图 5-18 所示为指针式仪表读数度量结果。

（a）油位计图像

（b）指针与刻度区域的图像分割

（c）表盘关键点定位

（d）刻度区域椭圆拟合与角度法读数度量

图 5-18　指针式仪表读数度量结果

指针式仪表读数度量方法的输入信息为经精定位之后的指针中心位置、刻度端点、刻度交点、刻度圆及其刻度区域位置信息，算法的主要流程如下：首先对刻度区域和刻度端点进行分析，将刻度端点进行区分得到量程首尾以及刻度弧段，这一区分沿用一般仪表中读数沿顺时针增大的经验确定，通过判断哪些角度上存在刻度便可以判断两端点的性质。若实际仪表示数规则不同，则根据自身映射规则来单独计算实际读数，所以该方案具有一定通用性。

第6章 红外测温技术

红外测温技术主要指利用电子传感器采集各种电力设备内部中的热辐射数据，并通过自己的特性和功能把这些热辐射的信号转化成图像和数据信号的技术。通过检测温度变化来判断该设备工作情况，检测得到该设备有无异常，其最根本的就是热成像。

红外线测温技术不仅能够在检测时得出更加准确的结果，同时可以帮助快速形成一个物体温度变化幅值的范围效应曲线，更加直观地呈现出结果，还能够区分同一个位置内各种电气设备的热量和温度变化幅值。红外测温技术的优点主要体现在检测精准性和直观性上。根据图像的特殊性和真实性，维修工作人员能够快速地确定各种异常情况下各种图像中可能会出现的位置和地点，直至确定准确的位置。

机器人搭载红外热成像仪，可实现对设备红外测温。为了避免环境温度干扰，需要前期对待测温设备进行人工圈图标定。人工圈图过程耗费了大量的调试时间，且随着机器人逐步运行，其导航定位误差和云台误差将影响框图位置准确性。大立科技研发了变电设备自动匹配识别技术，较好地解决了框图偏移的问题，但需要设备与环境温度差异较大，一般建议在夜间开展红外测温。在红外测温技术上，除了需要进一步提升红外测温分辨率和增加自动对焦功能、自动调整温宽功能外，还需要研发红外测温的框图自动纠偏技术和基于红外线的设备识别技术，排除环境温度干扰，提升告警准确性。

变电站日常维护的过程中，存在着一项重要的任务就是巡视设备的运行状况。而且在做好巡视工作的同时，还需要及时地发现各种类型的安全隐患，随时掌握设备运行过程中的情况以及异常。传统的电力设备巡检一般直接使用眼睛观察、手触碰和耳听三种观察方法，其中用眼睛观察是最普遍、最直观的方法。然而，视觉观察也有一定的缺点，其主要缺点是它具有局限性，难以有效地识别这些零件的开发缺陷。例如，很难观察加热动力装置的初始发热情况，往往只能当加热到一定程度时才可以找出，此时，设备在工作中已受到不同程度的损坏，导致电力设备缺陷的发现和处理出现延误，无法及时处理故障问题。

尽管注油装置随着先进技术的进步和发展而变得越来越少，同时在泄漏处理过程中油气泄漏也越来越少，但设备异常问题依然严重。根据国家相关单位的统计数据报告，异常处理后的设备缺陷占总故障率的一半以上。耳朵听觉和手触摸的方法不适用于正在运行着的设备，不仅如此，有些设备操作非常复杂，可能有很大的风险，因此，不建议使用手触摸。这种情况下，需要一种有效的方法来实时检测设备的运动状态，如果能在变电站的检测直接采用红外测温技术，就能够解决上述问题，大大提高科技人员发现设备安全隐患的能力，不仅大大提高检验质量，也确保了变电站的安全、稳定运行。

6.1 红外测温技术的基本原理

6.1.1 红外测温技术应用原理

红外测温技术是一种以红外线技术为基本原理的设计模式，能够实现对电气设备的温度检测工作，以此保证电气设备的正常运行。红外测温技术的设计原理为：根据物质构成的基本成分，即原子与分子，两者的组成与分布排列方式各不相同，并按照一定的序列做出排序。众多的原子与分子处于不同的排列组合模式下，而每一种排列方式均会形成一种物质，也便造就了物质的差异化特性。原子与分子在运动阶段，拥有高速运转的特性，且存在一定的运转规律，在整个高速运转阶段能够向外界产生一种辐射热量，该辐射热量被称为热辐射现象。鉴于此，红外测温技术便是依据热辐射热量实现电气设备的温度检测，继而保障设备处于正常的工作温度范围之内。

在变电站的运维工作中红外测温技术的实现机制为：首先由传感器单元收集变电设备在红外测温辐射过程而产生的热量，其次将采集的辐射热量经过红外探测设备与信号处理单元等，传递为信号数据进行传递，之后经液晶显示单元显示信号数据。变电设备运维工作者便根据温度信号的信息，判断设备是否处于正常工作的范围之内。同时，红外测温数据显示能够达成变电设备实时运行检测的目的，以精准地把控故障位置。红外测温技术在变电站运行的应用原理如图 6-1 所示。

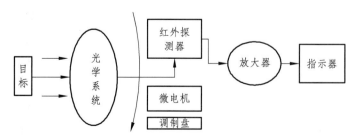

图 6-1 红外测温技术在变电站运行的应用原理

1．红外辐射

任何一个物体只要它的分子和原子出现不规则运行只有一种原因，那就是温度高于绝对温度（–273 ℃），其表面就不断地辐射红外线。红外线是一种波长范围为760 nm～1 mm、不为人眼所见的电磁波。红外测温技术就是通过对物体表面热量散发不同进行技术收集类比，从而得到设备表面热场分布情况，经过分析处理呈现设备表面温度，从而使工作人员据此明确物体的热力学状态。设备发热量的大小与设备发热部位肯定有所差异。利用测温仪进行设备局部者整体扫描，设备显示器就会显示出异于其他部位的不同温度图像显示，由此我们可以快速查找出故障所在。

红外线是一种人类的眼睛无法察觉的光，整体上来看，它的波长小于微波，但是大于可见光。

同可见光一样，它的速度等于光速：

$$c = 299\ 792\ 458\ \text{m/s} \approx 3 \times 10^{10}\ \text{cm/s} \tag{6-1}$$

红外线辐射的波长：

$$\lambda = \frac{c}{v} \tag{6-2}$$

式中，λ 为光波长（cm）；v 为光频率（Hz）。

2．红外测温

间接接触设备和不停电是红外测温的最显著优势，目前该技术在变电站运维中被广泛采纳。任何事情都有两面性，红外测温精确度由于各种因素的影响下不是很高。因此，设备的平均温度是红外测温得到的最终结果。从变电工作角度而言，在高压电气设备红外测温技术中引出环境温度参照体、温升、温差、相对温差的概念。

环境温度参照物（T_0）：体现周围环境温度的物体，不代表当时的环境温度，但是与被测物体处于相同属性环境中，能够对该物体的测温起到对照作用。

温升：同属性环境下被测物体的温度与上述温度的差值。

$$T_S = T_{k1} - T_{k2} \tag{6-3}$$

式中，T_S 为温升（K）；T_{k1} 为被测物的表面温度（K）；T_{k2} 为参照物的环境温度（K）。

不同被测物或同一被测物的不同部位之间的温度差为温差，如下：

$$T_C = T_1 - T_2 \tag{6-4}$$

式中，T_C 为温差（K）；T_1 为高温点（K）；T_2 为低温点（K）。

关联的对称物体不同部位的温度差值除以最高温度温升之比得到的百分数为相对温差 δt，可用式（6-5）求出：

$$\delta t = \frac{(t_1 - t_2)}{t_1} \times 100\% = \frac{(T_1 - T_2)}{(T_1 - T_0)} \times 100\% \tag{6-5}$$

式中，t_1 和 T_1 为测温处的温度差值和温度值（K）；t_2 和 T_2 为对称测温处的温度差值和温度值（K）；T_0 为参照物体的环境温度数值（K）。

为了更好地取得被测设备的发热状态，设置了对照体，用来测量环境的温度，这可以让电力工作者明确周边条件对测温结果的影响，在分析过程中排除外来因素的干扰，有利于得到正确的测量结论。

实际工作中，红外诊断技术的第一步就是得到被测设备的表面温度，根本意义上的红外测温及诊断实在取得表面温度的基础上，借助计算机计算功能，应用计算公式，确定设备内部故障的位置、性质、形状以及严重程度的诊断。

变电站高压电气设备红外测温发现发热缺陷的程序：

（1）利用红外测温仪采集设备表面温度，确定大体发热部位。

（2）利用取得的表面温度结果，利用计算机及相关公式测算确定缺陷位置、性质及严重程度。

（3）现场红外测温发热设备之后分析、诊断，合理调整运行方式，对故障进行隔离。进行设备缺陷的处理，进行测温结果的验证。

6.1.2　电力系统中的红外测温及热缺陷

在实际变电站设备巡视维护工作中，使用者一般采用两种测温方式，即一般检测和精确检测。一般检测一般用在巡视过程中大范围扫描测温，检查设备运行状况，是否出现发热异常。而精确检测更加注重于发现设备缺陷后的精确故障诊断。

一般检测：适用于用红外热像仪对电气设备进行大面积检测。

精确检测：重点应用于由于电压异常和电流异常从而导致设备内部温度差异，有助于对设备内部发热进行详细检测。

是否能够较好地判断设备内部或外部是否有热故障，目前是基于系统中的运行中的高压设备发热规律、表面热场分布、温升差异等状况，再结合设备本身导热状况，同时参照其他测温结果及数据进一步分析得出的。由于电压和电流的不同，会产生一定的负面影响，而这项影响会给运行中的高压电气设备造成缺陷。在对站内高压电力设备采用红外测温技术时，重点要对设备发热现场及原因进行总结，探寻设备出现热缺陷的原因及规律。

1．设备热缺陷分类

（1）外部发热缺陷：

可通过肉眼直接发现发热故障，该发热设备从中心点开始向周围辐射热能，利用红外测温仪测出该设备的红外测温图像，从而在设备的热图像中可判断是否存在故障，根据温度可确定故障的部位。

大量的试验事实证明，造成设备外部发热缺陷的原因有：

① 设备本身存在家族性缺陷或者构造缺陷。

② 设备不符合规程运行，例如设备带额外保护层运行、线夹螺母紧固不良、没有弹簧垫片运行等问题。

③ 设备运行在不好环境下，例如没有采取避光、防风沙尘土措施、存在大风暴雨及相关化学品的腐蚀，日积月累对设备运行造成破坏等。

④ 运行时间过长，没有计划性检修或者调整造成设备长时间运行老化等。

（2）内部发热缺陷：

内部过热与外部故障是相对的，反映电力设备内部故障问题，变电站站内的设备经常被金属板、硬质塑料、木等材料封装在一个固定的空间中，例如开关柜内设备、GIS 设备等。倘若出现问题，电力员工根本无法及时发现问题。一般都是内部设备零件的损坏引发设备出现故障。如今运维运维人员对运行中的电力设备发热故障的查找，首先采用的就是红外测温这种简洁、有效的技术手段。

异于其他显而易见缺陷，有两种原因会造成内部故障：

（1）电路的连接不良。因为设备内部零件的绝缘性能降低或连接不佳，如变压器的铁心、绕组接触不良。这种类型的过热缺陷都是属于电流致热的范围内标准数值低于设备介质损耗数值。变压器不仅需要保持这些原件互相独立工作还需要保持联络性。

（2）电路的不正常连接。由于这些原件的损坏从而引发故障。此种情况下的热功率为

$$P = U^2 \omega C \tan \delta \quad （\text{W}） \qquad （6\text{-}6）$$

式中，U 为施加的电压（V）；ω 为交变电压的角频率（rad/s）；C 为介质的等值电容（F）；δ 为不导电介质的耗损因素。

从式（6-1）可以看出，对设备发热有着重大影响的是设备电压值，而不是设备电流。所以，我们习惯称这种发热情况是因为电压效应产生的设备过热。

（3）电流制热型缺陷：

部件的裸露接头由于回路联通不佳，引起接触电阻增大产生异常，属于电流问题引起的缺陷，这种类型的缺陷通常是由电流突变在大电阻上产生的热效应，电流致热型设备产生的缺陷一般都是外部缺陷。

（4）电压制热型缺陷：

变电站内的高压电气设备由于封堵不佳或者不及时，再加上阴天、下雨等天气，设备的绝缘性能大大降低，出现设备内部击穿或者短路情况，这种情况下形成的设备缺陷都是由于设备电压突变造成，而这类设备的发热功率与运行电压的平方成正比而与电流大小无关。

（5）其他致热型缺陷：

① 由于内部构造不同导致站内设备的连接回路出现漏磁现象，造成设备内部过热。

② 由于系统振荡不正常运行导致电压和电流出现变化而发生故障，从而引起设备表面热能场性变化。

③ 像油浸式设备在发生漏油时会出现虚假油位。设备表明由于介质不同形成了热传导差异从而在表面产生温度变化。

2．设备热缺陷定级

变电站内的高压设备发生故障，无论是否及时对设备运行产生影响，只要给设备稳定运行带来不安全因素的，都叫作设备缺陷。

缺陷根据严重程度，可分为普通（一般）缺陷、重大缺陷、严重缺陷，分类原则如下：

普通缺陷：不会影响人身安全，不会影响变电站内设备运行，长时间运行也不会出现系统震荡、故障等恶劣影响，不需要立即处理，后期可结合电网运行方式合理安排时间进行检修的缺陷。

重大缺陷：暂时不会影响人身安全，也不会对设备此时运行造成影响，但是任其发展会对设备产生较大影响，严重情况会出现大面积停电或者重大事故的缺陷。

严重缺陷：危及人员生命安全，可能造成设备永久性损坏，或者大面积停电的缺陷。

发现站内设备出现异常，若进行红外测温确定是发热的缺陷，则根据公司流程进行消缺处理。

满足上述普通缺陷条件的缺陷定性为一般缺陷，应加强监视。满足上述严重缺陷条件的缺陷，缺陷性质确认后，应立即采取措施消缺。满足上述重大缺陷条件的缺陷定性为重大缺陷。电压致热型设备的缺陷一般定为严重及以上的缺陷。

6.1.3　红外测温技术的应用分类

1．温度判断

在红外测温技术的温度判断方面，仅仅作为变电设备温度的普通测量，同时根据传统测量经验的相关数据，以实现变电设备是否处于正常的工作范围之内。目前，温度判断的基本要点分为两个方面：一方面是对一些热点不容易聚集的变电设备具备针对性作用；另一方面是为尽可能地提高温度测量的精准度，排除其他热源的干扰与变电设备的通流，需在负荷晚峰期间执行温度检测工作。

2．温差对比

在红外测温技术的温差对比方面，其作为一种横向比对的方式，主要是对比两台同样类型的电流设备中对应测点之间的误差温度，以实现诊断变电设备故障的目的。采用温差对比的基本要点：不需要在负荷晚峰等特定期间内进行检测，但是需要预先设定好变电设备的检测位置，如隔离开关、发夹、触头等位置。

3．档案分析

在红外测温技术的档案分析方面，其作为一种纵向比对的方式，主要是对比不同时间段的变电设备运行中的红外图谱，以掌握当前变电设备的运行状况，并保证变电设备运行的安全性。采用档案分析方法的基本要点：在变电设备检测阶段之前，预先设立历史图谱，即正常图谱与典型图谱。两种类型图谱的建立可以保障后续变电设备的检测与故障比对。

6.2 红外测温技术在工作中的分析

6.2.1 红外测温诊断方法

6.2.1.1 测温诊断方法

对设备进行红外测温诊断的根本目的是能够及时发现站内设备存在的缺陷，避免长时间运行造成事故。对发现的热缺陷能够及时进行消除。但是如果测温不准确，把有缺陷的设备定义为正常设备，不正常状态定义为正常状态，将会给变电站的设备及电力系统造成事故。

此外，不同的气象、环境条件、负荷状况都会对红外测温的准确性产生影响。因此，为提高红外测温的准确性，不仅需要熟练掌握测温仪器的使用方法，以及具备技术经验之外，还需要掌握一定的方法进行红外测温，并且找出在当前电网运行模式下，最有效、快捷的测温方式。目前实际工作中，主要采取以下几种测温方式：

1．表面温度判定法

该方法适用于电流异常和电压异常因素引发的缺陷。根据测得的设备表面温度值，对照标准再结合不同设备由于材质、运行环境的不同从而导致环境温度下设备表面温度的不同进行分析判断。

2．同类比较判断法

对相同间隔内的站内高压电力设备的对应部位的温升进行温度比较分析。假如相同设备的 A、B、C 三相同时出现问题，那么就进行相同回路的设备对比。再或者对于电压致热的设备应同时考虑负荷电流的因素，当出现 A、B、C 负荷电流不对称时，允许温升值低于同类温差 30% 时，诊断为重大缺陷。同时如果现场环境中系统出现三相电压不对称时应考虑工作电压的影响。

3．图像特征判断法

该方法适用于电压致热类型设备。判断运行设备的发热现象是否是缺陷要参照该设备正常运行温度下的图像和异常时积累下的图像，同时排除各种因素对测温数据的影响，通过图像特征对比判断，就会很容易定性缺陷。

4．相对温差判断法

该方法适用于电压致热类型设备。判断运行设备的发热现象是否是缺陷要参照该设备正常运行温度和异常时积累的温度数值库，同时排除各种因素对测温数据的影响，通过温度数值对比判断，就会很容易定性缺陷。

关联的对称物体不同部位的温度差值除以最高温度温升之比得到的百分数，即为相对温差 δt，可用式（6-7）求出

$$\delta t = \frac{t_1 - t_2}{t_1}\times100\% = \frac{T_1 - T_2}{T_1 - T_0}\times100\% \tag{6-7}$$

式中，t_1 和 T_1 为温处的温度差值和温度值（K）；t_2 和 T_2 为对称测温处的温度差值和温度值（K）；T_0 为参照物体的环境温度数值（K）。

采用相对温差判断方法可准确判断出电流致热情况下设备的发热缺陷。不可采用该判断方法的前提是测温处的温升值小于 10 K。

5．档案分析判断法

日常红外测温积累留下的数据建立典型数据库，将被测设备的发热温度数值与典型数据库进行对比分析，同时查找该设备不同时期的数据值，分析设备发热的规律，建立发波形图，将设备进行缺陷定性，还可以参考色谱、$\tan\delta$ 等的变化情况进存综合判断，对于变电站，将长期从事测温工作，根据巡视测温周期积累了大量成像图片，通过对比分析可以查找出该设备故障形成与发展的过程。

6．实时分析判断法

一段周期内应用红外测温技术对某设备进行连续红外测温，研究分析设备温度随负载、时间等因素变化的曲线。优点在于能够根据运行及故障情况能够及时发现设备的缺陷，判断是否需要消缺以及何时消缺，并能够跟踪了解设备故障状态的发展过程。

6.2.1.2 红外测温方法的比较

表 6-1 中对上述两种诊断方法做了大致比较，总结了各种方法的优点及缺点。

表 6-1 红外测温诊断方法的比较

诊断方法	优点	缺点
表面温度判定法	对照体系明了严格，易于判断缺陷	受环境因素影响较大
同类比较判断法	能够快速判断故障	受参照物影响较大
图像特征判断法	定向的检测分析较准确	需要具备红外成像图谱库，工作量较大
相对温差判断法	在故障性质判别和缺陷部位定位上具有优势	受参照物影响较大
档案分析判断法	易于早期发现设备故障	需要红外成像图谱库，工作量较大
实时分析判断法	能够掌握缺陷发展状态，便于及时检修消缺	需要实时跟踪，耗费人力时间

通过上述 6 种方法的比较，我们容易发现使用图像特征判断方法进行设备测温，具有明显的优势，只要和传统的测温图像进行比较，就能发现故障。但是这种方式在我们日常工作中使用不多。使用较多的是相对温差判断法，这种方式虽然缺点是受参照物的影响，但是在日常工作中，参照物和设备处于相同电网系统及环境中，具有较准确的参照性。此外，此种方法在故障性质判别和缺陷部位定位上具有明显的优势。从运行和维护的角度出发，工作人员在巡视过程中能够及时发现发热点。

灵敏、准确是红外测温技术在变电站内高压电气设备的发热缺陷检测和诊断方面的显著优点，故常把红外测温定期开展作为变电站内高压电气设备发热缺陷检测重要检测的手段。实际工作中我们通过巡视人员人工测温或者通过变电站智能机器人测温，逐渐形成热成像档案库，最终形成通过热分布场的变化就能推断设备内部温度变化的规律，从而制定相对准确的内部缺陷判断标准，是我们最终追求目标。

6.2.1.3 红外测温影响因素分析

1．辐射率的影响及对策

反映物体辐射能力的一个参考量叫作辐射率。辐射率的大小与表面形状、光滑程度等因素有关，还与测试的技术手段及测试人的不同有关。我们在日常测温中必须注意不同物体和测温仪相对应的辐射率，提前在机器中设置好对应的辐射率，从而缩小辐射率带来的影响。

在日常工作中减小辐射率影响主要采用选定辐射率进行比较。我们可以从以往规程中查找被测设备的表面辐射率。在确定辐射率后，在红外测温仪自带辐射率修正功能的前提下，则可将辐射率设定为固定值。成像仪若没有辐射率矫正功能，必须用上述辐射率值对测温数据进行修正，以便获得真实测温数据。

解决方法：在设备红外测温工作前开始，根据仪器使用说明书，提前设置被测物体的辐射率，也可通过表面涂敷适当漆料从而稳定发射率值，最终获得准确数据。

2．测量距离系数的影响及对策

测温仪距离被测物体的距离越远，仪器收集的红外线越少，测得的数值越低。在室内（约 22 ℃）取刚烧开的沸水倒入塑料杯里盖紧盖子进行测温。测量距离分别取 1 m、5 m、10 m，测得最高温度分别为 96.17 ℃、88.13 ℃、87.53 ℃。发现距离的远近，测出的温度不同，呈阶梯状，距离越远，数值越低。另取某变电站主变为测温对象，测量距离分别取 3 m、6 m、12 m，测得公变主体最高温度分别为 39.52°、38.66 ℃、38.05 ℃。随着测量距离的加大，测出的温度也会变低，但不像前例沸水温度那样明显。

解决方法：测量距离增加，红外测温得到的设备数据会出现变化，被测设备材料会影响测温数据。和被测物体的距离不能过远，否则数据不准确。如果现场条件无法实现近距离测温，那么应该调整测温仪器，给予一定的温度补偿。

3．气象因素的影响及对策

下雨、空气质量差及下雪天气因素，也会给测温数据带来影响。同一个设备被测处与其他处出现温度误差是由于这些外在客观因素的影响。恶劣天气下测温设备表面热挥发量增大是由于留存的雪水蒸发造成。

风速也是影响红外测温数据精准性的一个因素。因为风力速度不同会造成设备表面热量流失速度不同，设备表面温度降低快慢不同，所以在测量中会造成误差。大量实际测量数据分析，测温时如果风力的速度达到 0.06 m/s，就会对数据产生影响，可利用式（6-8）对被测温度进行修正：

$$\Delta\theta_0 = \Delta\theta e^{\frac{f}{w}} \tag{6-8}$$

式中，$\Delta\theta_0$ 为标准状态时的温度升高数值（℃）；$\Delta\theta$ 为仪器测量的温度升高数值（℃）；f 为实时风力大小（m/s）；w 为经验系数，迎风时 $w=0.904$ m/s，避风处 $w=1\,031$ m/s。

在风力复杂的情况下，设备表面或电接触面的热辐射会由于对流冷却的影响而降低，如果此时这些区域的设备存在热缺陷，由于受气象因素的影响而改变辐射系统，红外测温时可能会取得不理想数据，不利于电力工作的开展。

解决方法：在开展红外测温工作时，要考虑环境因素的影响，环境温度变化过大，不宜进行红外测温，阴雨天气尽量不要进行测温，选择阳光明媚、空气质量较好天气，在日出或者日落前后 3 h 内进行测温，这样可以避免环境因素对测温结果产生影响，特殊情况下需要测温，一定要选好环境温度参照体，以便获得准确数据，对缺陷进行定级。

4．周围热源的影响及对策

有时测量结果会受到四周环境温度的变化影响，比所测物体的表面温度高或低时，都会对测温数据产生影响。因此，红外测温时采用屏蔽措施，消除四周物体对被测设备的反射干扰影响。同时测温时最好选择在阴天或者夜晚进行测温，以便避开设备周围热源的影响。

5．负荷率对红外测温的影响及对策

当设备的负荷越高，流过设备的电流越大，产生的热效应越强，设备的热辐射率也就越高，发热情况就越厉害，在此种情况下进行设备的红外测温诊断，就会得到一个温度比较高的数据，利用公式进行测算设备是否发热，进行缺陷定级时，得到的结果往往会大于正常状态的结果，应多次进行红外测温。因为负荷较高时，设备存在发热情况较多，在这种情况下要进行计算，以便获得真实测温结果。

解决方法：电网迎峰度夏期间，负荷较大，发热设备会有所增加，进行测温时，为了获得较准确的数据，对于部分电力设备需要至少运行 3 h 以上才能测温。例如，部分大修技改的设备，投入运行不满 6 h，所测的结果是不能作为缺陷定级的依据的。

此外，在负荷不同周期段进行测温，取得测温数据也会不同。例如，在迎峰度夏期间，对过载主变进行测温时，负荷越大，温度越高，容易产生的故障就越多。如果要进行新换设备连接处检查，则尽量要使负荷最高，才能检查出设备本体及施工工艺的好坏。

6.2.2　故障判断

在过去变电站设备的运维工作中，仅依靠工作计划的制订来实现设备检修，按照传统的工作模式会存在一定滞后性，同时在实际的检修阶段便埋下了安全隐患，无法实现故障的主动预防。现如今，有了红外测温技术的加持在变电站设备运维阶段，可以使用设备状态检修工作模式。变电设备状态检修模式是指根据设备的实时运行状态，制订针对性的设备检修计划，以此保障设备监测的主动性。与此同时，借助设备状态监测与维修，可以充分利用检修资源，极大程度地提高检修工作的质量。

另外，传统变电设备检修阶段，遇到带电设备的检修需要首先做出断电处理，以保证检修工作者的生命安全。但是在应用红外测温技术后，则不需要对变电设备做出断电处理，同样能够实现带电设备的监测。在电力系统的变电环节，涵盖较多的步骤与程度，致使电力转化较为复杂。若想在短时间内准确地得到设备运行状态数据尚且存在困难。

面对电力资源的大量需求，电力系统运行的高峰时间在逐渐延长，以此导致变电设备长时间处于高温的状态中运行。如若在夏季高峰时间的运行时期，变电站设备将担负较重的运载负荷，加之该阶段没有制定行之有效的变电设备维护机制，将很容易引起变电站安全事故，进而对该区域的供电与变电造成严重威胁，严重的情况下将引起经济与生命的双重损失。红外测温技术的应用，在变电站设备运维时可以有效地避免该类事故，完成对关键设备的运行监测和仪器的设备故障监测，提高了变电设备运行与维护的安全性和可靠性。同时，利用红外测温技术快速监测变电设备存在的安全隐患，这正是电力系统行业所需要的安全技术。另外，实际运维工作中，如果检测出某一变电设备的温度值在 50 ℃，而该变电设备的温度上下阈值在 24 ~ 42 ℃，那势必出现了故障问题。接下来，需准确地判断电力设备的故障类型，可以检测设备的互感线圈，判断是否出现受潮、腐蚀等问题，之后对其关联的设备做出故障分析，以实现故障类型的快速鉴别。

6.3　红外测温技术的综合应用

6.3.1　应用规范及要求

1．红外测温要求

（1）对测温人员的要求：

红外检测是带电检测中的一个分支，使用者应该满足以下条件：

① 对红外测温技术的使用方法和原理熟练掌握，了解参数和性能，会熟练使用仪器并会调整仪器参数；

② 了解电力设备的结构、工作原理和系统工作方式；

③ 熟悉红外测温规程，仪器使用受过培训并考试合格；

④ 具有一定的现场工作经验，熟悉电力安全工作规程并考试合格，对工作班成员负责，对工作负责，对自己负责。

（2）对测温仪器的要求：

① 红外测温仪能满足精确检测的要求，测量精度和测温范围满足现场测试要求，性能指标较高，具有较高的温度分辨率及空间分辨率，具有大气条件的修正模型，操作简便，图像清晰、稳定，有目镜取景器，分析软件功能丰富；

② 能满足一般检测的要求，有最高点温度自动跟踪，采用 LCD 显示屏，可无取景器，操作简单，仪器轻便，图像比较清晰、稳定；

③ 线路适用型红外热像仪满足红外热像仪的基本功能要求，配备有中、长焦距镜头，空间分辨率达到使用要求，当采用飞机巡线检测时，红外热成像仪应具备普通宽视野镜头和远距离窄视野镜头，并且可由检测人员根据要求方便切换；

④ 仪器应具有完备的显示、储存、预警功能，能够实现处理成像清楚、明白，可以直观地分辨出温度分布，能够对已经完成测试的信息进行及时存储与记录，还要有一定的危险报警能力，保障仪器与人员的安全。

（3）对测温环境的要求：

① 应尽量避开视线中的封闭遮挡物（如门和盖板等），对带电运行设备进行测温；

② 环境温度符合要求，不在恶劣天气下进行红外测温，风速符合要求；

③ 户外晴天避免阳光直射，夜间测温建议关灯进行；

④ 测温时电力负荷符合要求，负荷较低反映不出设备运行水平和负荷承载力；

⑤ 最好满负荷条件下测温是理想情况；

⑥ 风速一般不大于 0.5 m/s；

⑦ 设备通电时间不小于 6 h，最好在 24 h 以上；

⑧ 检测期间天气为阴天、夜间或晴天日落 2 h 后；

⑨ 测温时避开周围热源的影响；

⑩ 避开强电磁场，防止强电磁场影响红外热像仪的正常工作。

2．红外图形档案的管理

红外测温记录应包括以下一些内容：测试仪器名称、测温的环境温度、湿度、测试变电站名称及测试设备距离、测试名单、设备名称、运行编号、缺陷部位、测点温度、相对温差、系统电压、实际负荷、正常对应点温度或环境参照体温度等。

红外检测中发现异常热点应出具红外检测报告，报告除了第一条所列内容外，还应包括红外热像图谱、初步诊断意见。

各公司应逐步建立带电设备的红外图像档案库，记录各类发热设备的测温数据和图像。

3．红外测温仪的管理及校验

电力上应用的红外测温仪器有两种，分别是非制冷型热像仪、红外测温仪，其中普遍使用的是便携式和手持式非制冷型焦平面热像仪。红外测温仪器的选择和配置，应根据设备运行运维模式、电压状况等级、负荷大小等因素，以及诊断检测要求等实际情况确定。

测温仪器专人负责保管维护，管理规定要详细具体。仪器档案资料完整。仪器存放应有防湿措施和干燥措施，使用环境条件、运输中的冲击和振动应符合厂家技术条件的要求。仪器不得擅自拆卸，有故障时须到仪器厂家或厂家指定的维修点进行维修。

仪器按周期进行保养检查，包括外观检查、电池寿命电、镜头维护程度、放置处的环境温湿度等检查，以保证测温仪器处于完好状态。

4．红外测温周期及要求

（1）计划性普测周期：

检测周期应根据电气设备在电力系统中的作用及重要性，根据运行高压设备运行状况等因素决定，例如电压、负荷、系统运行方式等，见表 6-2。

表 6-2　计划性普测周期

设备分类	负责单位	周期
变电站内所有设备	变电运维室	220 kV：3 个月；110 kV 及以下：6 个月；每年 7—8 月、12 月—次年 1 月高荷期间每月 1 次；35 kV 及以上：1 年
站外输电线路设备	输电运检室、配电运检室	每年 7—8 月、12 月—次年 1 月高荷期间每月 1 次；10 kV 及以上：1 年
站外配电线路设备	配电运检室、客户服务（分）中心	每年 7—8 月、12 月—次年 1 月高荷期间每月 1 次

（2）重点检测要求：

① 在每年的迎峰度夏期间各设备管理部门应定期进行一次红外测温。

② 对新建、扩建、大修、技改的设备在运行后的 1 个月内（但最早不少于 24 h），各单位应根据分工对所辖设备进行一次红外检测。220 kV 变压器（电抗器）、互感器应进行精确检测。

③ 每年在春、秋季检修开始前，应对变电设备各进行一次普测，特别是在遇较大范围计划停电时，应在停电前对待停设备进行一次红外检测[较大范围设备计划停电包括：a. 全站停电；b. 一台主变或者一个电压等级停电；c. 站内一半设备停电，配合检修工作]。在红外普测中，应重点加强对电压致热型的设备过热缺陷的监测。

④ 每季度天气变化前后，应对 220 kV 变压器（电抗器）、互感器进行一次精确检测。

⑤ 对变电设备内部存在异常情况，需要进一步分析鉴定或已经测出的红外异常情况，应对其进行准确测温。

⑥ 遇到特殊运行方式、特殊天气、重大保电任务等应增加红外测温次数，录入大事记。

5．红外测温诊断流程

（1）变电运维人员编制所辖变电所的红外检测工作计划，按照巡视周期进行红外测温。

（2）测温工作人员对检测发热的设备按要求认真填写红外测温报告；发热缺陷按《变电设备缺陷管理标准》规定进入缺陷管理流程。对缺陷等级进行初步判定，一般缺陷直接走 PMS 系统上报给缺陷专责，严重缺陷向检修部门缺陷专职人员提供检测报告，并在 PMS 系统上报缺陷。

（3）由设备专工将运行测温报告提供给部门红外测温工作专责人和设备专职人员进行复查。

（4）检修部门红外检测发现缺陷和注意状态后，检测人员负责初步分析，汇报本部门红外检测专责人和设备专职人员，并告知运行部门，商讨如何处理，并按《变电设备缺陷管理标准》规定进入缺陷管理流程。

（5）对发热缺陷进行消缺，消缺结束后运维人员及时进行验收，验收良好，将缺陷进行归档，处理不好则通知检修人员继续消缺，直到缺陷消除。

具体流程如图 6-2 所示。

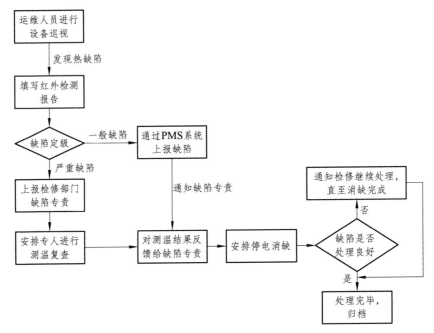

图 6-2　红外测温诊断流程

　　本节主要介绍了红外测温仪器对人员、设备及环境条件的要求，便于工作人员开展测温时及时掌握这些因素的影响，避免测温数据误差较大；详细介绍了红外测温的周期及重点设备测温要求，以及红外测温诊断缺陷的处理流程，便于后期人员开展相关工作。

6.3.2　变电运维工作验收

　　过去变电运维工作验收环节，从竣工极端入手，虽然能够保证变电设备最初的故障评估，但是在后续验收阶段的工程运维工作会存在一定的弊端。对此，利用红外测温技术在变电设备工程验收工作之前，即可将设备运维检测数据汇报至运维机构，可以将设备前期运行存在的问题消灭在萌芽之中。也就意味着，红外测温技术可以为后续的设备运维验收工作提供技术依据。另外，变电设备运行与维修阶段，需依据五通运维思路，即无人值班与单表记录运维信息的综合性方法。使用红外测温技术，围绕变电设备开展易出现异常设备的重点巡视工作，以此保证设备的日常维护与更换。如果在日常运维工作中，发现设备出现特殊情况，则由设备负责人填写相关信息，以此提高变电设备运维的工作质量与工作效率。

6.3.3　变电设备的安装与故障检测

1．故障开关设备的安装与检测

隔离开关作为变电设备的关键部件之一，其安装技术有明确的规定。一旦设备操作者未按照严格的规定做出安装，将会导致开关动作合闸出现问题。在红外测温技术的应用下，对于隔离开关的安装与设备的检测运行，均能实时监测设备的运行温度，及时发现隔离开关在开关动作合闸时造成的误差，保证变电设备的正常运行，同时避免因不正规巡检操作而产生的安全事故。

2．变电设备异常的检测

变电设备运行中出现的发夹异常发热类问题，多半与变电设备运行线路存在一定的关联。发夹发热的线路问题，在长时间高负荷的运行阶段，弹簧垫片易出现氧化问题，导致发夹夹线的松动，如若不做出适当的处理与优化，将为变电线路的调整与变电设备的运行产生安全因素。其主要温度来源为：垫片与线夹在实际接触过程中，会导致电阻增大，使得设备出现异常温度。因此，若垫片的安装不标准，会导致线路松动，严重时威胁设备的正常运行。应用红外测温技术，能够监测变电设备的垫片，以此避免因垫片与线夹之间的异常问题而出现线路松动。

3．变压器故障的状态检测

红外测温技术在变压器故障检测环节中，能够及时了解设备的温度变化，快速定位故障类型。一旦变电设备中的变电器因为短路故障或者漏磁故障而出现设备局部涡流问题时，借助红外测温技术即可判断故障运行时释放的热量，根据热量情况对比红外图谱，为设备运维工作者提供维修参考。另外，红外测温技术还时常在氧化锌避雷器设备中应用，快速寻找故障点，解决电流泄漏问题。

6.4　运维工作中的注意事项

1．环境温度因素

根据红外测温技术的成像原理，在实际工作中会因外界环境温度的因素而造成一定的影响。尤其是在冬季与夏季外界气温差值加大，变电线路的工作温度也会存在一定范围的变化，势必会影响测温的结果。为了降低该因素带来的差异性，可以采用温差对比法，排除外界环境温度的干扰，提升检测工作的精准度。另外，在负载相同时，变电设备运行故障温度与外界环境温度呈正比例关系，以此为设备故障的判断提供一定依据。

2．负载电流因素

在红外测温技术应用过程中，务必重视设备的负载电流。因为负载电流的大小影响测量的精准度，所以在测定工作中无法仅通过温度数据判断设备的实际运行是否处于异常阶段。故此，在应用红外测温技术之前需专业人员进行设备电流的检测，以保证运行负荷电流在规定的范围之内。

3．主观因素

运维工作中的主观因素，或多或少地制约着技术的应用。为尽可能地降低主观因素的干扰，需增加工作内容或改进工作方案。在设备处于高温运行阶段时，技术运维人员可以增加红外测温技术的测量频率，必要时可借助三脚架对测温设备做好固定操作。同时，三脚架测试位置与高度等系数设置时，必须从最佳测温距离的角度入手，根据准确的物理公式，得出三脚架安装的高度、方向以及位置等数据，切不可随意放置，最终保障红外测温技术的质量和可靠性。

第 7 章　声音识别技术

语言是人类传达思想的重要工具，人们可以通过这种方式来交流信息。声音识别技术通过将声音数据传入机器，机器自动翻译和编码语音数据，然后将其转变为一种与之相对应的数字信号。声音识别涵盖的学科非常广泛，能覆盖到许多基础学科，如声学、数理统计学、人工智能。在一些超越人类极限的条件下，如火山、深渊或者海底，能够通过声音识别系统完成一些特定的任务。

可以将声音看作一种类似于波的载体，它的波纹上携带着信息，声音识别就是将输入的一段时间上携带信息的序列化数据，以一种人类能获取重要信息的方式输出的技术。声音识别系统一般由 4 个部分组成，如图 7-1 所示。

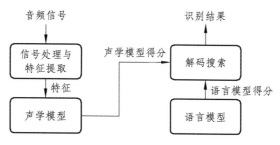

图 7-1　语音识别流程图

声音数据的预处理就是其信号处理和特征提取部分，通常，生活中的声音数据是非常难做到高保真、无噪声的，实验中的声音信号也是无法避免噪声的，因此在建立声学模型之前，需要通过相应的预处理技术来对实验数据进行处理。例如，对原始数据进行消除噪声和信道增强的处理，将音频信号通过处理从时域转化到频域，这样声学模型就可以从处理后的信号中获取比较有效的特征向量，然后将获取的特征向量来转换为声学模型得分，并且将其与从语言模型中得到的语言模型评分相匹配，最后通过解码搜索模块来综合这两种得分，并且选择其中得分最高的词序列作为最优的识别结构，以上就是声音识别的一般原理。

在工程中，机器人普遍搭载拾音器，能够对设备声音进行采集。国内许多单位对声音识别开展了研究。李晶利用 LBG 算法得到变压器和高抗设备的码本，将识别准确率提升到 99%。李红玉提出了基于声音谐波特征及矢量量化的变电站设备声音识别方法，以此来识别变压器和高抗设备声音。

但变电站声音识别仍存在较大困难，主要有以下原因：

（1）声音采集困难。

变电站场地集中了大量设备，各设备声音、环境声音交叉干扰，难以区分。

（2）无声音识别标准。

变电站设备声音识别没有标准和规范，对采集到的声音提取特征值后，无法从声音样本判断设备是否存在异常。

7.1　声音识别的基本原理

7.1.1　声音识别理论

所谓声音识别，就是将声音信号转化为一种文本的处理。声音识别系统主要由特征提取、声学模型、语言模型以及字典库与解码这四大部分组成。为了高效地提取样本信号的特征，需要对样本声音信号进行滤波、降噪等一系列预处理工作，将目标信号从原始声音信号中分离出来；特征提取部分是将声音信号从时域转换到频域，为声学模型提供相关特征向量；声学模型是用声学特性计算出特征向量在声学特征上的相对评分；最后提供字典库，对得到的词组序列做解码处理，并获得相对应的文本信息。图 7-2 是声音识别系统的典型结构。

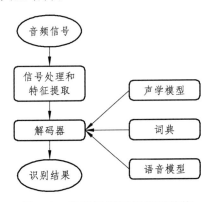

图 7-2　声音识别系统典型结构

图中信号处理及特征提取模块的目的是从输入声音信号中提取所需要的特征，以此来供声学模型进行匹配相关特征；声学模型结合声音样本得各种信息，对声音样本数据建模。当前的声音识别系统主要采用 HMM 建模；词典库是用来声学模型和语言模型两者之间映射；语言模型是所需要处理的语言建模；解码器是声音识别最重要的部分之一，它的目的是对输入的声音信号，根据相关的声学理论、语言模型和词典库，获取能够以最大的概率输出此声音信号的词序列。

7.1.2 声音识别算法框架

将一段声音转换成相对的应声学特征向量后，即可表示为数组 $X = [x_1, x_2, x_3, \cdots]$，$x_i$ 表示一帧（Frame）特征向量；将所有存在的文本序列表示为数组 $W = [w_1, w_2, w_3, \cdots]$，$w_i$ 对于词，求 $W^* = \arg\max x_w P(W \mid X)$，用来表示的贝叶斯公式，如下：

$$P(W \mid X) = \frac{P(X \mid W)P(W)}{P(X)} \tag{7-1}$$

$$\propto P(X \mid W)P(W) \tag{7-2}$$

式中，声学特征 X 可以通过前端特征提取获得，简单来说，X 是一个序列帧，而每一帧就是一个多维向量；解码搜索中通过设计算法得到最佳词串 W；$P(X \mid W)$ 即表示声学模型（Acoustic Model，AM），其作用是对声学特征进行相关统计建模；$P(W)$ 表示语言模型（Language Model，LM），其作用是对词串进行相关统计建模，两者结合对声音现象若是刻画得越深刻，那么识别得就越高。通常，研究者们习惯将声音识别分为声学模型和语言模型这两部分，所以需要求解 $P(X \mid W)$ 和 $P(W)$，重点主要在声学模型的优化上。

声音的基本单位是帧（Frame），一帧代表一个向量，即一段声音就是一个向量组，其中每帧声音的维度是固定的。一帧声音是样本数据通过 ASR 中的声学特征提取模块得到的，其使用了离散傅里叶变换和梅尔滤波器组（Mel Filter Bank）等技术。图 7-3 是声学特征提取示例。

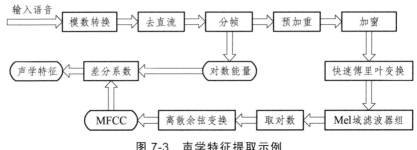

图 7-3　声学特征提取示例

7.1.3　声学特征分析

声学特征是从声音数据集中提取的，其作用是能够让声学模型进行处理，其中也运用到数字信号处理技术，以降低干扰因素对特征提取造成影响。声音信号进行预处理后，再进行关键的特征提取步骤。原始的声音波直接进行提取并不能获得良好的效果，因此首先是将声音波形从时域上转变到频域上，然后再将提取的样本特征参数用于声音识别。一般能达到较好效果的特征识别参数需要有以下特点：

（1）待提取的参数能够清晰地描述声音重要特征。

（2）特征参数分量之间的耦合性不能过大，这里需要压缩声音数据。

（3）特征参数的计算过程需较为简单，其中的相关算法需高效；

而声音特征参数中基音周期、共振峰值等参数就具有上述的三个特点。基音周期，简单理解就是指声带振动频率的振动周期，也就是声音波形的周期，因此它是一个极其重要的研究方向；共振峰，可以简单地描述为声音信号中能量所集中的部分，其作用是表征声道的物理特征，也是影响发声音质的主要因素，于是也当作是非常重要的特征参数。此外，深度学习中一些方法也被研究者应用在特征提取中，也取得了一些成果，如视觉图像的特征提取等。

当前主流的特征参数是，线性预测倒谱系数（LPCC）、倒谱系数（CEP）、梅尔倒谱系数（MFCC）和感性线性预测技术（PLP）。LPCC 和 MFCC 这两种是当前最为主流的应用方式，两者的处理方式都是在倒谱域上对声音信号进行一系列的处理。LPCC 算法是从发声模型出发，以此达到求倒谱系数的目的。MFCC 算法从模拟听觉模型的方向起步，其中将声音信号经过滤波器组的输出作为声学特征来进行处理，然后再使用 DFT 进行相关变换。倒谱系数是非常重要的声音特征参数，其原理是同态处理方法，其表达公式如下：

$$CEP(t) = DET^{-1}\{\ln|DEF[Frame(t)]|\} \tag{7-3}$$

式中，Frame(t)代表第 t 帧声音信号；DEF()表示离散傅里叶变换；DET^{-1}()表示的是反傅里叶变换的符号。由式（7-3）可以看出，由于此过程进行了同态分析，于是只需要通过提取前几阶系数就能够涵盖这段声音信号的很大一部分信息，这样就可以达到压缩声音数据的目的。

7.2 环境噪声分析

7.2.1 噪声的定义与分类

人们一般把声音分为乐声和噪声。在物理学中，有节奏的听起来悦耳的声音称为乐声，而把杂乱无章，听起来使人不舒服的声音称为噪声。在心理学中，认为噪声和乐声的界限是不明显的，它们会随着人们主观判断的改变而改变。所以，人们把影响自身健康和生活，阻碍沟通的声音都称之为噪声。

按照噪声的强度可分为不愉快声、无影响声、妨碍声、过响声等；根据噪声源的不同分为工业噪声、交通运输噪声、建筑施工噪声和社会噪声。

工业噪声是指在工厂正常的运作过程中，由生产资料运输与传输和机械生产设备运转等发出的噪声。

交通运输噪声是指飞机、火车、轮船、汽车、拖拉机和摩托车等交通工具在起动和运行过程中发出的噪声。

建筑施工噪声是指正常工作中的推土机、挖掘机、混凝土搅拌机、打夯机、吊车和卷扬机、空气压缩机、木工电锯、运输车辆以及敲打、爆破加工等产生的噪声。

社会生活噪声是指室内和室外的一些日常用品、家用设备和生活活动中产生的声音。

7.2.2 变电站环境噪声分析

对于变电站，无论是敞开型还是室内型，最常见的噪声来源有以下几个：

（1）变压器噪声：变压器噪声是变压器使用过程中，变压器本体及冷却系统产生的不规则、间歇、连续或随机引起的机械噪声及空气噪声总和；

（2）设备室排气扇风机噪声；

（3）空调室外机噪声；

（4）电气设备及其操作时的声响。

在变电站中使用的大型变压器主要是油浸式的，这种电力变压器由铁心、带有绝缘的绕组、变压器油、油箱、油枕、吸湿器、净油器、绝缘套管、安全保护装置、调压装置、冷却装置等构成。铁心和绕组是变压器进行电磁转换的有效部分，是变压器的器身；变压器油则作为绝缘的介质，并与冷却器配合对变压器进行散热。而电力变压器产生噪声的三个因素正是铁心、绕组和冷却装置，即变压器在空载、负载和冷却装置运转时引起的噪声之和。

1．铁心噪声分析

变压器的铁心是由铁心柱（绕有绕组的部分）、铁轭（连接各铁心柱的部分）、夹紧件、绝缘件、接地片等组成，构成一个坚实的实体，是变压器的磁力线通路，起集中和传导磁通的作用，同时还是变压器内部的骨架，起到支撑绕组、引线及其他结构部件的作用。

（1）铁心的构成。

现阶段电力系统中广泛使用的大功率电力变压器，其铁心材料要求要有较高的磁导率，而且铁损要小，通常变压器的铁心都由磁导率很高的硅钢片剪切叠装而成。组成铁心的硅钢片一般先裁成所需要的形状和大小，称为冲片，然后按交叠方式把冲片组合起来，每两层冲片组合采用不同的排列方法，使各层磁路的接缝处相互错开，以避免涡流在钢片与钢片之间流通。目前的电力传输，主要采用交流电，所以变压器铁心中的磁通也为交变磁通，为了减少铁心中感应的涡流损耗，变压器的铁心通常使用含硅量较高的多片硅钢片叠装而成，相邻的硅钢片之间表面涂有绝缘漆，以避免片间短路减少铁损。硅钢片中的硅可使其电阻率有所增加，降低铁心损耗，同时又能提供良好的导磁性能。而为了减少涡流损耗，硅钢片的厚度也越来越薄，可达到 0.15 mm。

早期的变压器硅钢片是热轧硅钢片，二战后开始使用冷轧无取向硅钢片，后来采用了晶粒取向硅钢片，大大降低了铁损。20 世纪 80 年代，人们研制出非晶合金，属于软磁材料，它的磁导率高，磁化功率小，铁损比硅钢片大为减少，而且厚度可以做得很薄，但由于饱和磁通密度低，加工困难，价格较高，目前还无法在大中容量的变压器制造中普及。

（2）铁心噪声的产生。

① 铁心磁通的形成。

变压器是利用电磁感应的原理来改变交流电压的装置，通过电磁感应，把电和磁联系在一起。因为通过磁通，在每片铁心叠片中会感应出电动势，大容量变压器的铁心叠片截面积较大，每片的感应电动势比小容量变压器大得多。虽然铁心叠片涂有绝缘膜，不会直接短路，但叠片间的距离很小，片间中容伸叠片的电位相加，最后可能达到比较高的电压值而产生放电。为避免这一现象，在大容量变压器的铁心叠片中，每隔一定距离要放置绝缘。同时，还要考虑加紧件的紧固力度，太松会使铁心松动，太紧则会使叠片绝缘受到破坏。当变压器一次侧接有按正弦规律变化的交流电压时，一次绕组中流过励磁电流，产生按正弦变化的磁场。磁场的磁通包括主磁通和漏磁通两部分。主磁通 φ 的路径为沿着铁心闭合的磁路，因为铁心为磁性物质，其磁阻较小，绝大部分磁通会通过铁心，故称之为主磁通。主磁通同时交链一、二磁绕组，在一、二次绕组中感应出电动势，是变压器传递能量的主要因素。

② 铁心噪声的形成。

通过上面的介绍我们知道铁心是由硅钢片叠装而成，由物质热胀冷缩的现象可知，物质在加热的情况下会出现膨胀现象，反之出现冷缩。除此之外，由铁磁性物质在磁场和电场中的磁化状态可知，硅钢片在磁场和电场中尺寸也会伸长或缩短的变化。这种尺寸各方向变化称为磁致伸缩现象。这种现象所引起的体积和长度变化虽然细微，但其长度的变化比体积变化大得多，又称之为线磁致伸缩。

铁心的硅钢片在磁场的作用下，发生磁致伸缩而引起的振动是铁心产生噪声的原因。当变压器一次侧接入交流电压后，铁心励磁，在磁场的影响下，硅钢片的伸长是沿着磁力线的方向，但是垂直于磁力线方向的硅钢片却是缩小。由于磁场是变化的，所以硅钢片的长短大小也在不停发生变化。通常磁致伸缩用 s 来表示其大小，大小为励磁时硅钢片片长增量与硅钢片的片长的比值。

2．绕组噪声分析

绕组是变压器的电路部分，具有足够的电气强度、机械强度和耐热能力。变压器工作时，绕组有电流流过，产生铜损，并引起发热，因此，绕组需要使用电导率高的金属材料制造，最常用的是铜和铝，并在其表面包上绝缘。

（1）结构形式。

目前，大中型变压器中应用最广泛的绕组结构是饼式绕组，即绕组的线匝沿其辐向连续绕制形成线饼后，再沿轴向排列的绕制方式，它由一个个水平与垂直油道的线饼组成。它的特点是机械强度高，散热性能好。而变压器绕组导线按形状不同可分为圆导线和扁导线，圆导线的截面为圆形，扁导线的截面为矩形（四个角带有一定数值半径的圆弧），容量小的变压器和部分特种电力变压器常采用圆形导线，容量较大的电力变压器绕组常采用扁导线。

对于 110～220 kV 电压等级的变压器，常采用部分纠结式绕组，即绕组采用纠结式和连续式结合的方式，一部分为纠结线饼，一部分为连续线饼。220 kV 及以上则常用全纠结式绕组。纠结式绕组除具有机械强度较高、散热条件好的优点外，由于其匝间和饼间电容比较大，当遭到冲击过电压时，匝间和饼间的电压分布受对地电容的影响小，电压分布比较均匀。

（2）绕组噪声的成因。

变压器经过长时间运行或预紧力不足时，绕组会出现松动或变形，这将直接影响到变压器本体内部的机械性能，是造成变压器内部故障的原因之一，也是产生噪声的原因之一。当负载电流通过绕组时，变压器铁心和绕组之间会出现漏磁，从而使得磁场在绕组上感应产生电磁力，使结构件产生振动。漏磁通可分解为水平分量 B_1 和垂直分量 B_2。在有电流的情况下绕组上就会产生作用力，绕组受力分析如图 7-4 所示。

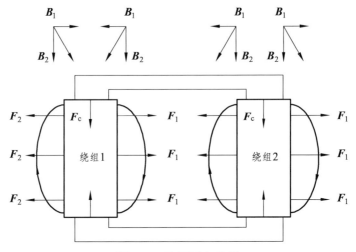

图 7-4　绕组受力分析

从上图可知，在水平方向上，绕组受到横向（辐向）的电磁力 F_1、F_2 的作用，该力使绕组产生振动的幅值很小，可以忽略不计。在垂直方向（轴向）上绕组受到电磁力 F_c 的作用。

变压器油箱壁的振动在后台表现为电压的波动，变压器本体的振动幅值较小，主要是由铁心磁致伸缩引起的；负载时随着电压、电流变大，绕组振动变大，振幅开始变大，重载振动波形大，此时的振动为铁心和绕组振动的叠加；重载时绕组电流会变得很大，绕组的振动也变得更加强烈，变压器本体的振动也会变得更强烈。

由此可知，当变压器出现短路故障时，绕组将通过很大的短路电流，这时绕组的振动将超过铁心的振动。同样，电流频率是 50 Hz，绕组振动的频率是它的两倍即 100 Hz。变压器总是处于大幅度振动中，绕组产生松脱形变，破坏绕组原有受力平衡，平衡打破后绕组更易产生振动，变压器绕组噪声变得更大。而且，这种振动会一直存在于变压器运行过程中无法避免。

3．变压器冷却装置噪声分析

运行中的变压器，其绕组和铁心中的损耗会转变为热能，使变压器的温度升高，而变压器的温度直接影响到它的负荷能力和使用年限。变压器的容量越大，相应的损耗及发热量越大，散热也越困难，因此需要采取更强有力的冷却措施。

（1）变压器冷却方式的选择。

变压器冷却方式可按油循环及油冷却两方面来划分。按油循环方式的不同，可分为自然油循环、强迫油循环、强迫油导向循环三种；按油冷却方式的不同，可分为自然冷却、风冷却、水冷却三种。变压器根据其容量、工作条件的不同，可选用不同的冷却方式。

一般来说，在选型时，对于容量在 6 300 kV·A 及以下的变压器，由于正常运行时产生的热量较少，可采用油浸自冷的方式，即变压器的铁心和绕组直接浸入变压器油中，通过变压器中冷热油的互相掺混和移动将内部产生的热量传给油箱或散热器，依靠油箱壁的辐射或散热器的作用，把热量散发到空气中去。对于容量为 8 000 ~ 40 000 kV·A 的变压器，由于运行中产生的热量较多，可根据散热的需要，在变压器四周的散热器上加装冷却风扇。当散热器内的油循环时，依靠风扇的吹风，强迫变压器周围的空气流动，带走更多的热量，使油温冷却降低。对于 63 000 kV·A 及以上的变压器，单靠加强表面冷却，只能在一定程度上降低油的温度，当油温降到一定程度时，油的黏度会增加，从而降低油的流速，这样冷却效果会降低。这时可采用强迫油循环风冷却，通过强迫油循环风，使油流加速，提高冷却效果。

（2）冷却装置的噪声分析。

冷却器是主变压器噪声的另一个主要来源。冷却器噪声主要是变压器冷却风扇运行时产生的噪声，即空气动力性噪声，还有冷却器本身振动及冷却器与支架之间所产生的振动，以及油泵运行时产生的噪声等。其中轴流风机的启动与否，启动的台数都对变压器总噪声有很大的影响。正常情况下，一台功率 0.55 kW、转速 720 r/min 的轴流通风机发出的噪声可以达到 60 dB（A），一台强油风冷的 180 000 kV·A 的主变压器运行时需投入 4 台风机，其产生的噪声可想而知。

① 风机气动噪声原理。

根据空气动力性噪声的声源原理，偶极子源是当流体中有障碍物存在时，流体与物体产生的不稳定反作用力形成的，因此偶极子源属于力声源。常见的偶极子源有乐器上振动的弦、不平衡的转子以及机翼和风扇叶片的尾部涡流脱落等，因此风机声源属于偶极子源。

② 轴流风机的振动分析。

变压器的冷却风扇基本上都采用轴流风机。轴流式风机的工作原理是：旋转叶片的挤压推进力使流体获得能量升高其压能和动能，叶轮安装在圆筒形泵壳内，当叶轮旋转时，流体自轴向流入，在叶片叶道内获得能量后，沿轴向流出。

机械噪声及空气动力性噪声这两项噪声是轴流式风机发出噪声的最主要组成。其中机械噪声主要是通过风机的机壳向周围辐射。

空气动力性噪声是通过气体之间或气体与物体的互相作用产生，包含旋转噪声和涡流噪声。

a. 旋转噪声：当风机旋转时，叶轮片打压泵壳内中气体介质，产生气体压力脉动，从而发出的噪声。

b. 涡流噪声：流经叶轮片界面的气流引发分裂时，产生风机叶片上的压力脉动，从而发出的噪声。

轴流风机在一定的工作状态下运转时所引发的噪声，以中频噪声为主。其中空气动力性噪声和机械性噪声是其最主要构成，强烈程度最大的当属空气动力性噪声，它的噪声频率主要取决叶片与气流的相对速度，是旋转噪声和涡流噪声相互混杂的结果，是风机噪声的主要部分。

4．变压器其他原因造成的噪声分析

（1）电网电压因素。

除了之前分析的因素外，还有很多因素会影响到变压器的噪声，例如在电网电压增大过程中，对应的工作磁密会同步变化，由此也会引起明显的噪声。如果采用的接法是 Y 型，则在高压侧，主要是因为使用 Y 型接法无中性线，如果流通三次谐波电流，最终引起铁心内的主磁通变化。另外其中含有的高次谐波，特别是三次谐波，都会对噪声产生一定的影响。

（2）变压器的三相负载严重不平衡。

如果变压器三相负载出现严重不平衡，则将有零序电流出现在低压侧，当不平衡的程度越大时，则零序电流也会越大。在运行的过程中，假如存在零序电流，则铁心会产生相应的零序磁通，这会导致各个磁通的相位、大小出现变化，最终增大了变压器的噪声。

（3）直流偏磁现象。

在我国，为了实现远距离的大容量送电，采用许多高压直流输电投入运行。虽然在正常运行过程中，两极电流相等，回路中的电流为零。但是，假设运行过程中两极的电流不相等时，则接地极会有电流流过，在大地和直流输电线之间会形成回路，并且将直流分量混入交变的励磁电流内，引发直流偏磁现象。

如果变压器出现直流偏磁，铁心磁通处于高度饱和状态，导致励磁电流形成明显的谐波，其噪声也会随着增大。另外，由于铁心的磁致伸缩与漏磁通同步增大，会在一定程度上加大绕组的受力作用，引起了更明显的振动，最终导致了噪声的增大。

7.2.3　其他噪声分析

1．排气风扇产生的噪声分析

变电站的设备室中都必须采取通风排气的措施，根据相关规定，在高压室、蓄电池室、电容室和 GIS 室都需要配置有排气风扇，并且进入 GIS 室、蓄电室时首先应该通风 15 min，高压室、电容室则需要排气降温。

据了解，变电站大部分采用的排气风扇都是轴流排气扇，其噪声较小、功率较大，并且体积一般比较大，通常变电站中会设置较多的排气扇。如果同时运行的数量较多，必然会引发明显的噪声问题，这是影响附近居民正常生活的重要因素之一。

2．空调室外机产生的噪声分析

空调对于变电站的正常运行具有重要的作用，有助于降低各个设备的温度，避免由于温度过高产生不利的影响，因此也属于变电站中不可缺少的设备之一。空调主要安装在高压室以及控制室中，在空调运行过程中同样会形成一定的噪声。

国家标准 GB 19606—2004《家用和类似用途电器噪声限值》对于噪声大小做出了明确的说明，具体的信息见表 7-1。

表 7-1　空调器噪声限值

额定制冷量/kW	室内噪声限值/dB（A）		室外噪声限值/dB（A）	
	整体式	分体式	整体式	分体式
< 2.5	52	40	57	52
2.5～4.5	55	45	60	55
> 4.5～7.1	60	52	65	60
> 7.1～14	—	55	—	65
> 14～28	—	63	—	68

根据表中的数据可以明显看到，2P（2×735 W）、20～30P 的空调室外机噪声分别需要控制在 52 dB（A）、68dB（A）范围内，因此在变电站中使用的空调都应该满足此要求，否则产生的噪声会影响到居民的生活。随着空调技术的不断发展，当前使用的空调室外机噪声都能够达到国家标准，但是空调使用时间过长之后，会出现严重的老化问题，可能会形成更大的噪声，因此要重视空调的维护和检查工作，确保噪声控制合理的范围内。

3．其他电气设备运行和操作过程中产生的噪声分析

（1）其他电气设备运行过程中产生的噪声分析。

电抗器：电抗器总体划分为两种类型，分别是铁心、空芯电抗器，二者的应用存在一定的差异性，其中前者容易形成较为明显的噪声，主要是因为其体积较小，气隙间很容易形成明显的电磁力，导致铁心压紧装置出现松动引发一定的振动噪声。国家对电抗器产生的噪声有明确的规定，铁心串联电抗器时的噪声控制要求较高，为70 dB，并联电抗器时的噪声为 80 dB，而空芯电抗器则相对更低一些。

高压闪络：在高压设备中经常出现一种闪络现象，主要是受到高电压影响时，其

中的介质会在绝缘表面出现破坏性的放电现象，包括气体和液体都能发生这种现象。发生闪络的过程中，会发出刺耳的声响，这种噪声的影响非常明显，影响周围居民的生活。绝大多数的闪络现象会发生在变电站中的绝缘子串或者瓷瓶上。

（2）电气设备操作过程中产生的噪声分析。

变电站运行过程中时常会进行倒闸操作，以满足变电维护的要求，但是在此过程中高压断路器和隔离开关都会发出明显的噪声。下面对这两种设备在操作过程中产生的噪声进行分析。

高压断路器：断路器主要是用来开断载流电路的，在此过程中会形成剧烈的声响，但是一般是短暂的，由于发生比较突然，很多容易对周围的居民造成惊恐，对其生活产生不小的影响。

隔离开关：主要是在电路断开时完成分合闸过程，其应用的频率较高，工作量较大。在线路拉开母线侧隔离开关时一般会形成一定的拉弧现象，并且弧光大小与电压等级大小有关，二者基本是正相关的关系，如果弧光较大，则会形成巨大的声响，并且声音刺耳，产生较大的噪声。

7.3　变电站降噪措施

由前面分析可知，变电站的主要噪声源为变压器。而变压器的本体噪声和冷却装置噪声在空气中向周围扩散。变压器本体噪声是因为箱壁振动而发生；冷却装置噪声是因为冷却风扇和油泵振动而发生。

其中，冷却风扇和油泵振动产生的冷却装置噪声是以声波的形式在空气中向周围放射。而变压器本体噪声源本质在变压器内，以铁心的磁致伸缩振动为主，绕组振动为辅。铁心的磁致伸缩振动及绕组振动借助液体间接传至油箱，即通过绝缘油传至油箱；另一种是铁心的磁致伸缩振动及绕组振动借助固体直接传至油箱，即通过其垫脚传至油箱。振动能量通过这两种方式传递，使变压器箱壁振动而产生本体噪声，并通过空气，让本体噪声以声波的形式均匀地向四周发射。所以，变电站的降噪策略主要以降低主要噪声源的噪声为主。

另外，在变压器噪声的传播过程中，传播距离的远近影响噪声的大小，也就是说传播距离越远，噪声越弱，反之则强。传播过程中遇到障碍物的大小也将影响噪声的大小。例如：障碍物小则噪声声波绕越障碍物继续向前传播；障碍物大则像海绵一样吸收一些噪声声波，同时另一些噪声声波被反弹回去，只有剩余噪声声波穿越障碍物继续向前传播。所以，变压器的综合降噪将是一个由内及外的策略方案。

降低变压器噪声的技术措施要从变压器的本体噪声和冷却装置噪声两个方面入手。对于变压器的本体噪声，通过有效控制油箱振动以及铁心的绕组振动降低所引发的噪声；对冷却系统的噪声，应尽量控制及减低其噪声水平，防止冷却装置同变压器形成共振；除此之外，借助消声、隔声等设备阻隔噪声的传播，也可通过减振设备有效降低振动，最终达到降低噪声的目的。

7.3.1　变压器内部降噪措施

1．铁心降噪的方法及措施

（1）减少磁致伸缩。

要有效地削弱变压器的噪声，必须减少硅钢片的磁致伸缩现象，才能遏制磁致伸缩导致变压器产生噪声的来源。

① 优质硅钢片材质能降低铁心磁致伸缩率。选用磁致伸缩率小的优质硅钢片，优质硅钢片拥有更好的结晶方位完整度，降低了磁致伸缩。在磁通密度为 1.5 T 时，优质硅钢片的磁致伸缩比一般硅钢片的磁致伸缩降低 40%。因此，在相同磁密下，优质硅钢片的磁致伸缩 e 与产生的振动成正比，磁致伸缩大，振动也大，如磁致伸缩小振动也相应变小，噪声也就越小。

② 硅钢片表面涂漆能改善磁致伸缩率。变压器铁心安装前，会要求在硅钢片两面涂上厚 0.01~0.13 mm 的绝缘漆膜，因为铁心的硅钢片是一片片叠加在一起的，涂层对硅钢片有附着力，可防止硅钢片变形。

③ 硅钢片表面退火工艺是减少磁致伸缩率的关键。退火工艺主要作用有三方面：

a. 二次再结晶。在高温退火时，可使硅钢片获得合适的晶粒度，提高取向度，达到改善磁性的目的。

b. 表面形成硅酸镁底层。经最终脱碳退火，硅钢片表面形成二氧化硅的富硅薄膜，加热到 1 050 ℃ 左右，它与氧化镁发生反应，在硅钢表面形成一层玻璃状硅酸镁底层，提高取向硅钢的绝缘性能和绝缘涂层附着力。

c. 消除夹杂，净化钢质。取向硅钢中硫化锰（MnS）和氮化铝（AlN）等有利夹杂，在促进二次再结晶形成结晶核心、晶粒长大、提高取向度后进行分解，随着温度的进一步升高，在高温均热过程中有利夹杂将被去除，使钢质净化，以提高磁性。磁场强度相同情况下，经过退火工艺的硅钢片磁致伸缩比不经过退火的硅钢片磁致伸缩降低。

④ 采用先进的加工工艺。硅钢片的磁致伸缩对应力敏感度高，在同等磁密条件下，硅钢片的磁致伸缩系数随应力的增加而急剧增大。采用先进加工工艺，如用自动化的剪切线代替人工、有效控制硅钢片的叠放、控制铁轭力度等都可减少硅钢片的应力增加，从而降低变压器噪声。

（2）降低铁心磁密。

磁致伸缩率还与磁密有关，磁通密度越大，磁致伸缩也越大。有资料表明，额定磁密 B 在 1.5~1.8 T 范围内，磁密每降低 0.1 T，可降低 2~3 dB（A）噪声。

根据磁感应强度公式：$B = F/IL = F/qv = E/Lv = \phi/S$，可知磁通量一定时，要取得一个较低的磁通密度就必须增加单位面积，也就相应增大了铁心截面积、电力变压器等值容量，同时也提高变压器造价，不仅提高了制造成本，也不符合变压器的小型化要求。为了要取得较低磁密，增加变压器体积和重量，不仅导致成本增加，更重要的是会增大发射出噪声的表面积，增大了变压器的声功率级。所以，虽然要取得较低磁密但要控制在不超过标准磁密的 10%。

（3）改善结构件。

① 改善铁心结构。

a. 改变铁心的长宽比。噪声与心柱和铁轭直径、铁心窗高、铁心窗口宽度、铁心质量有关，铁心每降低 1 t，可降低所发射噪声的 1/3 dB（A）。铁心窗高与铁心直径的比值每减小 0.1，可降低噪声 2~3 dB（A）。所以，变压器在设计时，应尽量设计为矮胖造型，但占地面积就要变大。

b. 增大铁轭面积。变压器本体噪声的根源是铁轭的振动，而线圈和围屏能有效遏制变压器芯柱引发的噪声。在制造变压器过程时，每级铁轭与芯柱的片宽比要等于它们的截面积。这种设计能够避免磁通由芯柱进入铁轭时，在硅钢片表面产生垂直的漏磁通引发噪声。此外，避免、减少制造过程中硅钢片受到的机械撞击致使硅钢片的磁致伸缩增大而增加铁心的噪声。

c. 设置减振橡胶。为了减少经过垫脚和绝缘油传递给油箱的磁致伸缩振动。在铁心垫脚和箱底间隙增加减振橡胶衰减振动的传递，使变压器本身与油箱之间的接触，

193

由原来的刚性变为弹性，有效降低本体噪声。

　　② 改善和缩小铁心接缝。

铁心采用多级接缝能有效降低噪声，接缝之间层叠片越多，经过的磁密越低，磁密越低噪声越小。变压器铁心采用两级接缝，间隙只有一层叠片，而三级接缝，两个接缝间隙就有两层叠片，两层叠片较一层叠片可降低噪声 3 ~ 5 dB（A）。当多级（四级及以上）接缝后，层叠片增加使得接缝处的磁通均匀分布，磁密大幅降低，可降低噪声 4 ~ 6 dB（A）。

另外，采用全斜交错接缝方式降低铁心振幅，使得减小芯柱和铁轭的接缝，遏制磁通畸变，增强铁心整体机械强度。实践证明，当采用全斜交错接缝，磁通密度为 1.7 T 时，能降低噪声 3 ~ 5 dB（A）。

　　③ 加强施工管理。

硅钢片夹紧的夹紧力是有一定要求的，过大或过小都会引起噪声升高，硅钢片接缝大也会引起噪声升高。有资料表明，当铁心夹紧力在压强为 0.08 ~ 0.12 MPa，即芯柱的夹紧力为 1 kg/m^2（$1 \text{ kg/m}^2 = 0.1$ MPa），铁轭的夹紧力为 1.5 kg/m^2 时，变压器噪声最低。因此，在绑扎芯柱过程中通过在级间放置绝缘棒使芯柱受力均匀，控制芯柱受力不均匀引发磁致伸缩增大。在制造铁心过程中通过力矩扳手控制夹紧力，避免铁心超出夹紧力范围引发噪声增大。可见，制造过程中如能有效控制硅钢片的夹紧力及硅钢片接缝，都能起到降低本体噪声。

　　2．绕组降噪的方法及措施

绕组是由高导电性的铜质导线缠绕而成，为确保绝缘效果，导线外层采用强度很高的绝缘纸带包扎，低压和高压绕组的各层线饼采用绝缘纸板隔离。在安装高低绕组、铁心之前，通过上下两个钢圈的四根螺杆产生的预紧力压紧绕组。由于绕组所受的电磁力主要是轴向力，当通过变压器的电流发生改变时，电磁力 F_c 也会发生改变，原本被压紧的绕组松开，松动的绕组和变压器本体出现猛烈振动，引发噪声。变压器的高、低压绕组高度不等，且各绕组之间受到的轴向力也是不对称，因此轴向力的力致使绕组发生变形，同时这种变形不可复原，被打破平衡结构的绕组变得比原来更加松散和失稳，从而使噪声进一步加大。所以，控制绕组噪声的方法就是对绕组施加适当的预紧力并在变压器工作过程中对该预紧力加强监测。

对于同一变压器来说，预紧力的增大必然导致弹性模量的增大，最终导致变压器绕组固有振动频率的增大。同理，预紧力的下降必然导致绕组固有频率的下降。

正常情况下，轴向第一阶固有频率低压绕组维持在 170~180 Hz，高压绕组维持在 170~200 Hz，在此频率下，变压器的绕组噪声处于正常水平。伴随预紧力发生变化，预紧力降低导致绕组结构松散，固有频率逐渐偏移至 100 Hz，此时，随着振动幅值增大绕组噪声也渐渐增大。当固有频率在 100 Hz 左右，与变压器磁致伸缩的周期很接近，这时变压器本体会出现强烈的共振，变压器本体将出现异常声响。

所以，要保证变压器绕组有良好的噪声水平，一方面，在安装阶段必须保证有足够的预紧力，一般在 6 000 N 左右；另一方面，必须在变压器运行过程中对绕组轴向固有频率进行检测(一般采用液压伺服振动台轴向激振)，及时发现轴向预紧力的下降。

3．油箱降噪的方法及措施

通过前面的分析可以知道，铁心磁致伸缩及绕组振动产生的噪声分别是通过铁心垫脚和绝缘油两种方式传递给油箱，噪声经油箱壁向周围放射。所以，对油箱进行适度的技术改造也能对变压器噪声起到一定的抑制作用。

（1）增加油箱阻尼或提高箱体刚性，减小箱壁振幅。前面提过，美国等国家开始试验采用弹簧金属片在变压器上安装高效隔音板，以便减少变压器本体的振动噪声，同样，也可以在变压器生产时在油箱内壁设置橡胶板，或在加变压器强筋间焊接普通工业钢板网，并涂刷 2~3 mm 厚的阻尼材料，以减少油箱壁的振动频率。对有磁屏蔽的变压器，可将橡胶板放置在箱壁与磁屏蔽之间，不仅保证油箱壁的散热，又有效降低油箱壁振动，从而减少噪声。

（2）油箱底部设置减振器。为了降低变压器本体振动引发的噪声，可以增设减振器，避免油箱底部与基础直接接触，减少因直接接触带来的传递振动，以削减振动，降低噪声。

7.3.2 变压器外部降噪措施

1．冷却器降噪

（1）冷却方式的选择。

变压器的制造过程中，用于散热的冷却器的选择不仅要满足散热的功能，同时还要兼顾选用的冷却器的噪声要在规定范围内。考虑到两者的需求，在冷却方式选择时采用自冷片式散热器，这种冷却方式比风冷散热器或强油循环风冷却器的噪声降低许多，达到 15 dB（A）以上。

（2）轴流风机的选择。

在新变压器的选材及旧冷却风机更换上，应该选择环保的低噪声风机。根据偶极子声源的声功率：$w \propto \rho L^2 \dfrac{v^6}{c^3}$ 可知，声功率与流速的 6 次方成正比，如果选材时选用低转速、大口径环保风机，使风速下降，将能有效地控制风机噪声。比如同样是风量：18 000 m³/h，如果选择转速为 480 r/min、型号为 DBF-9H12D 的轴流通风机，它的工作噪声只有 55 dB（A）左右，比高转速 720 r/min 的一般风机降低了 5 dB（A），1 台变压器如果高负荷时启动 4 台风机，将会降低近 20 dB（A）的噪声，虽然风机价格高了一点，但在节能、降噪方面取得的效果却很不错。

（3）以小换大。

冷却风机的大流量、高噪声风扇可采用多台合适流量、低噪声风扇取代。多台风扇能够分布在多个点，冷却比较均匀；同等冷却风量情况，其电机功率比大流量高噪声风扇的功率减少 25% ~ 30%，降低噪声 2 ~ 3 dB（A）；当出现故障时，大流量高噪声风扇不能正常工作，而多台中的未发生故障的风扇能够继续正常工作，大大提升冷却系统的可靠性。

（4）加强冷却器的维护。

冷却器噪声或振动过大一般为叶片严重损坏、轴承卡涩或连接处松动引起的共振。而这种噪声不仅传播远，而且是最刺耳的一种声音。相比变压器的维护，风机的维护检修要简单得多，它不用变压器停电，也不用冷却风机全停，只需把有问题的一组风机停下维修即可；也可配合变压器的停电，对冷却风机及油泵进行全面的维护。同时，由于长时间暴露在室外，冷却装置的冷却片容易被灰尘堵塞，风机向冷却片鼓风时由于缝隙变小，造成风阻过大而发出声响，所以，定时对冷却装置进行清理也可降低冷却器的噪声。

（5）设置减振装置。

要在两个位置加装防振橡胶降低振动。首先是油箱与散热器之间，达到衰减变压器本体的噪声通过箱壁和绝缘油引起冷却装置的共振，有效降低自冷片式散热器噪声 5 ~ 8 dB（A）；其次是在固定风扇支架的箱壁上，避免冷却装置安装不牢，在风机启动时引起的振动。

（6）按负荷需求及时增加变压器。

现在大多数变压器都采用按温度、按负荷电流启动风冷的设置，一般情况下设定油温大于 65 ℃ 或负荷电流达到额定的 60% 冷却风机才会启动。如果某地区负荷过大，变压器常年重载运行，既不符合变压器经济运行的标准，也会使冷却风机常年启动。这时，增加变压器台数是一个合理的处理方式，通过增加变压器，既满足运行 $N-1$ 的要求，又能避免冷却风机的长久运行。

2．变压器户外改户内

随着城镇化的扩大，一些原先建在城郊的变电站已成为城中站，在负荷无法转移、设备无法更换的情况下，常采取下列措施进行噪声控制。

（1）利用隔声间或隔声罩对噪声源进行噪声控制；

（2）利用双层墙体机构和多层复合墙板等内外墙结构降噪；

（3）在声源和建筑物之间设置吸隔声屏障；

（4）在噪声受声敏感点的建筑物上设置隔声窗；

（5）对室外建筑设备系统等进行隔振、空气声隔声、固体声隔声、吸声降噪处理等。

其中，将原本放置在户外的变压器改置于户内，是最简单、最快捷，也是成效最好的一种措施。主变户外改户内并不是把变压器由室外搬到室内，而是在变压器原有的基础上，从外部修建一座隔音室，把整台主变包裹起来。变压器安放室内时，由于主变防火墙和主变大门会反射噪声，反而会使噪声增加。所以，变压器改户内时，应将变压器房将平时供运行检修人员通行的门改为特别制作的防火隔音门，普通门换成隔音门后，增强了门的隔音量。声音不仅仅会通过空气传声，还会通过结构传声，通过将不需开口的窗户全部封闭，变压器房内的墙壁、吊顶全部做吸声处理。在变压器房内的墙壁依据变压器及风机运行时的噪声频谱特性，采用具有较大吸声能力（≥0.2）的材料对墙面涂覆处理，增加墙壁的隔音量和吸音量，提升吸声系数。隔音壁能把变压器的部分噪声反射回去，把部分噪声吸收掉，从而起到降低噪声的作用，使传播出来的噪声明显降低。同时为了保证变压器的散热通风，在下层安装消声百叶窗，风道上方安装低噪声风机，从而消除风口的噪声，并保证变压器的正常运转。经过封闭处理，可以把变压器的对外噪声控制在 50 dB 以下，同时有效地减少低频噪声的传播，满足了环境的要求。

3．噪声有源抵消

有源降噪技术是 H. F. 奥尔森于 1947 年首次提出的，它有别于通过吸声、隔声等来控制噪声的无源控制技术，采用的是一种通过电子反相来消除噪声的新技术，即通过接收器把接收到的声波转变为相应的电压，经过反相装置将这个电压的相位改变 180°，在经功率放大后在指定区域内人为产生一个次级声信号，这个次级声源产生与噪声声源的声波大小相等，相位相反，二者相互抵消，从而达到降噪的目的。效果如图 7-5 所示。

图 7-5　声波抵消示意图

因为噪声是不可能消除的，所以把噪声有源抵消看为噪声衰减更加合适，对比无源降噪，有源降噪在低频抗噪方面更具优势。对于某一频率固定的稳定共振噪声，有源抗噪可以衰减那种峰值信号，明显地改善噪声频谱，特别是对于低频噪声，能把噪声均匀地分布开，有源抗噪是比较理想的抗噪手段。但环境中的噪声往往存在多种频率，而且没有固定的时段，无法确定准确位置，当我们在某个位置将某些频段的噪声抵消时，在另一位置上会出现新的噪声，而且频率不定，使得整体抗噪难以达到理想的效果。到目前为止，除了在噪声相对集中的小范围空间（耳机抗噪）或声源相对简单的设备（如大变压器站）采用有源降噪外，并未能得到普遍应用。如何把有源降噪技术应用到更大的领域空间，以期在达到大范围的降噪目的，技术上仍在研究当中。

降噪策略由内及外，各有各的优缺点。变压器铁心主要采用从结构、材料、工艺上进行改进的方法，但主要针对新设备，对旧设备的改良投入太大，不经济；绕组主要是针对其预紧力提出要求，对绕组振动频率的变化进行监测，这需要在产品生产时有严格的检测，同时变压器运行后需要长期进行监测，发现问题后需要吊大盖才能处理；冷却器的改造会有不错的效果，但当多台冷却风机同时开启时，总噪声依旧不小；变压器室外改室内对噪声的隔绝效果相当不错，但一次性投资较大，同时需要变压器停运相当长的时间以便隔音室的建造；有源降噪技术上可行，但国内对此项技术的研究单位比较少，实施的范围比较小，仍处于研究阶段。

第8章 局部检测放电技术

8.1.1 局部放电的概念

局部放电（Partial Discharge，PD）就是电力设备的绝缘体系在施加外在电场影响的情况下出现的部分区域放电情况，该类放电并未直接出现在承压导体的全部位置，没有完全击穿的情况。通常来说，高压设备会产生这种现象。造成这一现象的主要原因是这些高压供电设备的绝缘内部有一定的绝缘缺陷问题或生产安装时可能导致的绝缘问题，这些都会在高电压电场的剧烈影响和作用下反复发生击穿放电、熄灭。如设备内部惰性气体被击穿、固体的小部分区域的击穿或金属的边角处的击穿等现象，都是局部放电的形式。

8.1.2 局部放电的特性

考虑到局部放电出现的时候，伴随的能量变化相对较小，因此电气设备的绝缘性能基本不会因为其暂时的出现而受到任何影响。但是若在运行过程中，设备内部绝缘不时地出现放电的情况，就可能会形成电量的累积，使得设备的绝缘特性越来越差，使得局部缺陷范围进一步增加，最后使系统的绝缘完全损坏。

局部放电，一方面涉及着电荷的移动、能量的消耗等情形，另一方面会发出电磁波、超声波等，这是极其繁杂的过程。当出现局放现象时，在放电位置上会发生电荷与电荷之间的互换、电磁波的辐射、能量的消耗。其中，较为明显的一点是有很小的脉冲电压信号，出现在待测试品所加电压的端子上。

局部放电使设备的绝缘性越来越差，最终彻底破坏设备的绝缘。这也说明了导致绝缘劣化的关键因素是局部放电，另外局部放电的剧烈程度也影响着绝缘材料的劣化程度、设备的击穿情况。由此，设备的绝缘性能的好坏可以由局部放电现象来有效反映。对于设备的绝缘情况，还可以应用介质损耗法、油中气体含量分析法等来测定，然而相比而言,局部放电在发现早期的突发性故障时显得更加有效。由此可见,在 GIS 设备运行过程中,应对其进行带电检测,以防止出现局部放电绝缘引发的事故,保证设备的正常运行。

8.1.3　局部放电电路

对于电力设备内部存在的局部放电,能够将其等效电路视作二阶电路,如图 8-1 所示的含有电阻、电容、电感元件的二阶等效电路,电弧电阻做了线性化处理。

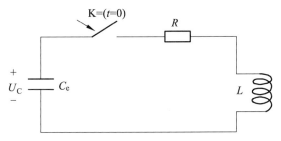

图 8-1　局部放电等效电路图

放电电流为

$$i = i_0 + \mathrm{e}^{-\delta t} \cos \omega t \qquad (8\text{-}1)$$

式中

$$\begin{cases} i_0 = \dfrac{u_0}{\omega L} \\[2mm] \delta = \dfrac{R}{L} \\[2mm] \omega = \sqrt{\dfrac{1}{LC} - \left(\dfrac{R}{2L}\right)^2} \end{cases} \qquad (8\text{-}2)$$

等效电路常用图 8-2 所示的三电容模型来表征,其中,电容充电电路可看成为 L_0 与 R_0 相串联的方式,局放电测定的输出量就是充电电流 i 在其阻抗 R_c 位置得到的电压情况。

图 8-2 中,C_a 表示放电发生时绝缘介质所在的非放电区域电容值;C_b 表示与放电位置实现串联作用的电容值;C_c 表示绝缘介质所在的放电区域等效电容值;L_c 表示放电期间回路所在的电感量;R_c 表示放电期间回路所在的电阻值;C_0 表示充电期间呈现的电容值;R_0 表示充电期间呈现的电阻;L_0 为充电时的电感值。

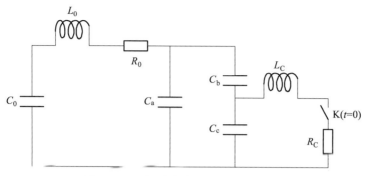

图 8-2 局部放电检测的三电容模型

8.2 超声波检测技术

8.2.1 超声波产生机理

本部分是根据检测到的局部放电中的超声波信号来判断放电量的多少，因此有必要搞清局部放电是如何产生超声波的。电缆放电主要是气隙放电，所以本书以气隙放电作为分析研究的对象，假设在绝缘介质中，有一个气泡 q，它的质量是 m，半径为 r。当气隙放电发生后，由于外部电场的存在，它带上了电荷，在电场力和内部力的共同影响下，稳定或不稳定地存在，如图 8-3 所示。局部放电产生的过程比超声波的产生过程要快得多，一般假设局部放电产生一个单脉冲，并没有振荡出现。当这种放电产生时，气泡受到的电场力 F_e 就不存在了，受力不均匀，原来相对平衡的状态也就被破坏了，气泡会产生振动。这时，通过画图等其他知识分析，力顺元件 C_m、质量元件 M_m、力阻元件 R_m 具有一样的速度，类比成阻抗型的线路，它们相当于串联型的阻抗，可以画出电和力的类比电路图，如图 8-4 所示。C_m、R_m 跟气泡包含的成分有很大的关系，气泡的质量 M_m 则是体积跟密度的乘积。

通过分析对比，就气泡的局部放电而言，气泡内部的力学跟电路的二阶电路可以相类比，气泡受到的弹性力满足如式（8-3）和式（8-4）：

$$L_m C_m \frac{\mathrm{d}^2 u_C}{\mathrm{d}t^2} + R_m C_m \frac{\mathrm{d}u_C}{\mathrm{d}t} + u_C = 0 \qquad (8\text{-}3)$$

$$R < 2\sqrt{\frac{L}{C}} \qquad (8\text{-}4)$$

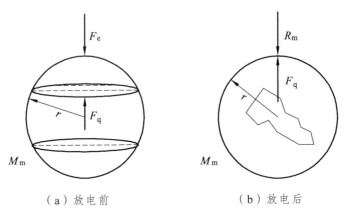

（a）放电前　　　　　　　　　　　（b）放电后

图 8-3　放电前后气泡受力

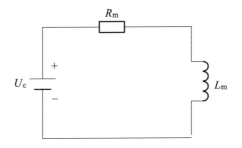

图 8-4　力学类比电路图

也就是说，在整个气泡内，其内部的关系是一个动态平衡的状态，等效后可以看出，u_c 就象征气泡对外界的力的大小，超声波的声压就是气泡的表面积和该作用力的大小的乘积。如果假设气泡是静态的，则超声波的声压跟电压 u_c 具体的关系：

$$u_c = \frac{U_0 \omega_0}{\omega} e^{-\delta t} \sin(\omega t + \beta) \tag{8-5}$$

不难发现，超声波产生的原因是气泡在外力下，不断地变换，这个过程后，释放了超声波信号。在这个过程中，如果假设放电电量是 q，被击穿时的临界电场是 E，气泡击穿之前，所受到的电场力

$$U_0 = U_e = qE \tag{8-6}$$

假设局部放电时是线性关系，不难发现，超声波的幅值越高意味着放电越多。

8.2.2　超声波局放检测系统

本部分要根据局部放电时产生的超声波信号，对故障点进行定位。检测系统主要由传感器、放大电路、滤波电路、数据采集卡、计算机组成。超声波传感器是把收到的局部放电的信号，变成电压信号。由于接收到的信号比较微弱，而实际检测时，检测装置跟放电点有一定的距离，这就要求信号必须经过放大。传感器接收转换到的波形一定有其他不是放电产生的超声波信号，也就是干扰信号，需要设计硬件滤波器进行初步的滤波。数据采集卡是把接收的信号尽量不失真地存储到计算机里，然后对收集到的信息进行进一步的整理、滤波、去噪等，达到检测和定位的目的。其硬件流程图如图 8-5 所示。

图 8-5　超声波采集系统硬件框图

1．传感器

声传感器的原理是接收声信号，并且转换成电信号，又叫作声电换能器，因为其本质是把声能量转换成了电能量。常见的声传感器主要有：

（1）压电式传感器：其原理是根据特殊的压电晶体具有压电效应，它的频率一般是 20 kHz ~ 10 GHz。

（2）磁致伸缩式传感器：其根据磁致收缩现象，一般工作频率在 40 kHz 以下，但是可以扩展到 100 kHz。

（3）电磁换能器：一般用于普通声音和低于 50 kHz 的范围。

（4）静电换能器：一般用于超声波发生器时的工作频率可以到达 100 MHz。

压电型传感器是测量超声波信号时应用最为普遍的一种，可以把声信号转换为电信号。尤其是多晶体式，也就是压电陶瓷的应用最为广泛。它有以下优点：

（1）便于制造，可以根据需要制造成不同的形状。

（2）转换效率可以高达 80%。

（3）可以根据需要制造专门用途的类型，如接收型、发射型、收发一体型。

（4）价格便宜，质量稳定可靠。

为了提高测量的准确度和灵敏度，经常会把多个压电材料组合使用，并且应先前接入放大器。电压源相当于压电元件，因为它们的性质很相似，内阻大，但是压电效应产生的电压较小，电容 C_a 很小，必须接入前置放大器放大信号。等效电容和电阻用字母 C 和 R 表示，C_0 表示电路分布电容，C_i 表示放大器信号进入那边的电容，R_i 表示放大器信号进入那边的电阻，R_d 表示测量线路漏电阻。传感器原理电路图如图 8-6 所示。

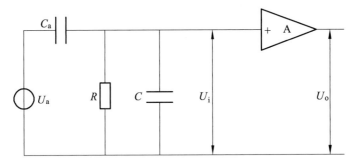

图 8-6　传感器原理电路图

那么可得下式（8-7）和式（8-8）：

$$R = \frac{R_d \cdot R_i}{R_d + R_i} \tag{8-7}$$

$$C = C_0 + C_i \tag{8-8}$$

电压系数为 d，由压电效应知，压电元件上受到压力：

$$q_a = d \cdot F_m \sin \omega t \tag{8-9}$$

等效电压源端电压：

$$U_a = \frac{q_a}{C_a} = \frac{d \cdot F_m \sin \omega t}{C_a} \tag{8-10}$$

以上是传感器的原理和公式，通过这些公式可以看出影响传感器的因素，对了解和选择适宜的设备很有帮助。超声波法检测跟其他方法比较，最大的优点就是相对不容易受到环境的影响，但是面对复杂的环境，还是需要考虑现场的情况，如机械设备的振动、电晕等噪声。机械铁心振动噪声频率约为 100 Hz，散热风扇噪声频率一般小于 4 kHz，传输电线的电脉冲频率高达 9～18 MHz，而一般在分析超声波时频率集中在 28～280 kHz。此外，最重要的是要考虑信号的信噪比，通过对比分析局部放电的声谱，发现超声波的衰减和频率是正相关关系，即能量主要聚集在超声波的低频段。

2．放大电路

局部放电所产生的超声波能量占比很低，并且传播过程还会伴随着衰减，传感器转换时能量也会有损失，所以必须选用在 40 kHz 左右可以有较高增益的放大器放大信号。为了尽可能少地在实验中引入干扰信号，应该先降低前端噪声。

下面以 AD620 为主元件的放大电路为例进行介绍。AD620 有着许多优点，精度较高（非线性可高达 40pp），失调电压低（最高可达到 50 V），失调漂移低（能达到0.6 V/°C）。AD620 在 0.1 ~ 10 Hz 的宽带上噪声峰值是 0.28 μV，在 1 kHz 时的低输入噪声是 9 nV/Hz，最大偏置电流为 1.0 nA。AD620 的内部结构原理如图 8-7 所示。

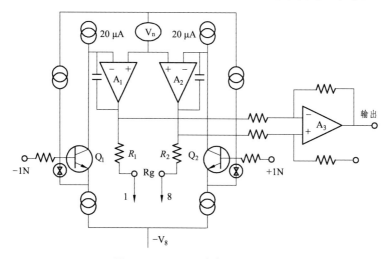

图 8-7　AD620 内部结构原理

如图 8-7 所示，AD620 调节方便、结构简单，采用的是三运放形式，调节片内的电阻大小，外部再另接一个电阻就能够调整增益。输入晶体管 Q_1、Q_2 能够实现差分双极性输入，环路 Q_1-A_1-R_1 和 Q_2-A_2-R_2 保证输入器件 Q_1 和 Q_2 的电流保持恒定不变。当把输入电压作用在电阻 R_g 上时，从输入到 A_1 和 A_2 上就会产生差分增益。减法器 A_3 能消除共模信号，得到 REF 引脚的信号。R_g 的大小还可以决定放大器的跨导，调节 R_g 的大小可以改变增益值，当减小 R_g 的阻值时，可以获得大的增益。

基于 AD620 的内部原理，以其作为主要元件的信号放大器原理如图 8-8 所示。通过用无极性电容耦合的方式，向 AD620 输入信号，两个耦合电容与接地电阻可以构成滤波电路，从而降低环境中的低频噪声。管脚 1 和管脚 8 之间的可调电阻可以调节电路的增益，管脚 4 和管脚 7 分别接电源的两极。

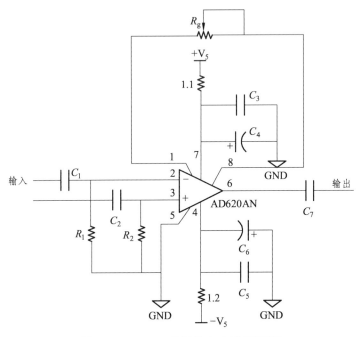

图 8-8　AD620 前置放大电路原理图

　　为了所需的增益，需要对可调电阻进行测量调整。通过查阅资料知，增益 G 的值可以通过式（8-11）计算：

$$G = \frac{49.4\ \text{k}\Omega}{R_\text{g}} + 1 \tag{8-11}$$

　　当 $G = 10$ 时，计算 $R_\text{g} = 5.1\ \text{k}\Omega$。所以要达到 10 倍增益，应串联 5.1 kΩ 的电阻。实物图如图 8-9 所示。

图 8-9　放大器实物图

3．滤波电路

考虑到前面所介绍的一些干扰，如机械振动干扰、电晕干扰或者电磁辐射干扰等，需要对系统加设滤波器，先对信号进行硬件滤波，以获取有用的信息。

本质来说，滤波器通过选频，选择所需要的频率范围，达到滤除干扰信号的目的。最早主要利用元件 R、L、C 组成电路，达到滤波目的。随着研究深入，集成运放有了质的进步，研发出了有源滤波器，备受关注。它具有很多优点，需要电感 L，体积相对小，有源。另外，集成运放有缓冲作用，输出阻抗低，输入阻抗和开环电压增益较高。

一般来说，按照工作频率范围不同来命名，有源滤波器一般分为高通、低通、带通、全通和阻带等类型；按照电路结构的不同来命名，能分为多路反馈式、压控型电压源式等。不同的滤波器，其结构、性能、应用范围都不一样。

通常，常用逼近函数切比雪夫、巴特沃思、贝塞尔等物理模型实现几阶滤波电路来逼近突变的理想滤波特性，对比这几种滤波器的不同，它们的幅频特性如图 8-10 所示。

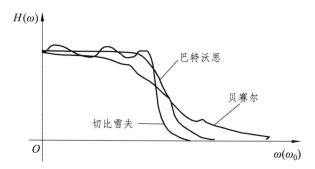

图 8-10　切比雪夫、贝塞尔和巴特沃思幅频特性

从图 8-10 中可以看出，切比雪夫滤波器在低频时出现衰减并且有等幅振荡出现，但是在阻带内的衰减较快。巴特沃思滤波器在低频时没有衰减，波形平坦，在高频处才出现衰减。贝塞尔滤波器瞬态特性较好，但是相对平坦。

4．数据采集系统

数据采集系统包括硬件部分和软件部分，硬件部分即数据采集卡，数据采集卡与前面介绍的硬件系统相连接，读取数据后再对采集到的数据整理、分析，设置参数。

采集卡有以下基本要求：

（1）能够采集高速数据。模拟通道前端带宽需要足够高，采样频率需要达到被采集信号的 2 倍以上，局部放电信号最高频率约为 5 MHz。

（2）能够存储大量数据。采集完数据以后，需要对这些数据暂时保存，方便下一步处理。假设采样率是 40 MHz，工频采样周期是 5 ns，可以算出每个通道存储容量是 8 MB。

（3）单次采样时间大于 0.1 s。多次采样，为了检测和定位。

（4）至少 2 个通道。由于需要对信号放大、比较，至少需要 2 个通道同时采集才可以实现定位功能。

（5）需要多种触发方式。

数据采集卡实物图如图 8-11 所示。

把采集卡连接在计算机上，选择合适的时基范围、采样频率、触发性质、通道属性等，在成功调试后，信号波形可以在软件的前面板上显示出来，在未编写软件滤波器程序时，其前面板采集到的初始超声波信号波形如图 8-12 所示。

图 8-11　数据采集卡

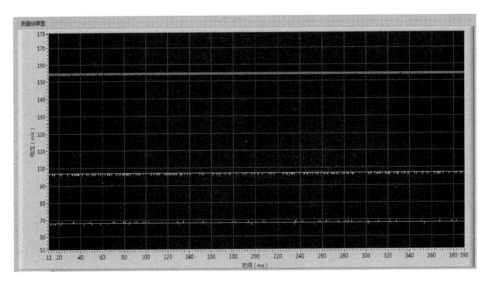

图 8-12　前面板初始波形

通过编写 LabVIEW 程序可以改变参数值，部分程序如图 8-13 所示。

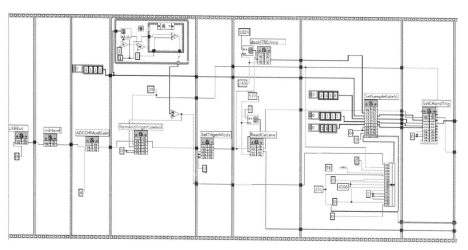

图 8-13　部分程序

8.3　暂态地电波检测技术

8.3.1　暂态地电波电压检测机理

暂态地电压信号一般发生在绝缘内部的局部放电中。当开关柜设备产生局部放电时，电场能量会由电势高的位置走向电势低的接地金属部分，从而在开关柜表面金属形成对地的电流。在这过程中，放电是间歇性的，对地电流也会一直在改变。现在的设备为了减小其大小和占地面积，在设备制造中采用了大量的绝缘材料，假如这些材料内部发生了局部放电，放电电荷会先集中在放电点周围的金属壁上，产生的对地电流会向四周传播。法拉第感应定律告诉我们变化的电场周围会出现磁场，并且磁场会以电磁波的方式向外传播。对地电流的变化导致电磁波向外传播，当其沿着开关柜金属外壳的接缝处传向开关柜柜体外表面时，传感器感应到传播过来的电磁波后，就会形成一定的 TEV 信号，这种现象最先是由 Dr. John Reeves 于 1974 年发现的。

图 8-14 所示为形成暂态地电压原理图。首先假定开关柜内的空气是媒介 I，金属壁是媒介 II，中间是分界处，H^+ 表示为电磁入射波，H' 为电磁透射波，H^- 为反射波。入射波场强为 H^+，反射波场强为 H^-。

由于金属壁是一种纯导体，其内部的场强只能为零，所以在 $x=0$ 处的界面上的 E^+ 和 E^- 分量值相等且相位相反，即 $E^+ + E^- = 0$，则 x 处的合成磁场 $H(x,t)$：

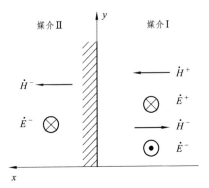

图 8-14 TEV 信号产生原理

$$H(x,t) = H^+(x,t) + H^-(x,t) \tag{8-12}$$

式中，$H^+(x,t)$ 代表入射波磁场；$H^-(x,t)$ 代表反射波磁场；各自与场强之间的关系为

$$H^+(x,t) = \frac{E^+(x,t)}{Z_{O2}}$$

$$H^-(x,t) \frac{E^-(x,t)}{Z_{O2}} \tag{8-13}$$

式中，Z_{O2} 是开关柜金属壁的波阻抗。

高压开关柜设备内局放的电流脉冲满足正态分布，可以使用高斯脉冲简单模拟其信号，公式如下：

$$I = I_0 \exp\left[-\frac{4\pi(t-t_0)^2}{\tau^2}\right] \tag{8-14}$$

式中，τ 为常数，决定高斯脉冲的宽度；I_0 为高斯脉冲的最大幅值，如图 8-15 所示为高斯脉冲波形。

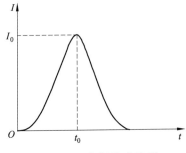

图 8-15 高斯脉冲波形

开关柜设备的放电类型主要有内部、沿面、电晕以及悬浮放电这四种。由局部放电期间产生的放电脉冲可以引起范围在几千赫到几十兆赫的电磁波，并且开关柜设备的金属外壳上会出现暂态地电压。检测系统中利用电容耦合传感器来检测 TEV 信号，再将信号转化为可以比较的放电量，如电压幅值和频率。方法如图 8-16 所示。

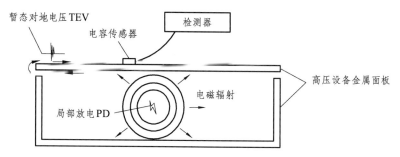

图 8-16　暂态地电压测量方法

通过研究可以知道，在不同的条件下暂态地电压信号也会受到影响，如电压等级越高，信号越明显，传感器距离放电点位置越近，则检测到的暂态地电压信号越强，放电程度越剧烈，暂态地电压信号也就越强。传统的检测方法是通过测量电气设备的放电视在电荷，通常以库伦值的大小（pC）来表示其放电强度，而暂态地电压则以分贝值的大小（dB）来表示。传统方法仅仅是检测放电时的电压变化，暂态地电压信号传播的路径不会影响到检测结果，因此这种方法并不适用于放电点的定位。

暂态地电压一般用于比较性的测量，大多数情况的量化是难以实现的，通过比较某一组特定设备中各个设备的运行状况而判断出检修的先后顺序，或者对某一个开关柜设备在时间轴上进行追踪检测，寻找其放电的规律，判断出该设备的损伤情况，所以暂态地电压检测法大多数时候是作为辅助方法配合其他检测发放使用。虽然还受到很多未知因素的干扰，但是暂态地电压检测法对开关柜设备通过检测放电点周围的TEV 信号也可以有效地体现出放电活动的强度。

电力设备中某个检测点的功率 P 或电压 U 对其基准功率 P_m 或 U_m 的分贝比称之为电平，如下：

$$10\lg\left(\frac{P}{P_m}\right) = 20\lg\left(\frac{U}{U_m}\right) \tag{8-15}$$

由式（8-15）可知，当 P 与 P_m 相等时，系统的电平为零。使用控制变量法控制某一功率 P 或电压 U 不变，选择不同的基准功率 P_m 或电压 U_m 对所求电平值的大小也会有影响，而且不同基准对应的单位也是各不相同。例如当 P_{m} 为 1 W 时，其值为 $10\lg$（$P/1$ W），电平的单位记作 dBW（分贝瓦），假设 P 为 10 W，则可求出其电平为 10 dBW，P 为 100 W 时电平为 20 dBW。所以当 P 为 100 mW 时，对应的电平为

$$10\lg\left(\frac{100\text{ mW}}{1\text{ W}}\right)=10\lg\left(\frac{100}{1\,000}\right)=-10\text{ dBW} \qquad (8\text{-}16)$$

TEV 检测技术的出现颠覆了传统的停电监测方法，能够对开关柜设备进行在线监测局部放电。使用 TEV 测量法能够大大提高发现局部放电现象的概率，及时去消除绝缘缺陷，防止出现安全事故。暂态地电压检测技术与设备巡视结合使用，能够提高巡视的有效性，这样就为设备巡视和状态检修提供了技术支持和理论依据。

TEV 检测技术相比较于传统方法有以下优点：

（1）开关柜再检测无需停电，能够在正常运行的状态下进行检测，也无须嵌入检测装置，大大地提高了开关柜设备地供电可靠性和使用率；

（2）能够容易地找出开关柜绝缘缺陷的位置，定位准确、操作方便；

（3）TEV 检测法的屏蔽性好，抗干扰能力强，能够确保试验的正常和结果的准确，适用于验证开关柜的局部放电。

TEV 检测技术是一种既实用又有效的方法，大大地提升了电力设备状态检修的可靠性。通常 TEV 检测法适用于检测高压的空气绝缘开关柜和充气式 GIS 等绝缘设备。

8.3.2　暂态地电波局放传感器的设计

8.3.2.1　传感器测试原理

TEV 测量法是一种新的局部放电检测方法。当局放发生时，局部放电发出的电磁波沿 GIS 金属外壳的内表面传播，在外壳外部感应出暂态对地电压或者遇开口、接头等处的缝隙传出 GIS，再沿着金属外壳的外表面传播至大地，其瞬时电压值在几毫伏至几伏的范围内变化，且存在时间很短，只有几十纳秒的上升时间。根据 TEV 信号这种原理，可以在 GIS 工作或离线状态时将传感器贴在外壳，通过电容耦合的方式取得信号，采用这种非侵入方式来检测局部放电不会对 GIS 内部局部放电产生的电磁场产生影响。

根据暂态地电波法的基本原理，可以在 GIS 外壳外敷设一个薄铜片作为金属电极并且以软硅胶片作为绝缘介质，薄铜片与 GIS 外壳之间通过软硅胶片形成电容 C_1，则

局放信号可通过电容 C_1 和与 C_1 串联的检测电容 C_2，根据电容分压原理可以从 C_2 两端取得局放信号，传感器测试原理如图 8-17 所示。

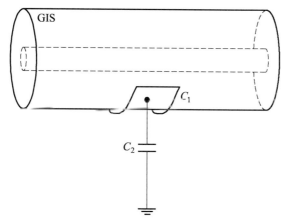

图 8-17　1 传感器测试原理

8.3.2.2　传感器信号等效电路

GIS 外壳与金属电极之间形成的等效电容 C_1 的值与铜片大小有关，如下：

$$C_1 = \frac{\varepsilon s}{d} = \frac{\varepsilon_r \varepsilon_0 s}{d} \qquad (8-17)$$

式中，$\varepsilon_r \varepsilon_0 = \varepsilon$ 为介质的介电常数；ε_r 为介质的相对介电常数，真空的介电常数 $\varepsilon_0 \approx 8.854 \times 10^{-12}$ F/m；传感器接收局部放电信号传播等效图如图 8-18 所示。

根据串联电容分压得：

$$u_2 = \frac{C_1}{C_1 + C_2}(u_1 + u_2) \qquad (8-18)$$

式中，u_1 表示等效电容 C_1 上的电压；u_2 表示检测电容 C_2 上的电压，即输出信号。但在实际制作过程中，元件之间导线的长度是无法忽略不计的，也就是存在电感。在高频下，电容和电感会引起谐振，这是个不可忽略的问题，谐振对传感器频带有很大影响。所以需要通过仿真来研究电感对谐振的影响程度，以使接线长度在可接受范围内。

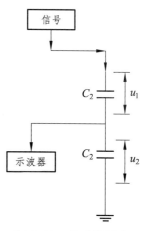

图 8-18　传感器耦合
信号传播等效图

8.4　超高频检测技术

8.4.1　超高频信号产生机理

麦克斯韦的电磁场理论表明，变化电场产生变化磁场，而变化磁场又产生变化电场。这样，二者之间并不是孤立存在的，而是交替产生相互激发，并且能够在空间传播出去，就产生了电磁波。不同的波源产生不同的电磁波。同样地，绝缘内的局部放电使局部的电场发生变化，所以也会产生电磁波。LC 振荡电路中电磁振荡产生电磁波，如高频振荡电路产生的信号就是一种电磁波，可以通过天线将其发射出去。物理学家赫兹发现在电磁波实验中所使用的高电压使电火花间隙产生的放电火花，也是产生电磁振荡的一种方法。

电磁波属于一种横波，其磁场、电场及传播方向互相垂直。振动幅度周期性交变并与传播方向垂直，磁场强度与距离的平方成反比，能量功率与振幅的平成正比。电磁波频谱是指按正弦电磁波在自由空间中的频率的排列顺序。在同一种介质中，电磁波的频率越大，波长就越小，速度也越小。反而波长越长，电磁波的频率越小，其衰减也越少。因为所有的波都具有波动性，其中衍射、折射、反射、干涉都属于波动性，所以机械波与电磁波通过不同介质时会发生以上传播现象。若在复杂混合的不均匀介质中，电磁波因为折射率不同，所传播的路径呈曲线，只有在同种均匀介质中才能沿直线传播。

电磁波频率低时，波长较长，只能在实物有形的导电体中传播。其主要原因是频率低的磁电互变比较缓慢，能量还没有辐射出去就被接收，在原电路完全消耗，即返回原电路。电磁波频率高时，高频的振荡使磁电转换加快，电磁波的能量也增高。这些能量除去返回原电路的部分，剩余能量也足够支持电磁波在空间内的自由传递，电磁能就随着场的周期性变化以电磁波的形式向空间传播辐射能量。一些需要使用电磁波的设备也可以通过屏蔽设备或装置将其束缚在有形的导电体内传递。

电力设备局部放电现象中磁电转换时间极短，因此产生超高频脉冲信号。其辐射电磁波的能力与放电源的形状以及放电间隙的绝缘强度有关。当绝缘强度相对较弱或者放电间隙比较小时，局部放电瞬间完成，使脉冲陡度比较大，此时放电辐射高频电磁波的能力比较强；增大绝缘强度或间隙时，必须使电场强度大到能够在绝对短的时间内瞬间击穿绝缘，电流脉冲陡度同样也比较大，使辐射高频电磁波的能力变强。发生在电力设备中的局部放电脉冲非常符合上述理论。该类放电脉冲产生的高频电磁波是一种横波，频率可以达到数吉赫，能量传播方向与电磁波一致。所以，通过研究电磁信号，就可以检测局部放电现象，并根据结果进一步认识其绝缘状态。这种检测方法称作超高频检测方法。

8.4.2 超高频信号采集系统设计

超高频检测法具有频带宽、抗干扰能力强等优点，因此近些年来在局部放电检测中得到了广泛应用，如通过超高频电磁波信号对局部放电类型和放电位置进行识别。

超高频检测系统中包括天线传感器、滤波器、放大器、示波器等部分，如图 8-19 所示。

局部放电信号 → 超高频传感器 → 数据采集 → 放大、滤波 → 显示

图 8-19 超高频检测系统

8.4.2.1 天线传感器

外置天线传感器完成对局部放电超高频信号的采集工作。局部放电持续的时间非常短，其脉冲宽度为纳秒级别。天线传感器的性能对放电信号采集系统有着至关重要的影响。对比复合平面螺旋天线与阿基米德平面螺旋天线后，发现螺旋臂的宽度越大，其电阻越大，传输损耗越大，传输效率也就越低。将阿基米德天线的螺旋臂宽度适当减小，提高其接收性能，就得到了优化后的阿基米德平面天线传感器。其参数为：最大外径 $R = 267.9$ mm，最小内径 $r = 3$ mm，螺旋角度 $\delta = 90°$，螺旋膨胀率 $\alpha = 2.9$，螺旋臂的宽度 $h = 1$ mm，天线两个馈电点之间距离 $s = 4$ mm，厚度 $d = 1.6$ mm，相对介电常数 $\varepsilon = 4.4$，中心工作频率为 700 MHz。天线传感器的实物图如图 8-20 所示。

8.4.2.2 滤波器

外置传感器在采集信号时需要考虑一个重要的因素就是抗干扰。由于信号采集过程中可能会有其他用电设备运行时产生的电磁辐射、电晕干扰或者设备发生机械振动产生的干扰信号等情况出现，所以需要对系统加设滤波环节，对信号进行初步滤波操作，过滤干扰信号。

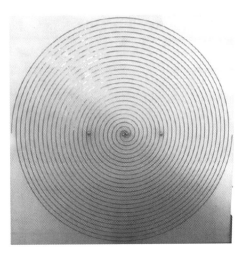

图 8-20　优化后的阿基米德天线

　　滤波器，就是对波进行过滤，是通过选择频率范围过滤干扰信号的电子器件。最早的滤波电路是由电容、电感和电阻元件组成。一般来说，滤波器按所通过信号的频段分为四种：低通、高通、带通和带阻滤波器。顾名思义，低通滤波可以通低频阻高频；高通滤波器可以通高频阻低频；带通滤波器，允许通过固定频段的信号，抑制该频段之外的其他信号；而带阻滤波器则与带通滤波器相反，其抑制一定频段内的信号，通过该频段以外的信号。

8.4.2.3　放大器

　　宽带线性射频放大器可以进行线性放大的频率范围为 1 ~ 1 000 MHz，使信号的强度增加，增益大于 10 dB。放大器的输入端子为两根 2.54 插针；电源输入直流电压 12 V；最大输入信号为 3 dBm；最大输出信号为 10 dBm，其实物图如图 8-21 所示。

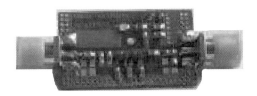

图 8-21　放大器

8.4.2.4　示波器

　　下面以 Agilent DSOX3032A 型号示波器为例进行介绍，这款示波器可以方便、直观地查看采集的超高频信号，技术参数为：模拟通道 2 个、8.5″ WVGA 彩色显示屏、带宽 350 MHz、采样率 1 GSa/s 和 4 Mpts 存储器。所以它的优点是可以采集到长时间内足够多的数据。此外，其内含多种数学函数的运算可快速对放电信号进行分析。示波器实物图如图 8-22 所示。

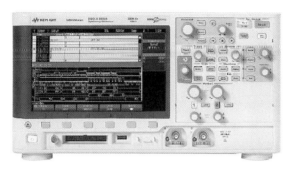

图 8-22　Agilent DSOX3032A 型示波器

8.5　光学检测法

8.5.1　光学检测法局放机理

放电时高能电子与气体分子的碰撞伴随着光辐射。通过放电光谱可以分析出放电具体形态、放电产生的物质以及各参数对放电的影响等。光测法就是直接通过放电过程中的光信号，判断局部放电故障的一种非接触式局部放电直接检测方式。

8.5.1.1　放电光辐射机理分析

放电发生时，高电场区的自由电子与介质分子发生碰撞电离，电离形成的放电伴随有大量带电质点产生。宏观上，电离气体中的电子电荷数和离子数基本相同，因此放电区域可视为一种等离子体。光信号属于等离子体中辐射出的广阔频率电磁波中的一部分，基于此，可以从等离子体的角度来分析放电过程中的光辐射机理。放电等离子体的辐射有以下的几种辐射过程：原子特征线辐射、复合辐射和轫致辐射。

1．原子特征线辐射

原子中的自由电子直接在束缚态跃迁所产生的辐射就是原子特征线辐射，过程的初态与终态都是量子化的能量，因此光子的能量是单一的线状谱，不同原子的线光谱都对应特定的两个原子能级间跃迁。

$$hv = E_n - E_m \tag{8-19}$$

式中，h 为普朗克常数；v 为辐射出的光信号频率；E_n 为较高能级的电子能量；E_m 为较低能级的电子能量。

对于光学的薄等离子体，线辐射的强度为

$$I_{pq} = \frac{1}{4\pi}\int n(q)A(p,q)hv(p,q)\mathrm{d}x \tag{8-20}$$

式中，I_{pq} 为在束缚能级 p 和 q 之间跃迁而产生的谱线强度；$n(q)$ 为上能级 q 的电子密度；$A(p,q)$ 为原子的跃迁的概率；$hv(p,q)$ 为光子的能量。

2．复合辐射

两种异号带电粒子消电离结合形成不带电的中性粒子的过程称为复合。复合主要有正离子与负离子间的复合和电子与正离子间的复合两种形式。相比于正离子和自由电子之间的复合，正离子与负离子间的复合更易发生，所以，放电过程以离子间的复合为主。

正负带电粒子复合形成光辐射，正负离子复合释放出的能量为电离能减去复合电子所耗的能量，释放出的光子所具有的能量就是正负离子复合而释放出的能量，复合后分子的动能转变为离子的动能。电子复合辐射光谱的连续性由分子速度变化的连续性决定，由于电子有着连续变化的速度，所以电子复合辐射连续的光谱。

3．韧致辐射

粒子形成的库仑场使得自由电子在库仑场中得到加速或者减速，在这个过程中引起的辐射称为韧致辐射。电子在碰撞前和碰撞后所具有的都是连续可变化的能量，所以韧致辐射是一种平滑的连续谱。等离子中离子的速度比自由电子的速度小得多，因此韧致辐射主要是由电子产生的。

综上所述，放电光辐射光谱可能是连续的，也可能是线状的，其辐射功率及波长范围与电离区域的自由电子、离子的稀疏程度以及电子的温度密切相关，光信号的功率与自由电子密度呈正比，复合辐射的功率与电子温度呈反比，韧致辐射功率与连续谱的峰值波长呈反比。

8.5.1.2 变压器局放光谱分布特征

放电的过程中辐射出光信号是因为能量的转移和释放，光辐射受到离子、自由电子的温度和密度的影响，从宏观角度，光信号辐射的强度分布和波长范围与放电强弱程度以及放电的类型等因素有关。

由于存在电位梯度，高压电力设备电离放电时会产生闪络、电晕或电弧等放电现象。介质中的电子在电离过程中不断循环地获得和释放能量。电晕放电是一种自持放电现象，是带电体表面在气体或液体介质中出现不击穿或导通的局部激发和电离过程。

电晕放电的光谱分布如图 8-23 所示。由图可知，电晕放电时产生光信号既存在连续的光谱也存在线状的光谱，波长主要是分布在 280 ~ 400 nm，属于紫外波段，也有小部分波长分布在 230 ~ 280 nm。上述的光谱分布说明在电晕放电阶段，光谱分布主要位于紫外波段。

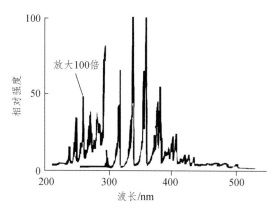

图 8-23 电晕放电的光谱分布

通过对不同电压下针板放电的光谱进行试验测试，分析得到的光谱图如图 8-24 所示，结果表明，放电的光谱曲线分布在平缓连续的可见光区和带状谱与连续谱叠加而成的近紫外区和近红外区，这说明电弧放电光谱包括原子和离子的发射光谱以及分子光谱。图 8-24（a）、（b）、（c）分别体现了不同电压与针板间距条件下的放电光谱，通过对比三图可知，电晕放电时，可见光的辐射都是较弱的连续谱；而红外区和紫外区的辐射强度与电极具体间距和放电电压等条件相关，电晕放电光谱的紫外区辐射随着外施电压的增加而增加。外加电压较低而气隙长度较长时，红外光谱较强。可见光区域与气隙长度和外加电压没有特别的相关性。一般电力系统都是在较高的电压环境下运行，因此可以认为在电力设备发生电晕放电辐射的光谱中，主要是紫外区辐射。

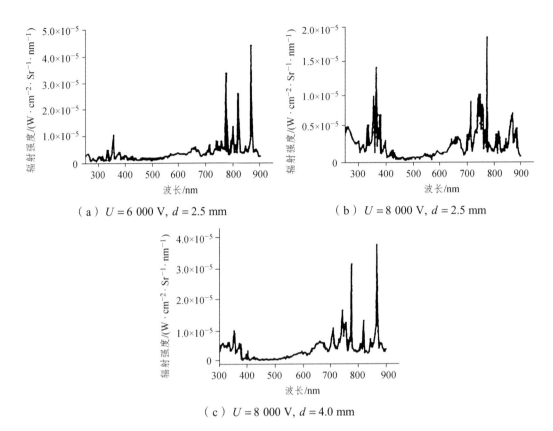

（a）$U = 6\,000$ V, $d = 2.5$ mm

（b）$U = 8\,000$ V, $d = 2.5$ mm

（c）$U = 8\,000$ V, $d = 4.0$ mm

图 8-24　不同电压下针板放电的光谱

图 8-25 所示为利用光栅单色仪、锁相放大器等设备检测交流电晕放电中辐射的光谱特性。从光谱图上可知，放电产生的可见光部分的辐射较弱于其他两种光谱，光谱主要集中分布在紫外区域。由光谱图可知，光谱幅值随着电压的增加而增加，即光辐射强度与放电强度之间存在着对应的关系，因此可以通过检测光谱幅值来判断局部放电的发展程度。

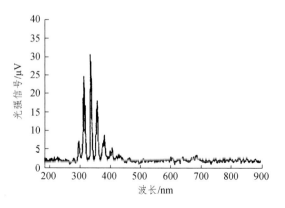

（a）交流 $U = 4.3$ kV 光谱

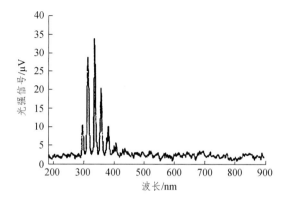

（b）交流 $U = 4.6$ kV 光谱

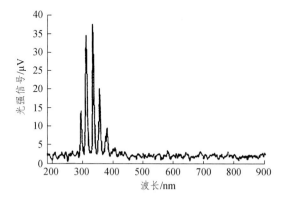

（c）交流 $U = 5$ kV 光谱

图 8-25 不同交流电压下电晕放电光谱

从上述分析可以发现，交流放电的光谱主要集中分布在紫外区域。对于油浸式电力变压器局部放电，放电的起始电压都比较高，可以认为放电时光辐射的光谱分布中紫外区域的辐射强度总是较高，因此紫外光能够作为电力变压器局部放电光测法的特征光信号。

8.5.1.3　紫外辐射强度与局放强度相关性

变压器发生局部放电时，根据能量守恒定律，放电过程中的光辐射本质上是放电电流能量的转移与释放。光辐射功率是放电功率的一部分，在外部的环境因素不改变的特定条件下，能量按恒定的比例转化，放电总能量中紫外光辐射能量所占的比例同样也是恒定的。电离区域单位体积内的自由电子与离子的密度随着放电的增强而增加，电子的温度也随之增加，光辐射功率随之也增加。假设放电的功率为 P，相应的光辐射的功率为 P_1，则光辐射功率 P_1 与放电功率 P 近似满足：

$$P_1 = \lambda_1 P \tag{8-21}$$

式中，λ_1 为光辐射功率与放电功率之间的关系系数。

放电时的光谱分布包括紫外区、可见光区和近红外区三个区域，而变压器内部局部放电产生的光辐射强度谱主要在紫外区域。假设整个光辐射功率中紫外波段的光功率占比例系数为 λ_2，则紫外光的辐射功率 P_2 与放电功率之间可表示为

$$P_2 = \lambda_1 \lambda_2 P \tag{8-22}$$

即放电总能量中紫外光辐射能量占的比例恒定。此外，由于光测法中光传感器与放电源的距离较近，紫外光辐射在油介质传播过程中发生损耗基本可以忽略不计。电晕电流的能量能够由紫外辐射功率的大小反映，因此紫外辐射功率的大小可以作为评估局部放电强弱的依据。

不考虑其他形式复合释放出光子，假定只有绝缘缺陷周围空间中的离子和电子复合导致局部的自持放电发光。假定绝缘缺陷周围的空间为负电场，以电子复合为例，设电子的平均自由行程为 λ，则自由行程长度大于或等于 x_i 的概率为

$$P_i = e^{-\frac{x_i}{\lambda}} \qquad (8\text{-}23)$$

此外，当电子离开负电极最后抵达 x_i 处因为碰撞新增电子数应为

$$n = n_0 e^{\alpha x_i} \qquad (8\text{-}24)$$

$$\alpha = \frac{1}{\lambda} e^{-\frac{x_i}{\lambda}} P_i \qquad (8\text{-}25)$$

式中，α 为碰撞电离系数。

将式（8-25）代入式（8-24）可得

$$n = n_0 e^{\frac{x_i}{\lambda} e^{-\frac{x_i}{\lambda}}} \qquad (8\text{-}26)$$

可知，在 $x_i = \lambda$ 处有极大值。可见，自由电子数量急剧减少是由于距离大于电子的平均自由程 λ 而致使碰撞加剧。

抵达 x_i 处的电子数量越多电子复合的发光幅值 A 越大。可见，放电距离增大时，局部放电光谱强度呈指数增长。

以上分析建立了变压器局部放电放电光检测法的理论基础，紫外辐射能够表征电压大小和放电强弱。因此，利用紫外光可以作为变压器局部放电光测法的特征光信号。

8.5.2 光局放检测系统

光局放检测系统检测变压器内部 PD 信号的方法是将高度敏感的光电元件置入变压器内部适当位置，感应由于各种绝缘故障内局部放电产生的光辐射信号，然后通过光电转换单元进行耦合转换为电压脉冲信号，而后通过同轴电缆传输发送至信号采集单元，并通过光纤电缆传输到后台处理单元进行信号的采集与处理，最后将结果以散点图的形式显示出来。光局放检测系统结构示意图如图 8-26 所示，它主要包括光传感器单元、信号传输单元、信号采集单元以及后台处理单元四个部分。

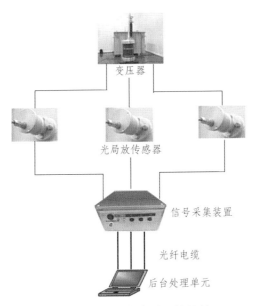

变压器

光局放传感器

信号采集装置

光纤电缆

后台处理单元

图 8-26　光局放检测系统结构

8.5.2.1　光传感器单元

光局放检测系统传感器实物图如图 8-27 所示,它主要由光敏元件和光电转换单元组成。光传感器检测局部放电产生的光信号的原理是:通过高度敏感的光电元件采集局部放电产生的光信号,光电转换单元将光信号经过调理放大转换成电压脉冲信号后发送至信号采集单元。

图 8-27　光局放系统传感器实物图

1．光敏元件

电力变压器局部放电产生光信号的光谱分布主要集中在紫外区域，本书选用的光敏元件光谱响应波长曲线如图 8-28 所示，光敏元件的光谱响应波长范围为 230～700 nm，且其对于波长在 400 nm 左右的光波反应最灵敏，属于紫外光波长范围，所以此传感器能够很好地捕捉到电力变压器局部放电产生的光波。

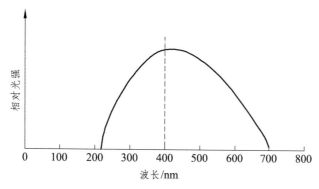

图 8-28　敏元件光谱响应波长曲线

2．光电转换单元

通过高度敏感的光电元件采集局放产生的光信号，是通过光电转换单元将光信号经过调理放大转换成电脉冲信号后发送至信号采集单元。本书采用的是一种新型超高灵敏的光电探测器——通道型光电倍增管，其结构如图 8-29 所示。与传统的光电倍增管不同，通道型光电倍增管用弯曲的半导体通道来实现光子的倍增。从倍增管端窗入射的光子经光阴极转换成光电子后注入半导体通道，光电子在电场的作用下沿轴向受到加速，而光电子横向能量成分不受径向电场的影响，因此一部分光电子会跟管壁进行碰撞。在适当的工作条件下，每次碰撞发射二次电子依然受到同样的电场加速，这个效应沿着整个通道会发生许多次产生雪崩效应，增益可以达到 108。增益高的通道型光电倍增管弯管状或螺旋状的半导体管道通抑制了离子反馈产生的二次电子，防止电子与管内残余的气体分子发生碰撞而损失能量，使电子在与管壁碰撞前吸收更大的能量，有助于提高管子的增益。经过 N 次倍增后，电子数量大幅增加。产生的电子经过阳极形成阳极电流，阳极电流在负载电阻上产生压降，从而形成输出电压。通道型光电倍增管结构设计紧凑，响应时间快，具备较高的增益和大动态范围。

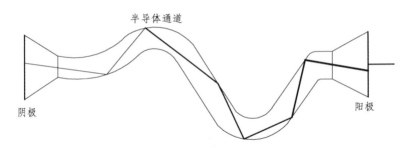

图 8-29　通道型光电倍增管结构

8.5.2.2　信号传输单元

光信号通过光纤进行信号传输有以下几个优点：

（1）光纤的工作频率高，容量大；

（2）光纤衰减比目前容量最大的通信同轴电缆的衰减要低一个数量级以上，因此使用光纤传输信号衰减较小；

（3）抗干扰性能好，光纤不受强电磁场干扰，抗电磁脉冲能力非常强。

8.5.2.3　信号采集单元

光局放检测系统的信号采集单元是传感器和后台处理单元的连接中枢，如图 8-30 所示。信号采集单元将信号转换成为数字信号后会进一步通过光纤将该信号传输至后台处理单元。信号采集单元同时能够调整传感器的采集频率，使其与工频频率相一致。

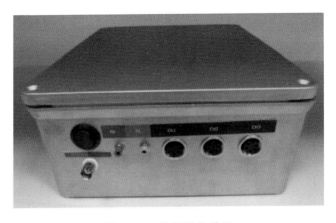

图 8-30　信号采集单元

8.5.2.4 后台处理单元

二维散点图是将放电信号的幅值序列和相位以类似打点的方式记录在二维坐标系内。散点图中反映的数据是采集的原始数据，没有经过任何统计处理，放电的分散性充分反映在散点图中，并且通过散点图还能发现放电的幅值与脉冲相位之间的相关性。放电的散布区和集中区清晰地显示在平面显示的散点图中，不仅可以反映单次放电情况而且具有一定统计规律。

后台处理单元对接收到的信号进行处理后将结果以散点图的形式显示出来。图 8-31 所示为光局放检测系统采集到的颗粒放电图谱，图谱中每一个点都代表传感器采集到的一次放电，根据放电图谱，不仅能区分 PD 的类型，还能评估 PD 的严重程度。图谱中 X 轴为相位轴，0 ~ 360°；Y 轴为幅值轴，是将局部放电产生的光强度以频谱能量的形式表示出来。采集信号的时间为 4 s，由于 1 个工频周期为 $1/50 = 20$ ms，所以图谱显示为 200 个工频周期内所有放电点的集合。

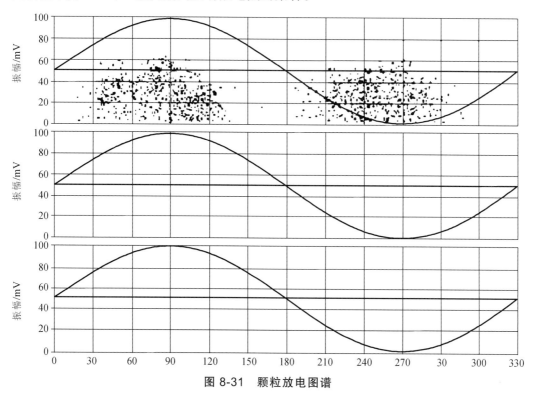

图 8-31 颗粒放电图谱

本节深入分析了变压器发生局部放电的基本类型与放电机理。在参考大量文献的基础上，分析了局部放电产生光辐射的机理以及变压器局部放电辐射光的光谱分布。分析发现，在变压器发生局部放电时光辐射光谱主要分布在紫外区域，从而可以利用紫外光作为变压器局部放电光测法的特征光信号。

　　上述的理论分析奠定了光测法检测变压器局部放电的理论基础，根据上述各基本原理，介绍了基于光学传感器的局部放电光局放检测系统，光局放系统将高度敏感的光电元件置入变压器内部适当位置，感应由于各种绝缘故障所引起局部放电产生的微光信号，然后通过光电转换单元进行耦合并将光信号转换成电流信号，最后将电流信号转换为电压脉冲信号后通过同轴电缆传输发送至信号采集单元，并通过光纤电缆传输到后台处理单元进行信号的采集与处理，而后将结果以散点图的形式显示出来。

第9章 变电站智能巡检机器人展望

9.1 变电站智能巡检机器人应用前景

按国家电网和南方电网的规划，原有枢纽及中心变电站智能化改造率将达 100%，将新建或改造上万座智能变电站，变电站智能巡检机器人数量远未达到市场饱和的程度。仅考虑智能变电站中有 15%～20% 需配置智能巡检机器人，运行模式以一机三站为例，单套机器人系统价格约为 100 万元，则未来三年中变电站机器人将有十几亿元的市场容量，中长期来看，我国的变电站巡检机器人潜在市场规模接近百亿元，具有较大的市场空间。室内机器人主要应用于开关站内。根据统计，一般一个地级市配电站数量从 500～5 000 座不等，直辖市、省会城市、经济发达城市数量较多。根据各地区用电量不同及电网建设情况不同，按平均每个地级市 1 000 座配电站估计，全国 297 个地级以上城市（含 4 个直辖市）大约拥有配电站 30 万座，预计对于电力智能巡检机器人的需求超过 5 万台。根据中商产业研究院的预测，至 2025 年，国内各类型民用无人机市场规模预计达 750 亿元，其中电力行业约占 6.7%，即约 50 亿元的市场空间。

若智能巡检机器人大量投入使用，并在与变配电综合自动化系统、绝缘在线监测系统、视频监控系统的共同配合下，变配电所将向着智能化和无人化快速发展，远期节约的成本也较为可观。为保证变配电设备运行安全，值班员必须在雷电、大雾、大雨等特殊天气及设备运行异常时进行巡视检查，给值班员的人身安全带来了较大的隐患，投入使用智能巡检机器人后，此项工作完全可由巡检系统担任，消除了值班员的人身安全隐患，其远期的社会效益也不可忽视。

此外，国内电力企业积极参与国际合作与"走出去"战略。随着智能电网建设的全面铺开，各类人工智能设备的需求潜力不断增长，智能巡检机器人也由此迎来了发展提速期。除了在国内市场获得快速发展外，随着我国电力企业海外业务拓展和中东欧等国加快智能电网建设，特别是特高压和各级电网快速发展，电力机器人产业凭借高科技、智能化、先进性等独特优势，将迎来新的发展机遇和更为广阔的发展空间。我国智能巡检机器人有望在海外市场也获取积极态势。

9.2 变电站智能巡检机器人未来技术发展

目前，智能巡检作业机器人已经在浙江、江苏、山东等省电力公司中推广应用，从实际利用的效果来看，机器人巡检一定程度上可以替代人工巡检，完成日常的巡检，但依然存在巡检效率低、智能化水平较低等缺点。未来巡检作业机器人的发展趋势是提高巡检机器人的智能性、运动灵活性以及高精度的导航方式等。

1．实时高精度导航定位技术

变电站巡检机器人为保证自主导航的稳定性、采集图像的高质量，在执行巡检任务过程中停车点的定位精度要求更高，实际应用中车体自主行走的速度一般为 0.6 m/s，机器人执行任务过程中大部分的时间在"赶路"，致使整站巡检时间较长，因此需要大大提高自主巡检时车体的行走速度，同时保障机器人行走过程中导航的平稳性、停车时的精确性，研究一种适用于高动态环境的实时高精度导航技术已成为必然趋势。

2．简易化环境智能感知技术

受限于工控机性能、算法复杂度等因素，SLAM 技术尚无法实现定位与建图的同步运算，为确保场景内的环境感知，在实现自主运行之前必须要根据场景实际情况对 SLAM 算法进行离线培训，获取场景环境的初步信息；这种离线培训需由机器人厂家专业人员完成，一定程度上降低了巡检机器人的易用性。随着工控机性能的快速提升以及 SLAM 算法的高速革新，实现简易化 SLAM 算法是巡检机器人的必然发展方向。

3．设备缺陷智能分析技术

变电站设备巡检过程中，机器人利用图像识别、红外测温等技术可以实现巡检机器人预警设备缺陷，但目前预警方法太过简单，可识别的缺陷类型较少。随着各类检测技术的发展和模块化、小型化制造工艺的进步，未来巡检机器人将能够搭载更多类型的传感器，获取多样化的设备状态信息，如紫外探伤、激光测振等，设备缺陷智能分析技术是智能巡检机器人一个重要的发展方向。通过更加精确的数据筛选和更加多维的数据分析，实现对设备运行故障的更精准预测，依据缺陷判定准则对设备缺陷类型、潜在故障位置和特征、严重程度进行智能判断，便于运维人员获得准确的设备缺陷信息，制定合理高效的应对措施，进而保障设备的安全、可靠运行。

4．基于机械臂运动规划的自主作业技术

巡检机器人主要功能尚停留在对电力设备的远程测量和监控上，不具备直接操作电力设备的能力。随着自动化、智能化水平的发展，未来巡检机器人功能必将由发现问题向解决问题转换，更深层次地减轻电力运检人员的工作压力。基于机械臂运动规划的自主作业技术也必将是未来巡检机器人的重点发展方向。通过基于机械臂的位姿分析，研究机械臂的精确控制技术，建立设备操作规程中可开展机器人自主作业的规程特征数据库，并研究不同规程特征下机器人自主作业的执行方案与策略。

此外，加快各系统间互联互通，实现机器人系统与电网业务系统的信息交互和业务联动，实现任务一键下达、结果自动上传、状态动态评估等功能，以及对机器人的结构进行标准设计，制定运维零部件设计统一的接口标准巡检规范和制度通用标准，对机器人网络结构进行顶层设计也是智能巡检机器人未来的工作重点。

参考文献

[1] 孙喆，梁健. 变电站一次设备检修和试验方法的探讨[J]. 百科论坛电子杂志，2019，（19）.

[2] 宋海洲，王志红. 客观权重与主观权重的权衡[J]. 技术经济与管理研究，2003（3）：62.

[3] 黄山，吴振升，任志刚，等. 电力智能巡检机器人研究综述[J]. 电测与仪表，2020，57（2）：13.

[4] 程崦，王宇，余轩，等. 电力变压器运行状态综合评判指标的权重确定[J]. 中国电力，2011，44（4）：26-30.

[5] 杨旭东，黄玉柱，李继刚，等. 变电站巡检机器人研究现状综述[J]. 山东电力技术，2015，42（1）：5.

[6] CADENA C, CARLONE L, CARRILLO H, et al. Past, present, and future of simultaneous localization and mapping: toward the robust-perception age[J]. IEEE Trans on Robotics, 2016, 32(6): 1309-1332.

[7] 危双丰，庞帆，刘振彬，等. 基于激光雷达的同时定位与地图构建方法综述[J]. 计算机应用研究，2020（2）：6.

[8] 肖鹏，王海鹏，曹雷，等. 变电站智能巡检机器人云台控制系统设计[J]. 制造业自动化，2012，01（上）：105-108.

[9] LI L, WANG B, LI B. The Application of Image Based Visual Servo System for Smart Guard[C], Control and Automation (ICCA), 2013: 1342-1345.

[10] 杨光，周鹏举，张宋彬，等. 基于卷积神经网络的变电站巡检机器人图像识别[J]. 软件，2017（12）：190-192.

[11] 李军锋，王钦若，李敏. 结合深度学习和随机森林的电力设备图像识别[J]. 高电压技术，2017，43（11）：3705-3711.

[12] 李丽，王滨海，孙勇，等. 基于变电站巡检机器人变电站设备外观异常识别方法：CN101957325A[P]. 2011.

[13] 李红玉，杨国庆，付崇光，等. 一种基于变电站巡检机器人的设备声音识别方法：CN104167207A[P]. 2014.

[14] 胡毅，刘凯，彭勇，等. 带电作业关键技术研究进展与趋势[J]. 高电压技术，2014，40（7）：1921-1931.

[15] 吴杰，姜振超. 智能变电站保护与控制障碍在线诊断与预测方法研究[J]. 电测与仪表，2019，56（5）：70-76.

[16] 田妍，张锐健，董志雯，等. GIS 局部放电缺陷定位分析[J]. 高压电器，2017，53（6）：182-185.

[17] PINTO J K C, MASUDA M, MAGRINI L C, et al. Mobile robot for hot spot monitoring in electric power substation[C]. Transmission and Distribution Conference and Exposition, 2008: 1-5.

[18] BEAUDRY J, POIRIER S. Véhicule téléopéré pour inspection visuelle et thermographique dans les postes de transformation[R]. Report IREQ-2012-0121, 2012.

[19] LU S, QIAN Q, ZHANG B, et al.Development of a Mobile Robot for Substation Equipment Inspection[J]. Dianli Xitong Zidonghua , 2006, 30(13): 94-98.

[20] GUO R, LI B, SUN Y, et al.A patrol robot for electric power substation[C]. Proc.of the International Conference on Mechatronics and Automation (ICMA), 2009: 55-59.

[21] 刘冰. 河南省电力公司首个变电站智能巡视"上岗"[EB/OL].（2012-11-14）[2014-12-20].

[22] 章燕申. 高精度导航系统[M]. 北京：中国宇航出版社，2005.

[23] 董景新. 微惯性仪表——微机械加速度计[M]. 北京：清华大学出版社，2003.

[24] 王惠南. GPS 原理与应用[M]. 北京：科学出版社，2004.

[25] 秦永元. 惯性导航[M]. 北京:科学出版社，2006.

[26] 董绪荣，张守信. GPS/INS 组合导航定位及其应用[M]. 长沙：国防科学技术大学出版社，1998.

[27] 张玉莲，储海荣，张宏巍，等. MEMS+陀螺随机误差特性研究及补偿[J]. 中国光学，2016，9（4）：501-509.

[28]　吴有龙，贾方秀，杨忠，等. 惯性传感器随机误差辨识方法研究[J]. 仪表技术与传感器，2016（2）：4-7.

[29]　蒋孝勇，张晓峰，李孟委. 基于 Allan 方差的 MEMS 陀螺仪随机误差分析方法[J]. 测试技术学报，2017，31（3）：190-195.

[30]　WELCH G, BISHOP G. An introduction to the Kalman Filter[M]. University of North Carolina at Chapel Hill, 1995.

[31]　HONG S, MAN H L, CHUN H H, et al. Observability of error states in GPS / INS integration[J]. IEEE Transactions on Vehicular Technology, 2005, 54(2) : 731-743.

[32]　李小亭，郎月新，韦子辉，等.基于改进双向双边测距的超宽带定位技术及应用研究[J]. 中国测试，2019，45（10）：21-27.

[33]　游小荣，裴浩，霍振龙.一种基于 UWB 的三边定位改进算法[J]. 工矿自动化，2019，45（11）：19-23.

[34]　CADENA C, CARLONE L, CARRILLO H, et al. Past, present, and future ofsimultaneous localization and mapping: toward the robust-perception age[J]. IEEE Trans on Robotics, 2016, 32(6) : 1309-1332.

[35]　CHECCHIN P, GÉROSSIER F, BLANC C, et al. Radar scan matching SLAM using the Fourier-Mellin transform[M]. Howard A, Iagnemma K, Kelly A. Field and Service Robotics. Berlin: Springer, 2010: 151-161.

[36]　HESS W, KOHLER D, RAPP H, et al. Real-time loop closure in 2D LiDAR SLAM[C]. Proc of IEEE International Conference on Robotics and Automation. Piscataway, NJ: IEEE Press, 2016: 1271-1278.

[37]　孙宗涛，朱永强. 2D 激光 SLAM 算法在室内建图对比研究[J]. 内燃机与配件，2020（1）：2.

[38]　胡铭超. 基于激光 SLAM 的移动机器人地图构建与优化[D]. 哈尔滨：哈尔滨工业大学，2019.

[39]　罗恒杰，鲍泓，徐成，等. 基于激光雷达的 2D SLAM 方法综述[C]. 中国计算机用户协会网络应用分会 2019 年第二十三届网络新技术与应用年会，2019，46（10A）：162-166.

[40]　危双丰，庞帆，刘振彬，等. 基于激光雷达的同时定位与地图构建方法综述[J]. 计算机应用研究，2020（2）：6.

[41] 任纪颖. 基于图优化的差速移动机器人激光 SLAM 研究[D]. 山东大学，2020.

[42] GAMINI DISSANAYAKE, STEFAN B WILLIAMS, HUGH DURRANT-WHYTE, et al. Map Management for Efficient Simultaneous Localization and Mapping (SLAM)[J]. Autonomous Robots, 2002, 12(3): 267-286.

[43] CESAR CADENA, LUCA CARLONE, HENRY CARRILLO, et al. Past, Present, and Future of Simultaneous Localization and Mapping: Toward the Robust-Perception Age[J]. IEEE Transactions on Robotics, 2016, 32(6): 1309-1332.

[44] BAILEY T, DURRANT-WHYTE H. Simultaneous localization and mapping (SLAM): part II[J]. IEEE Robotics & Automation Magazine, 2006, 13(3): 108-117.

[45] THRUN S, MONTEMERLO M. The Graph SLAM Algorithm with Applications to Large-Scale Mapping of Urban Structures[J]. The International Journal of Robotics Research, 2016, 25(5-6): 403-429.

[46] 苏聪. 基于 RBPF-SLAM 算法的优化与实现[D]. 南京：东南大学，2019.

[47] YARDIM C, GERSTOFT P, HODGKISS W S. Tracking Refractivity from Clutter Using Kalman and Particle Filters[J]. IEEE Transactions on Antennas & Propagation, 2008, 56(4): 1058-1070.

[48] 贾浩. 基于 Cartographer 算法的 SLAM 与导航机器人设计[D]. 济南：山东大学，2019.

[49] 王小涛，张家友，王邢波，等. 基于 FastSLAM 的绳系机器人同时定位与地图构建算法[J]. 航空学报，2021，41：2-5.

[50] 程亮，郭杭，余敏. 激光/惯性导航组合的 SLAM 技术[C]. 卫星导航定位与北斗系统应用 2019——北斗服务全球融合创新应用，2019.

[51] 李博. GP SLAM：基于激光雷达的新型同时定位与建图算法[D]. 杭州：浙江大学，2020.

[52] 欧阳毅. 基于激光雷达与视觉融合的环境感知与自主定位系统[D]. 哈尔滨：哈尔滨工业大学，2019.

[53] 周阳. 基于多传感器融合的移动机器人 SLAM 算法研究[D]. 北京：北京邮电大学，2019.

[54] 朱大奇，颜明重. 移动机器人路径规划技术综述[J]. 控制与决策，2010，25（7）：961-967.

参考文献

[55] 张颖，吴成东，原宝龙. 机器人路径规划方法综述[J]. 控制工程，2003（S1）：152-155.

[56] 鲍庆勇，李舜酩，沈峘，等. 自主移动机器人局部路径规划综述[J]. 传感器与微系统，2009，28（9）：1-4+11.

[57] 霍凤财，迟金，黄梓健，等. 移动机器人路径规划算法综述[J]. 吉林大学学报（信息科学版），2018，36（6）：639-647.

[58] 宋宇，王志明. 改进A星算法移动机器人路径规划[J]. 长春工业大学学报，2019，40（02）：138-141.

[59] 王树西，吴政学. 改进的 Dijkstra 最短路径算法及其应用研究[J]. 计算机科学，2012，39（5）：223-228.

[60] 石为人，王楷. 基于 Floyd 算法的移动机器人最短路径规划研究[J]. 仪器仪表学报，2009，30（10）：2088-2092.

[61] 张广林，胡小梅，柴剑飞，等. 路径规划算法及其应用综述[J]. 现代机械，2011（05）：85-90.

[62] 王红卫，马勇，谢勇，等. 基于平滑 A*算法的移动机器人路径规划[J]. 同济大学学报（自然科学版），2010，38（11）：1647-1650+1655.

[63] 王志强，洪嘉振，杨辉. 碰撞检测问题研究综述[J]. 软件学报，1999（05）：98-104.

[64] 于振中，闫继宏，赵杰，等. 改进人工势场法的移动机器人路径规划[J]. 哈尔滨工业大学学报，2011，43（1）：50-55.

[65] 张殿富，刘福. 基于人工势场法的路径规划方法研究及展望[J]. 计算机工程与科学，2013，35（6）：88-95.

[66] 罗乾又，张华，王姮，等. 改进人工势场法在机器人路径规划中的应用[J]. 计算机工程与设计，2011，32（4）：1411-1413+1418.

[67] 石为人，黄兴华，周伟. 基于改进人工势场法的移动机器人路径规划[J]. 计算机应用，2010，30（8）：2021-2023.

[68] 卜永明，季鹏成，周怡和，等. 基于改进型 DWA 的移动机器人避障路径规划[J]. 中国工程机械学报，2021，19（1）：44-49.

[69] 王滨，金明河，谢宗武，等. 基于启发式的快速扩展随机树路径规划算法[J]. 机械制造，2007（12）：1-4.

[70] 于莹莹，陈燕，李桃迎. 改进的遗传算法求解旅行商问题[J]. 控制与决策，2014，

29（8）：1483-1488.

[71] 孙树栋，曲彦宾. 遗传算法在机器人路径规划中的应用研究[J]. 西北工业大学学报，1998（1）：85-89.

[72] 银长伟. 基于萤火虫算法和动态窗口法的移动机器人混合路径规划[D]. 重庆：重庆大学，2018.

[73] 陈浩，喻厚宇. 基于势场搜索的无人车动态避障路径规划算法研究[J]. 北京汽车，2019（4）：1-5+31.

[74] 黄辰. 基于智能优化算法的移动机器人路径规划与定位方法研究[D]. 大连：大连交通大学，2018.

[75] 陈田田. 基于改进人工势场法的室内移动机器人路径规划研究[D]. 郑州：郑州大学，2019.

[76] 于振中，闫继宏，赵杰，et al. 改进人工势场法的移动机器人路径规划[J]. 哈尔滨工业大学学报，2011，43（1）：50-55.

[77] YIN L, YIN Y, LIN C-J. A new potential field method for mobile robot path planning in the dynamic environments[J]. Asian Journal of Control, 2009, 11: 214-225.

[78] 郑敏，王鹏，范丽波，等. 人工势场法在路径规划中的应用研究[J]. 技术与市场，2019，26（6）：34-36.

[79] 陈金鑫，董蛟，朱旭芳. 改进人工势场法的移动机器人路径规划[J]. 指挥控制与仿真，2019，41（3）：116-121.

[80] 王永雄，田永永，李璇，等. 穿越稠密障碍物的自适应动态窗口法[J]. 控制与决策，2019，34（5）：927-936.

[81] LI X, LIU F, LIU J, et al. Obstacle avoidance for mobile robot based on improved dynamic window approach[J]. Turkish Journal of Electrical Engineering & Computer Sciences, 2017, 25: 666-676.

[82] 田永永，李梁华. 基于速度方向判定的动态窗口法[J]. 农业装备与车辆工程，2018，56（8）：39-42.

[83] MOLINOS E, LLAMAZARES A, OCAÑA M. Dynamic window based approaches for avoiding obstacles in moving[J]. Robotics and Autonomous Systems, 2019, 118.

[84] 张晓熠. 融合动态窗口法与 A*算法的港口 AGV 路径规划方法研究[D]. 北京：

北京交通大学，2019.

[85] 曹悦. 基于人工势场法和 A-star 算法的 USV 路径规划研究[D]. 哈尔滨：哈尔滨工程大学，2018.

[86] 王小红，叶涛. 基于改进 A*算法机器人路径规划研究[J]. 计算机测量与控制，2018，26（7）：282-286.

[87] 吕霞付，程啟忠，李森浩，等. 基于改进 A*算法的无人船完全遍历路径规划[J]. 水下无人系统学报，2019，27（6）：695-703.

[88] 程传奇，郝向阳，李建胜，等. 融合改进 A*算法和动态窗口法的全局动态路径规划[J]. 西安交通大学学报，2017，51（11）：137-143.

[89] 徐秋云. 光谱辐亮度和辐照度响应度系统级定标方法研究[M]. 南京：东南大学出版社，2018.

[90] DAWSON L, HULBURTE. Angular distribution of light scattered in liquids[J] JOSA, 1941, 31(8): 554-558.

[91] YANG H , PAN J , YAN Q , et al. Image Dehazing using Bilinear Composition Loss Function[J]. 2017.

[92] LI B , PENG X , WANG Z , et al. AOD-Net: All-in-One Dehazing Network[C]. 2017 IEEE International Conference on Computer Vision (ICCV). IEEE, 2017.

[93] 吕晓玲，宋捷. 大数据挖掘与统计机器学习[M]. 北京：中国人民大学出版社，2016.

[94] 李建军. 基于图像深度信息的人体动作识别研究[M]. 重庆：重庆大学出版社，2018.

[95] 连玮. 全局优化点匹配算法研究[M]. 成都：四川大学出版社，2018.

[96] 娄海涛,蒋辉,崔彬. 基于 YOLO 算法的双目视觉障碍物检测与测距研究[C]. 中国计算机用户协会网络应用分会 2021 年第二十五届网络新技术与应用年会论文集，2021:221-227.

[97] JU M, LUO H, WANG Z, et al. Improved YOLO V3 algorithm and its application in small target detection[J]. Acta Optica Sinica, 2019, 39(7): 0715004.

[98] 徐西海，周云耀，黄海波. 基于霍夫变换和改进粒子滤波的道路检测与跟踪算法研究 [C]. Proceedings of 2011 International conference on Intelligent Computation and Industrial Application（ICIA 2011 V4），2011: 294-297.

[99] 张铮，徐超，任淑霞，等. 数字图像处理与机器视觉[M]. 北京：人民邮电出版社，2014.

[100] 王印松,雷玉,赵佳玉. 一种基于改进 BAS-FCM 的图像分割算法研究[C]. 21 全国仿真技术学术会议论文集，2021：193-196+242.

[101] 陈哲，王慧斌. 图像目标检测技术及应用[M]. 北京：人民邮电出版社，2016.

[102] 鲜成，张欣，党晓婧. 基于深度学习的变电站设备自动识别方法[C] 2019 中国自动化大会（CAC2019）论文集，2019：314-319.

[103] 汤亮，何稳，李倩，等. 基于空间变换的指针式仪表读数识别算法研究[J]. 电测与仪表，2018，55（06）：116-121.

[104] E CORRA ALEGRIA, A CRUZ SERRA. Automatic calibration of analog and digital me asuring instruments using computer vision[J]. IEEE Transactions on Instrumentation and Measurement, 2020, 49(1): 94-99.

[105] 刘杨，刘俊，柯奕辰. 基于变电站巡检机器人的指针式仪表读数识别[J]. 化工自动化及仪表，2019（8）：636-639.

[106] 张丽娜. 红外测温技术在变电站运维中的应用探讨[J]. 电子测试，2021（21）：119-120+113.

[107] 邱巍巍. 红外测温技术应用于变电站图像监控系统的研究[D]. 北京：华北电力大学（河北），2006.

[108] 宋继辉. 红外测温技术在变电站设备缺陷中的诊断和分析研究[D]. 青岛：青岛大学，2018.

[109] 晏忠. 红外测温技术在变电站设备缺陷诊断中的应用探讨[J]. 科技创新与应用，2014（12）：120.

[110] 杨晨. 利用红外测温技术实现电力变电站设备故障诊断研究[J]. 电子世界，2021（14）：15-16.

[111] 张文娟. 基于听觉仿生的目标声音识别系统研究[D]. 中国科学院研究生院（长春光学精密机械与物理研究所），2012.

[112] 梁延昌. 基于机器学习的变压器声学异常检测方法研究[D]. 北京：华北电力大学（北京），2021.

[113] 徐禄文，王肯，李永明，等. 重庆电网环境噪声监测与分析[J]. 中国环境监测，2010，26（05）：29-31.

参考文献

[114] 赵小宾. 变电站噪声分析与有源降噪应用研究[D]. 广州：广东工业大学，2019.

[115] 潘家玮. 变电站的噪声分析与降噪控制策略研究[D]. 广州：华南理工大学，2014.

[116] 李文忠. 城区变电站噪声影响分析及降噪措施的研究与应用[D]. 福州：福州大学，2017.

[117] 康莉娟，王雨新. 浅谈 SF_6 气体绝缘全封闭组合电器（GIS）的运行维护管理[J]. 科技信息，2011（26）：328-330.

[118] 何莉. 基于超声波与特高频的 GIS 局部放电检测方法研究[D]. 成都：电子科技大学，2016.

[119] 熊一凡. 基于暂态地电压及超声波对开关柜局部放电检测的研究与应用[D]. 南昌：南昌大学，2020.

[120] 陈敏. 基于暂态地电波信号的 GIS 局部放电检测技术研究[D]. 北京：华北电力大学，2013.

[121] 陈敏. 一种用于及开关柜中局部放电测量的暂态地电波传感器的研制[R].高压年会，2011.

[122] 陈敏，陈隽，刘常颖，卢军. GIS 超声波、超高频局部放电检测方法适用性研究与现场应用[J]. 高压电器，2015，51（8）：186-191.

[123] 黄超. 基于光信号特征的变压器局部放电检测技术研究[D]. 上海：上海电机学院，2016.